黄河山东水环境监测现状及发展

时文博　李华栋　宋　颖　程　帅　于晓秋　编著

黄河水利出版社
·郑州·

图书在版编目(CIP)数据

黄河山东水环境监测现状及发展/时文博等编著. —郑州:黄河水利出版社,2020. 11

ISBN 978-7-5509-2861-9

Ⅰ. ①黄… Ⅱ. ①时… Ⅲ. ①黄河-水环境-环境监测-研究-山东 Ⅳ. ①X143②X834

中国版本图书馆 CIP 数据核字(2020)第 238695 号

出 版 社:黄河水利出版社　　网址:www. yrcp. com

地址:河南省郑州市顺河路黄委会综合楼 14 层　　邮政编码:450003

发行单位:黄河水利出版社

发行部电话:0371-66026940、66020550、66028024、66022620(传真)

E-mail:hhslcbs@ 126. com

承印单位:河南匠心印制有限公司

开本:787 mm×1 092 mm 1/16

印张:15. 75

字数:400 千字　　印数:1—1 000

版次:2020 年 11 月第 1 版　　印次:2020 年 11 月第 1 次印刷

定价:68. 00 元

前　言

黄河山东水质监测始于20世纪70年代中期,近50年来,随着国家经济的发展和对资源环境保护重视程度的提高,黄河山东水环境监测中心(原济南水质监测站)的监测能力也在不断提高。黄河山东水质监测最初仅有钾、钠、钙、镁、硫酸盐、碳酸盐、重碳酸盐等化学成分和氰、汞、砷、酚、六价铬五项有毒物的监测,后来随着经济社会的发展、监测技术的提高和仪器设备的不断更新,水质监测的项目也在不断增加。目前,黄河山东测区能够开展水(地表水、地下水、饮用水、废污水、大气降水)、大气及噪声三类72个项目的监测,承担黄河常规水质监测、省界水体监测、水量调度监测、入河排污口监督性监测、水源地有毒有机物调查监测、突发水污染事件应急监测等检测任务,为黄河水资源管理提供了翔实可靠的基础数据,在实施黄河科学调度中发挥着重要的作用。同时,黄河山东水环境监测中心展开对外服务,承担了黄河流域(片)地下水水样监测(山东)项目、山东省重要饮用水水源地水质调查监测项目、黄河河口三角洲水生态监测及评估体系建设项目,横向竞争力不断增强。

近年来,随着黄河水资源保护事业的不断发展,黄河山东水环境监测中心的监测工作也在常规监测基础上,积极响应习近平总书记在黄河流域生态保护和高质量发展座谈会上的讲话精神,大力发展生态监测力量,积极融入地方发展,全力推进黄河流域生态保护和高质量发展。

为便于今后更好地开展黄河山东水质监测工作,促进水质监测技术水平的进一步发展和提高,特地组织有关人员撰写了本书。

编　者

2020年9月

目　录

第一章　黄河山东段水质概况

第一节　黄河山东段概况

一、自然概况

（一）地形地貌

山东黄河位于东经114°51′~119°15′，北纬34°59′~38°10′。沿岸地区地形以平原为主，是华北平原的组成部分，地面坡降平缓，微向东南倾斜。地势以黄河为界，大堤以北为黄海平原，大堤以南为黄淮平原。山地主要分布在黄河右岸，自梁山县至济南为中低山区，隶属泰山山脉北麓，有梁山、安山、金山、银山、龟山、子路山、外山、药山、华山、卧牛山等；左岸有关山、位山、鱼山、艾山、鹊山等。在中低山区与冲积平原接壤处，分布着一些湖泊及洼地。

沿岸除东平湖至济南段山区有基岩分布外，平原地区均为第四系松散堆积层，厚度在200~400 m。基岩以寒武奥陶系底层分布最广，岩性主要为石灰岩及少量页岩。按地质成因可分为冲积层、冲积洪积层、冲积湖积层、冲积海积层4部分。冲积层主要分布在黄河大堤以内河床、滩地及大堤以外泛滥平原；冲积洪积层主要分布在太行山、泰山山区外围的濮阳、范县、台前、阳谷、东阿、齐河一带；冲积湖积层主要分布在东平湖区附近的东平、梁山一带；冲积海积层主要分布在滨州市及以下黄河三角洲地区。

（二）气象

山东黄河处于暖温带季风气候区，由于纬度变化，自上游至下游气温逐渐降低，最高气温多发生在7月，最低气温一般在1月，降雨多集中在7月、8月。1991~2015年，山东沿黄地区多年平均降水量在560.1~724.9 mm，多年平均气温在13.4~14.9 ℃。1991~2015年山东沿黄部分气象站气象要素统计见表1-1。

（三）干流河道

山东黄河现行河道是1855年黄河在河南省兰考县铜瓦厢决口改道夺大清河形成的，1884年两岸开始修筑堤防，至2015年，除右岸东平县陈山口至济南市历城区北店子山岭地带及尾闾段无堤防外，黄河在山东境内被约束在两岸大堤之间。

黄河自河南省进入山东，流经菏泽、济宁、聊城、泰安、济南、德州、滨州、淄博和东营9市的25县（市、区），从东营市垦利区汇入渤海，河段长度628 km，具有上宽下窄、比降上陡下缓、排洪能力上大下小的特点。按照几何形态和河势变化特征，山东黄河干流河道分为4个不同类型的河段：上界到高村河段长56 km，两岸堤距5~10 km，河道纵比降约为0.172‰，为游荡型河段；高村至陶城铺河段，长156 km，两岸堤距1.4~8.5 km，河道纵比降约为0.148‰，为游荡型向弯曲型转化的过渡型河段；陶城铺至垦利宁海河段长322 km，

表 1-1 1991~2015 年山东沿黄部分气象站气象要素统计

项目		东明县	梁山县	东阿县	济南市	利津县	东营市	说明
多年平均气压(kPa)		1 011.2	1 012.2	1 012.8	1 000.8	1 015.6	1 016.3	1. 梁山县数据摘自《梁山县志》; 2. 东营市蒸发数据为 1991~2001 年与 2006~2013 年统计结果,2002~2005 年与 2014~2015 年相应蒸发量不完整或无资料
气温(℃)	多年平均	13.7	13.6	14.1	14.9	13.4	13.8	
	最大值	41.6	41.7	41.2	42.0	40.4	41.4	
	时间(年.月.日)	2002.07.15	2009.06.25	2009.06.25	2002.07.15	2005	2009.06.25	
	最小值	-16.7	-19.3	-16.4	-14.0	-16.8	-13.6	
	时间(年.月.日)	2000.01.26	2001.01.15	2015.11.26	2000.01.25	2008	2001.01.14	
降水量(mm)	多年平均	609.2	580.1	579.6	724.9	560.1	549.3	
	最大年降水量	926.0	966.2	897.7	1 090.0	907.5	768.0	
	时间(年)	1993	1998	2003	2004	2003	2003	
	最小年降水量	319.8	340.9	275.4	456.6	244.5	347.8	
	时间(年)	2012	2002	2002	2002	1992	1999	
湿度(%)	多年平均	70	68	65	57	63	63	
	最大年平均	78	76	71	62	67	68	
	时间(年)	2003	2003	1991	2003	1991	1991	
蒸发量(mm)	多年平均	1 512.5	1 684.2	1 696.3	2 061.1	1 738.6	1 897.2	
	最大年蒸发量	1 678.9	1 924.0	2 003.0	2 257.0	2 092.5	2 199.2	
	时间(年)	1997	1992	2002	1997	2002	1997	
多年最多风向		EN	NS	S	N	ESE	SSE	
风速(m/s)	多年平均	3.5	2.5	2.1	3.0	2.7	3.2	
	最大值	31.4	14.7	25.9	16.2	16.5	29.4	
	时间(年.月.日)	2006.06.28	1992.08.05	2014.06.11	2001	2001	1995	

两岸堤距一般在 0.4~5.0 km,最窄处 275 km(东阿井圈险工 13 号坝与对面外山山脚),河道纵比降约为 0.101‰,为弯曲型窄深河段;宁海以下为河口段,长 94 km,纵比降约为 0.100‰。河口现行流路是 1976 年人工改道清水沟流路(1996 年在清 8 断面处人工改道从汊河入海)后形成的,随着黄河入海口的不断淤积、延伸、摆动,入海口位置及河段长度发生相应变化。

(四)支流河道

汇入黄河山东段的支流有大汶河、金堤河、天然文岩渠、浪溪河、玉带河、孝里河、南大沙河、北大沙河、玉符河9条河流，其中大汶河、金堤河是两条较大支流。

1. 大汶河

大汶河，又名汶水，简称汶河，是黄河山东段最大的支流，位于黄河右岸，发源于泰山、鲁山、蒙山、徂徕山等群山中，流域范围自东到西包括：淄博市沂源县，莱芜市莱城区及钢城区，泰安市泰山区、岱岳区、新泰市、宁阳县、肥城市及东平县，济宁市汶上县，济南市章丘区、平阴县，共5市12县（市、区）。汶河以大汶口和戴村坝为界，大汶口以上为上游，大汶口至戴村坝为中游，戴村坝以下为下游，又称大清河，从东平县马口村注入东平湖，经东平湖陈山口出湖闸再经庞口闸汇入黄河。河流从源头至入湖口（东平县马口村）全长211 km，流域面积8 536.5 km^2。汶河属山区性河流，源短流急，流域降水多集中在6~9月。

1）自然地理

大汶河流域地形自东北向西南倾斜，东部为鲁中山区的一部分，山脉呈E形分布，向西延伸，河谷平原交错其间，中部为广阔平原，西部多低山丘陵，西南部为平原，间有洼地、湖泊。山区集中分布于市域的北部和东部，占泰安市总面积的18.3%，一般海拔在400~800 m，最高处为“五岳独尊”的泰山，其主峰玉皇顶海拔1 545 m，相对高度1 391 m；丘陵主要分布在新泰市西南部、宁阳县东部、岱岳区西北部、肥城盆地边缘及东平县北部，占泰安市总面积的41.4%，一般海拔高度在120~140 m；平原主要分布在山麓及河流沿岸，占泰安市总面积的36.1%，海拔在60~120 m；洼地主要分布在东平县境内的东平湖及稻屯洼，海拔37.5 m。

地貌的形成是泰山山脉受弧形大断裂控制，形成太古界变质岩系裸露低山丘陵区。第四纪以来，一直受上升运动的影响，断裂构造及岩层剥蚀作用发育强烈。形成南北二面环山西高东低地貌形态。地质构造、地层岩性、水文气象等因素综合作用结果，而地质构造是形成地貌特征的主导因素。长期以来处于缓慢上升的各断块凸起部分，在地貌上表现为正地形，而断块凹陷区则为丘陵谷地，因此由于块状断裂的影响，断块地貌是本区地貌的主要特征。

东平湖，古时称大野泽、巨野泽、安山湖，到清代咸丰年间才定名称为东平湖，是水浒故地——水泊梁山的遗存水域，当前水面面积约165 km^2，水位稳定在42 m左右，水量近4亿m^3。东平湖的湖东为大汶河水系，河水通过古老的戴村坝融入东平湖，在无黄河下泄洪水的情况下，其水体的唯一来源是大汶河，如龙似蟒的黄河在其北面浩浩荡荡向东奔流，玉带般的古运河在西面蜿蜒盘行。三大水系在此融会贯通，蓄滞补充，又缓缓汇入黄河，东流入海。东北的青山葱岭向远方延伸，北、西、南是广阔无垠的华北大平原，山地、平原、河流与古老的湖泊共同构成了丰富多彩的地貌特点。

东平湖地处鲁中山区西部向平原过渡的边缘地带，位于黄河下游过渡形河段的右岸，在东经115°57′41″~116°22′24″、北纬35°30′~36°20′，属黄河与汶河冲积平原相交的洼地，跨山东省泰安、济宁两市的东平、梁山和汶上三县，上距桃花峪357 km，下距入海口429 km，东通大清河，西连黄河，是山东省第二大淡水湖，也是黄河下游仅存的一处天然湖泊。1950年7月，黄河防汛总指挥部确定东平湖为黄河自然滞洪区，经过多年来的不断建设和完善,现已成为黄河"上拦下排、两岸分滞"防洪体系的主要组成部分,承担着分滞黄河洪水和接纳汶河来水的双重任务,是防御黄河下游大洪水的重要分滞洪工程,在国家南水北调工程中属东线工程的调水湖泊,地理位置非常重要。

2)气候

大汶河流域和东平湖均属暖温带大陆性半干旱半湿润季风性气候区,春季干燥多雨,夏季高温多雨,秋季天高气爽,冬季寒冷少有雨雪。四季分明,光照充足。东平湖多年平均气温 13.4 ℃,最高气温多发生在 7 月,最低气温多发生在 1 月。多年平均降水量为 640 mm,年内降水分布不均,季节差异较大。雨季一般在 7~9 月,其间降水量约占全年降水量的 65%。因此,造成该地区春旱秋涝、涝后又旱、旱涝交替的气候特点。

泰安市多年平均降水量为 727.9 mm,折合水量 55.9 亿 m^3,其中,汛期 6~9 月降雨量占年降雨量的 80%,具有春旱、夏涝、晚秋又旱的特点。泰安市年平均气温 12.9 ℃,7 月平均气温最高为 26.4 ℃,1 月最低平均气温为-2.6 ℃,极端最高气温为 42.5 ℃,极端最低气温为-22.6 ℃。有霜期一般为 159~179 d,初霜期一般在 10 月中旬,终霜期一般在 4 月上旬。冻土冻深一般在 30 cm 左右,肥城 1968 年 1 月最大冻土深为 48 cm。风向和风力随季节变化很大,冬季多偏北风,夏季多偏南风,风速为 1.9~2.0 m/s。泰安市相对湿度 3 月最小为 57%,8 月最大为 80%。泰安市各代表站多年平均水面蒸发量一般为 1 000~1 220 mm,呈现东部山丘区小于西部丘陵平原区,蒸发量年际变化小,最大年水面蒸发量为最小年水面蒸发量的 1.5 倍左右。蒸发量年内变化一般较大,多数代表站以 6 月为最大蒸发月,12 月为最小蒸发月。

莱芜市气候属暖温带大陆性半湿润季风气候,四季分明寒暑适宜,光温同步、雨热同季。年均日照时数 2 582.3 h,年日照百分率 58.3%。最大日照百分率在 5 月、10 月,为 62%~63%;最小日照百分率在 7 月,为 50%~55%。流域内春季干燥多风,夏季高温多雨,秋季天高气爽,冬季寒冷少雪,多年平均降水量为 719.0 mm,年均气温为 12.5~13.5 ℃。月平均最低气温发生在 1 月,一般为-1.8~3.4 ℃;月平均最高气温多发生在 7 月,一般为 26.1~27 ℃。区域不同气温有所差异,据常年观测,东部略低,西部略高。年平均气温自东向西为 12.4~13.5 ℃,最高气温自东向西为 39.1~42.2 ℃。据市气象局资料统计,流域平均气温 12.5 ℃,极端最高气温为 39.2 ℃(1960 年 6 月 21 日;1967 年 6 月 6 日),极端最低气温为-22.5 ℃(1957 年 2 月 11 日)。风向和风力随季节变化很大,冬季多偏北风,夏季多偏南风,多年平均蒸发量为 863.6 mm,最低月(12 月)蒸发量为 21~24.8 mm。风速在 8 月、9 月最小,平均 2 m/s 以下;3 月、4 月最大,平均 3.7 m/s。流域霜冻期一般 159~179 d,初霜期一般为 10 月中旬,终霜期为 4 月上旬。冻土层一般在 30 cm 左右。

2. 金堤河

金堤河位于黄河左岸,为平原坡水河道。发源于新乡县境内,其上游称大沙河,自滑县耿庄以下为金堤河干流,经河南滑县、濮阳、范县、台前和山东莘县、阳谷 6 县(市),通过张庄闸控制汇入黄河,河长 158.6 km,平均河宽 260 m,河床纵比降约 0.059‰~0.091‰,流域面积 5 047 km^2(其中耿庄以上 1 855 km^2)。金堤河为季节性河流,河水来源除流域降水外，还有引黄灌溉区弃水、退水和黄河干流侧渗补水等。流域年平均降水量 600 mm 左右，上游略丰于下游。金堤河入黄河处建有闸门，该闸具有滞洪退水、挡黄、倒灌分洪、排涝 4 项功能，既是金堤河涝水入黄闸，也是北金堤滞洪区泄洪闸，设计最大滞洪退水和倒灌分洪能力均为 1 000 m^3/s。闸旁建有电力提排站，设计提排流量 64 m^3/s，当金堤河水受黄河水顶托不能自流入黄河时，启用提排站排水入黄河。

3. 天然文岩渠

天然文岩渠位于河南省境内黄河左岸，发源于焦作市武陟县张菜园村，流经原阳、延津、封丘、长垣 4 县，河长 160 km。天然文岩渠分南北两支，南支为天然渠，北支为文岩渠。天然渠流经封丘县，文岩渠流经延津县，两渠在长垣县大车集交汇后，从濮阳县渠村乡渠村分洪闸南端（高村水文站断面左岸上游约 6 km）汇入黄河。

4. 其他支流

其他支流较小，多在右岸济南市长清、平阴滩区注入黄河。其中，浪溪河在平阴县境内，河长 26 km，流域面积 118 km^2；玉带河发源于平阴县李沟乡西南山域，河长 27.5 km，流域面积 134 km^2；孝里河发源于长清孝里镇大峰山东西两侧，河长 13.5 km，流域面积 108 km^2；南、北大沙河位于黄河右岸济南长清区境内，南大沙河长 37.2 km，流域面积 406.3 km^2，北大沙河长 54.3 km，流域面积 584 km^2，分别从右岸归德镇张庄和平安店镇西大张流入黄河；玉符河位于济南市境内，发源于泰山北麓，汇集历城南部山区的锦绣、锦阳、锦云三川支流，经卧虎山水库后，流经党家镇、丰齐一带至古城村南，于北店子村注入黄河，全长 85.4 km，流域面积 827 km^2。

（五）河口

黄河河口位于渤海湾和莱州湾之间，在东经 118°10′~119°15′，北纬 37°15′~38°10′，包括黄河三角洲、黄河三角洲附近海区、近口段三部分。

黄河三角洲以宁海为顶点，北到洼拉沟口，南到小清河口的扇形陆地区域，面积 5 400 km^2，形态大致以东北方向为轴线，中间高、两侧低，西南高、东北低，向海倾斜，凸出于渤海的扇面。

黄河三角洲附近海区系黄河三角洲毗连水深在 20 m 以内的弧形海域，神仙沟以西海区（渤海湾）水深在 0~20 m，神仙沟以南至小清河海区（莱州湾）水深在 0~16 m。根据水下地形的变化，该海区分为浅水平缓区（水深在 0~2 m）、前缘急坡区（水深在 2~12 m）和海底平缓区（水深在 12 m 以上）。黄河三角洲附近海区中，前缘急坡区的海底冲淤变化大于其他两个区，黄河口附近海区的水下地形变化大于远离河口海区。

近口段为宁海至入海口口门，该河段长度约 110 km，两岸堤距在 0.6~10 km，自上而下堤距逐渐展宽，近海无堤，主槽宽度在 0.5~1.5 km，自上而下河道纵比降逐渐减小。现河口是 1976 年 5 月西河口人工改道清水沟和 1996 年清 8 人工改道汊河后形成的，其流路经历了清水沟老河道、清水沟汊河及汊河流路口门附近的小范围流路摆动，较大的改道出汊有 4 次。1991~2015 年黄河河口改道出汊情况统计见表 1-2。

表 1-2　1991~2015 年黄河河口改道出汊情况统计

时间	改道出汊位置	改道出汊性质	河口方向	影响
1976 年 5 月	西河口	人工改道	东向	刁口河改走清水沟流路
1996 年 7 月	清 8	人工出汊	东北向	开启清 8 出汊流路三角洲的河口演变过程
2004 年 7 月	潮流界,距离河嘴 10 km	自然出汊	东向	1996 清 8 出汊流路首次自然出汊
2007 年 7 月	潮流界,距离河嘴 10 km	自然出汊	北向	1996 清 8 出汊流路第 2 次自然出汊
2011 年	汊 2	人工裁弯取直	不变	河口缩短 2 km,河势改变
2013 年	河嘴内右岸 3 km	自然出汊	北口门东汊开始并流	河口右岸形成岛屿

二、社会经济

山东省矿藏资源十分丰富,而且品类多、储量大、分布广泛。其中黄金、金刚石产量均居全国首位,石油、重晶石、菱镁矿、石膏、石墨、铜矿、铅土矿等也居全国前列,山东还是我国著名的温带水果产区,如烟台苹果、莱阳梨、肥城桃、青州山楂、乐陵金丝小枣等著名特产,可谓是家喻户晓。山东沿黄地区是全省粮棉的主要产区,在山东农业生产中占有极其重要的地位,粮食总产量占全省粮食总产量的 60.2%。

山东沿黄主要城市有菏泽市、聊城市、济宁市、泰安市、德州市、济南市、滨州市、淄博市、东营市等 9 个城市,其社会经济情况如下所述。

(一)菏泽市

(1)2019 年预计全市实现地区生产总值 3 360 亿元,增长 6.2%。三次产业结构调整为 9.6∶42.5∶47.9,服务业占比提高 2 个百分点。城乡居民人均可支配收入达到 28 401 元、14 107 元,分别增长 8.5%和 9.8%,增幅均居全省第 1 位。

(2)实体经济稳健前行。在克服煤矿大规模停业压产、东明石化检修等重大因素影响后,规模以上工业增加值年内实现由负转正,增长 2.2%;规模以上固定资产投资增长 8%。实现社会消费品零售总额 1 970 亿元,增长 9%;完成服务业增加值 1 610 亿元,增长 10.2%;新登记各类市场主体 12.6 万家,增长 18.9%,其中新增各类企业 3.7 万家,增长 10.2%。

(3)财政保障能力持续增强。在大力度减税降费的情况下,实现一般公共预算收入 221.9 亿元,增长 7.7%,增幅居全省第 1 位。一般公共预算支出 618.7 亿元,增长 12.1%。新争取上级资金 534.4 亿元,争取中央提前下达 2020 年专项债券额度 231 亿元，为全省各市最高，占全省近三分之一。

(4)金融服务能力得到提升。设立的2.1亿元应急转贷基金已开展转贷业务21.4亿元，市金和担保公司累计担保金额36.1亿元，蚂蚁金服发放网商贷款31.4亿元。6个企业获批省首批新旧动能转换项目基金19亿元，个数和规模均居全省第1位。青岛银行、民生银行在菏泽设立分行，全市银行业金融机构存贷较年初提高3.2个百分点。

(5)开放步伐不断加快。菏泽内陆港保税物流中心(B型)申建工作全面启动，济铁菏泽物流园运转良好，中欧班列开通运行，海关监管场站建设基本完工。对外贸易逆势上扬，预计全年完成出口175亿元，增长14%。

(二)聊城市

(1)2019年初步核算，全市实现生产总值2 259.82亿元，按可比价格计算，比上年增长3.7%。其中，第一产业增加值317.60亿元，增长1.3%；第二产业增加值806.88亿元，增长4.0%；第三产业增加值1 135.34亿元，增长4.2%。三次产业结构调整为14.1∶35.7∶50.2。

(2)城镇新增就业6.78万人，其中失业人员再就业1.30万人，困难群体就业3 215人。发放创业担保贷款6.62亿元，扶持带动就业4 596人。城镇登记失业2.33万人，城镇登记失业率2.69%，均控制在省控目标3.08万人和3.8%范围内。

(3)居民消费价格比上年上涨2.9%，涨幅较上年扩大0.5个百分点。其中，服务价格上涨2.5%，消费品价格上涨3.2%。

(4)八大类商品及服务价格“七升一降”。其中，食品烟酒类价格上涨6.2%，衣着类价格上涨1.5%，居住类价格上涨1.8%，生活用品及服务类价格上涨1.3%，教育文化和娱乐类价格上涨4.1%，医疗保健类价格上涨3.4%，其他用品和服务类价格上涨4%，交通和通信类价格下降2.9%。工业生产者出厂价格下降2.2%，工业生产者购进价格下降0.8%。

(三)济宁市

2019年，是济宁市各项工作全面提质增效的一年。全市上下在省委、省政府和市委领导下，坚持稳中求进工作总基调，全面贯彻新发展理念，聚焦“1+233”工作体系，勠力同心、攻坚克难，各项工作取得新成绩。预计地区生产总值增长4%。一般公共预算收入完成405亿元，增长1.2%，扣除减税降费等因素增长11.3%；税收占比达到74.7%，提高了2.3个百分点。规模以上工业增加值、固定资产投资增幅均高于全省平均水平。社会消费品零售总额增长4.8%。“四新”经济投资占比达到35%。贷款余额达到4 081亿元，增长15.3%，居全省首位。城乡居民人均可支配收入分别增长6.8%、8.2%。民生支出占一般公共预算支出的79%，为民所办十件实事全面完成。

(四)泰安市

(1)经济运行稳中有进。经山东省统计局统一核算并反馈，2019年全市地区生产总值初步核算数据为2 663.6亿元，按可比价计算，增长6.3%。其中，第一产业增加值288.7亿元，下降0.2%；第二产业增加值1 036.2亿元，增长5.7%；第三产业增加值1 338.7亿元，增长8.6%。三次产业结构为10.8∶38.9∶50.3。

(2)物价保持温和上涨。居民消费价格(CPI)上涨2.4%,其中食品烟酒价格上涨6.0%,衣着价格上涨0.2%,居住价格上涨3.3%,医疗保健价格上涨0.7%,其他用品和服务价格上涨4.4%,生活用品及服务价格下降0.7%,交通和通信价格下降1.9%,教育文化娱乐价格与上年持平,工业生产者出厂价格上涨0.2%,工业生产者购进价格上涨0.6%。

(3)就业形势保持良好。新增就业5.8万人,完成年计划的124.8%。其中,困难群体就业5 488人,完成年计划的166.3%;城镇登记失业人员2.2万人,登记失业率2.0%,低于3.5%的控制目标;高校毕业生总体就业率99.0%。

(五)德州市

(1)经济运行总体平稳。经山东省统计局统一核算并反馈,全市生产总值(GDP)初步核算数据为3 022.27亿元,按可比价计算,比上年增长6.1%。其中,第一产业增加值311.88亿元,下降0.2%;第二产业增加值1 263.7亿元,增长5.7%;第三产业增加值1 446.69亿元,增长8.0%。三次产业结构由上年的11.1∶42.6∶46.3调整为10.3∶41.8∶47.9。人均生产总值52 295元。

(2)常住人口保持平稳。年末常住人口574.85万,其中城镇人口304.84万,常住人口城镇化率为53.03%。全年出生人口5.84万,出生率9.78‰;死亡人口2.9万,死亡率4.86‰;自然增长率4.92‰。

(3)就业形势总体稳定。新增城镇就业67 710人,城镇失业人员再就业19 553人,就业困难人员就业3 106人,城镇登记失业率为2.39%,低于3.5%的年度控制目标。

(4)物价水平涨势温和。居民消费价格比上年上涨3.3%,其中消费品价格上涨4.6%,服务项目价格上涨1.3%,食品价格上涨8.7%,非食品价格上涨1.4%。工业生产者出厂价格下降1.7%,购进价格上涨0.6%。

(六)济南市

(1)2019年,济南市经济平稳运行。经济总量保持平稳较快增长。经山东省统计局统一核算并反馈,2019年济南市地区生产总值初步核算数据为9 443.4亿元,按可比价格计算,比上年增长7.0%。其中,第一产业增加值343.1亿元,增长1.3%;第二产业增加值3 265.2亿元,增长7.8%;第三产业增加值5 835.09亿元,增长7.0%。

(2)工业经济稳定增长。全市完成规模以上工业实现增加值同比增长4.2%;规模以上工业(总量数据剔除集团上报口径变化等不可比因素)营业收入7 185.1亿元,增长3.1%;实现利润328.6亿元,下降9.4%。

(3)固定资产投资较快增长。全市累计完成固定资产投资同比增长12.6%。分产业看,第一产业投资下降49.6%;第二产业投资下降23.5%,其中工业投资下降19.6%;第三产业投资增长22.6%,其中房地产投资增长9.7%。

(4)市场消费稳中向好。全市社会消费品零售总额同比增长8.1%。分城乡看,城镇增长8.1%,乡村增长7.7%。分行业看,批发、零售、住宿、餐饮业分别增长7.2%、8.2%、8.1%、8.5%。

(5)外贸发展加快。进出口总额1 103.3亿元,增长17.9%。其中出口622.5亿元,增长 5.2%；进口 480.8 亿元，增长 39.6%。全市新签合同项目 228 个，合同外资额 683 441 万美元，增长 24.3%；实际到账外资 224 249 万美元，增长 23.8%。

(6)财政收入平稳较快增长。全市一般公共预算收入 874.2 亿元，同比增长 7.2%。一般公共预算支出 1197.3 亿元，增长 7.0%。金融存贷规模稳定增长。2019 年 12 月末，全市金融机构本外币各项存款余额 18 646.09 亿元，增长 3.1%。其中，人民币各项存款余额 18 303.20 亿元，增长 4.0%。金融机构本外币各项贷款余额 18 768.74 亿元，增长 11.2%；人民币各项贷款余额 17 624.21 亿元，增长 13.6%。

(7)居民收入稳步提高。全年居民人均可支配收入 41 472 元，增长 8.4%，其中，城镇居民人均可支配收入 51 913 元，增长 7.3%；农村居民人均可支配收入 19 454 元，增长 9.1%。

(8)市场物价温和上涨。全年市居民消费价格累计同比上涨 3.3%，2019 年 12 月当月上涨 5.5%。全年工业生产者出厂价格同比上涨 0.3%，12 月当月上涨 0.8%；工业生产者购进价格同比下降 1.4%，12 月下降 4.9%。

(七)滨州市

(1)2019 年，滨州市实现生产总值(GDP)2 457.19 亿元，完成一般公共预算收入 242.96 亿元。居民人均可支配收入为 28 517 元，其中城镇居民人均可支配收入 37 378 元、农村居民人均可支配收入为 17 480 元。

(2)追求卓越，激昂奋进之城。秉承"不屈不挠、艰苦奋斗，顾全大局、无私奉献"老渤海精神的滨州人民，经过几十年的艰苦奋斗，构建起了以纺织、化工、食品、装备制造、有色金属五大传统产业为主和新材料、新能源、海洋开发等新兴产业为辅的门类较齐全的现代产业体系。电解铝产能、纺纱能力、粮食加工能力均居全国第一，粮食产业"滨州模式"在全国推广；活塞、轮毂、环氧丙烷、玉米油、葡萄糖、坯布年产量，以及金属板材生产规模、肉牛加工量、绳网市场份额均居全国第一。高端铝、新形化工、家纺纺织、粮食加工、畜牧水产"五大千亿级产业集群"成为滨州最核心的经济元素。全市已集聚形成 25 个不同行业的产业集群，其中省级产业集群 7 个。魏桥创业集团连续 7 年入选世界 500 强，5 家企业入选中国企业 500 强，7 家企业入选中国民企 500 强。博兴"中国厨都"、邹平"中国铝谷"驰名中外，沾化冬枣、阳信鸭梨、无棣贝瓷等地理标志品牌闻名全国，渤海汽车、西王和长寿花玉米油、香驰粮油、亚光纺织、愉悦家纺、向尚运动、中裕食品、滨州对虾、阳信肉牛、惠民蘑菇等品牌名声远扬。

(3)成功创建国家资源循环利用基地，形成以鲁北集团、香驰集团、西王集团、滨化集团为代表的盐化、玉米及大豆等 15 条各具特色的企业循环经济产业链条。有国家循环经济示范试点企业 2 家、山东省循环经济示范县(市)1 家、山东省"城市矿产"示范园区 1 家、山东省循环经济示范单位 21 家。获得国家、省认定的"老字号"企业 18 家。与"一带一路"沿线 40 多个国家、370 多家企业开展经贸合作，魏桥、西王、亚光等企业走出国门，在境外建立生产基地、研发中心和营销网络。滨州有境内外上市企业 13 家、外资企业 150 家。2018 年，全市有各类市场主体 30.12 万户，规模以上工业企业 1 261 家，高新技术企业 124 家，新引进世界 500 强企业 7 家。共有市级以上农业产业化龙头企业 383 家，其中国家级7家、省级67家;农民专业合作社达到7 713个。

(4)无公害农产品、绿色食品、有机农产品和农产品地理标志总数达到480个。立足江北最大白蜡苗木基地、绳网之都、冬枣之乡、第一肉牛产业大县等优势,扎实推进“一镇一业、一村一品”建设。

(5)滨州市是多种水产品和海洋化工、盐化工生产基地,是全省最大的对虾苗种繁育基地、山东省第二大海盐生产基地和全国四大渔场之一。卤虫卵年加工量3 000 t,占全国市场份额的70%。

(6)入选国家级特色小镇1个、“全国综合实力千强镇”7个,省级特色小镇创建试点5个、第一批美丽村居建设省级试点村3个。3镇8村入选省第五批“美丽宜居小镇、美丽宜居村庄”名单,美丽乡村覆盖率列全省第3位。

(八)淄博市

(1)淄博市2019年生产总值(GDP)实现3 642.4亿元,按可比价计算,比上年增长3.5%。全年实现第一产业增加值149.3亿元,增长1.7%;第二产业增加值1 817.8亿元,增长0.1%;第三产业增加值1 675.3亿元,增长7.9%。三次产业比例由上年的4.1∶51.4∶44.5调整为4.1∶49.9∶46。人均GDP达到77510元,比上年增长3.6%,按年均汇率折算达11 236美元/人。

(2)全年实现城镇新增就业11.8万人,完成全年目标任务的151.8%,实现失业人员再就业5.8万人,其中困难群体再就业0.5万人。年末城镇登记失业率为2.17%,比上年降低0.27个百分点,低于4%的年度控制目标。

(3)全年居民消费价格上涨3.0%。其中,食品价格上涨9.1%,非食品价格上涨1.6%。工业生产者出厂价格全年平均下降3.3%,工业生产者购进价格平均下降4.9%。

(九)东营市

(1)经济运行总体平稳。初步核算,全市实现生产总值(GDP)2 916.19亿元,按可比价格计算,比上年增长4.2%。其中,第一产业增加值145.73亿元,增长0.5%;第二产业增加值1 675.11亿元,增长4.0%;第三产业增加值1 095.35亿元,增长4.9%。三次产业结构为5.0∶57.4∶37.6。人均生产总值134 022元,按年均汇率折算为19 428美元。

(2)就业形势基本稳定。新增城镇就业5.53万人,比上年增长7.1%。城镇人口登记失业率2.6%,低于3.5%的全年控制目标。

(3)市场物价温和上涨。居民消费价格比上年上涨2.9%,八大类商品和服务项目价格“五升三降”。工业生产者出厂价格下降1.2%,工业生产者购进价格下降2.2%。

第二节　黄河山东段水质整体情况

依据黄河山东水环境监测中心对各断面水质的监测数据,选用《地表水环境质量标准》(GB 3838—2002)[2002年前采用《地面水环境质量标准》(GB 3838—88)进行评判]中开展的基本项目(氨氮、化学需氧量、高锰酸盐指数)作为评价因子。评价方法采用根据使用功能评价及水质指标单因子达标评价方法。以1991~2019年数据进行统计,黄河山东段水质情况评价见表1-3、图1-1~图1-4。

表 1-3　1991~2019 年黄河山东段水质监测断面超标率统计　（%）

年份	高村断面	艾山断面	泺口断面	利津断面
1991	16.7	8.3	8.3	8.3
1992	75.0	50.0	50.0	77.8
1993	58.3	58.3	41.7	50.0
1994	83.3	41.7	50.0	33.3
1995	66.7	45.5	54.5	55.6
1996	58.3	25.0	45.5	40.0
1997	81.8	40.0	37.5	20.0
1998	100	91.7	83.3	75.0
1999	91.7	100.0	91.7	66.7
2000	100.0	75.0	75.0	91.7
2001	91.7	50.0	83.3	75.0
2002	91.7	50.0	50.0	50.0
2003	66.7	50.0	41.7	33.3
2004	41.7	41.7	33.3	41.7
2005	83.3	50.0	33.3	50.0
2006	50.0	41.7	25.0	33.3
2007	25.0	16.7	0	8.3
2008	25.0	8.3	8.3	16.7
2009	8.3	8.3	8.3	8.3
2010	16.7	8.3	8.3	8.3
2011	16.7	25.0	8.3	25.0
2012	8.3	8.3	0	0
2013	8.3	0	0	0
2014	0	0	0	0
2015	0	8.3	0	0
2016	0	0	0	0
2017	0	0	0	0
2018	25.0	8.3	8.3	16.7
2019	16.7	0	8.3	0

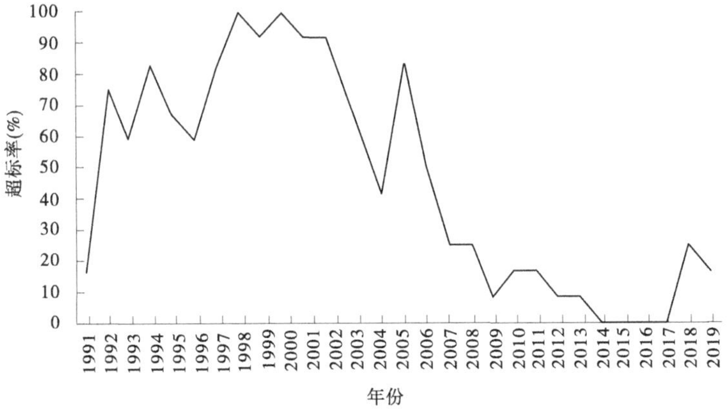

图 1-1　高村断面 1991～2019 年水质超标率统计

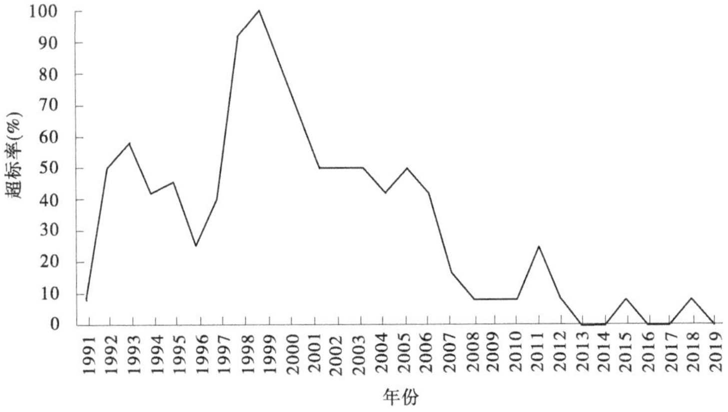

图 1-2　艾山断面 1991～2019 年水质超标率统计

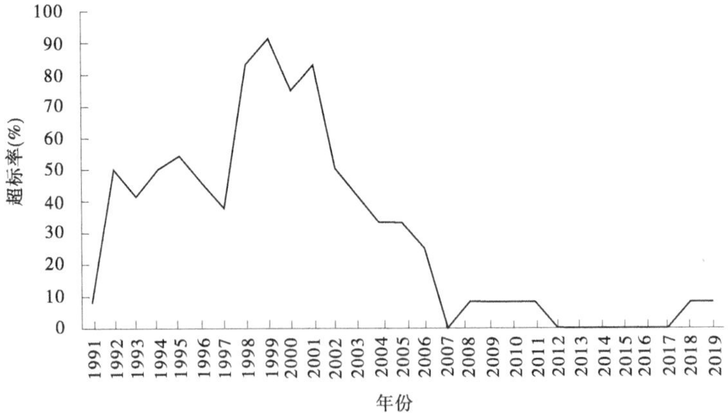

图 1-3　泺口断面 1991～2019 年水质超标率统计

表 1-3 和图 1-1～图 1-4 的统计结果表明，20 世纪 90 年代山东黄河水质超标率呈明显上升趋势，水质恶化趋势显著；1999 年、2000 年黄河实施水资源统一调度出现明显转折，

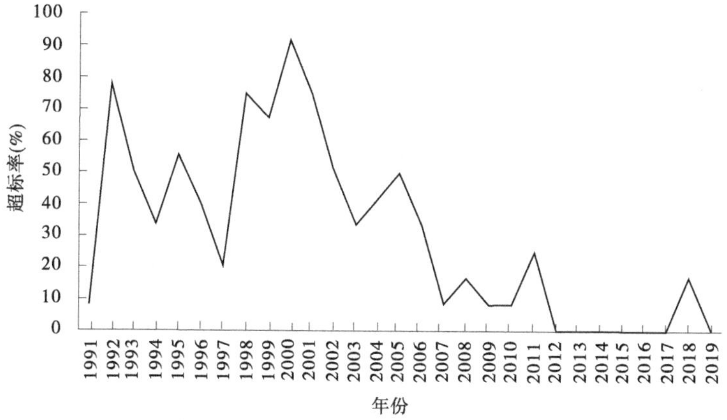

图 1-4　利津断面 1991~2019 年水质超标率统计

统一调度以来,除 2005 年出现点起伏外,山东各河段年超标率均呈现出明显下降趋势。2012 年以后,山东各河段水质情况明显好转。

二、山东段化学需氧量变化分析

化学需氧量的测定从 2000 年开始,采用《水质 化学需氧量的测定 重铬酸盐法》(GB 11914—1989)。2018 年后采用《水质 化学需氧量的测定 重铬酸盐法》(HJ 828—2017)测定。山东黄河干流各断面化学需氧量年均值统计结果见表 1-4、图 1-5~图 1-8。

表 1-4　山东黄河干流各断面化学需氧量年均值　(单位:mg/L)

年份	高村断面	艾山断面	泺口断面	利津断面
2000	29.1	30.7	29.1	28.2
2001	—	—	—	—
2002	30.9	48.7	36.3	30.4
2003	24.4	21.0	21.6	22.2
2004	16.8	16.2	14.4	16.1
2005	17.4	17.9	23.0	22.4
2006	16.0	19.2	15.2	21.7
2007	17.4	16.7	16.9	18.1
2008	15.4	16.6	16.2	16.7
2009	15.7	14.2	14.4	13.8
2010	15.3	14.1	13.2	13.9

续表 1-4

年份	高村断面	艾山断面	泺口断面	利津断面
2011	14.7	15.8	16.3	15.7
2012	15.7	16.2	14.5	15.7
2013	16.0	16.3	14.9	16.3
2014	15.4	15.7	15.0	16.2
2015	14.7	15.0	14.1	17.1
2016	14.7	15.0	14.4	15.4
2017	12.1	11.7	10.9	11.2
2018	15.8	16.4	14.7	13.7
2019	14.0	13.0	11.0	13.0

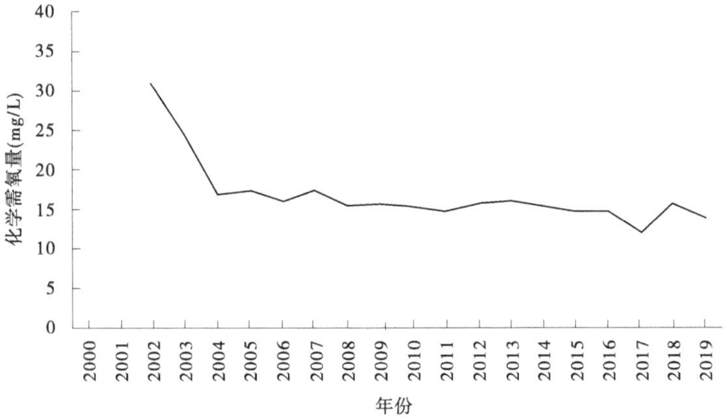

图 1-5　高村断面 2000~2019 年化学需氧量趋势统计

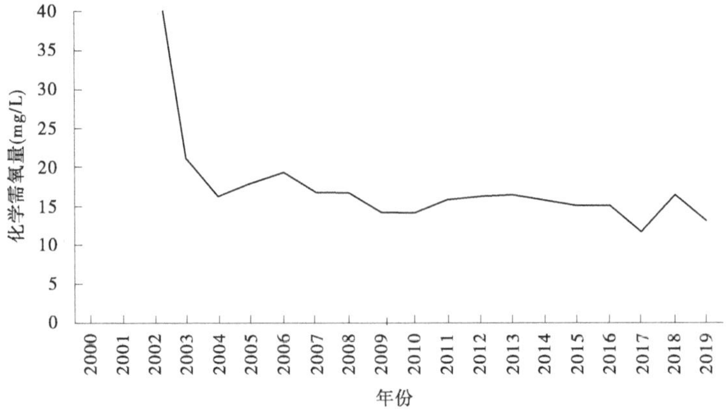

图 1-6　艾山断面 2000~2019 年化学需氧量趋势统计

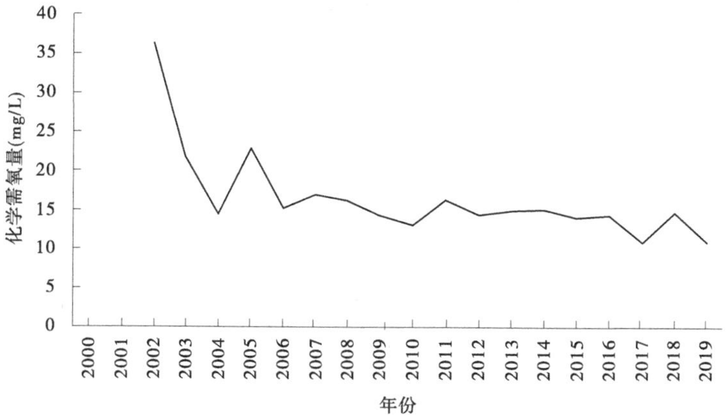

图 1-7　泺口断面 2000~2019 年化学需氧量趋势统计

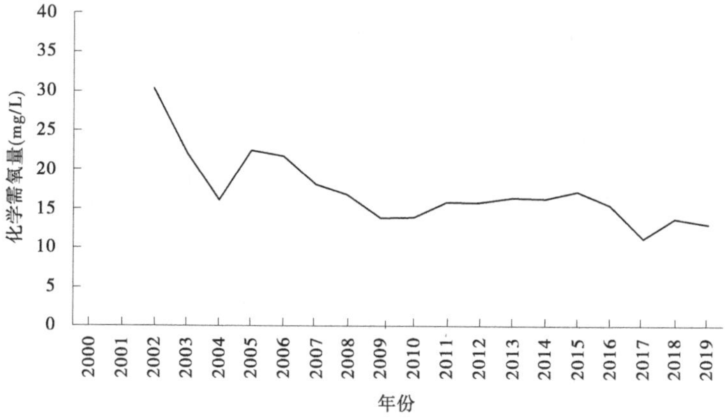

图 1-8　利津断面 2000~2019 年化学需氧量趋势统计

从表 1-4、图 1-5~图 1-8 可以清晰地看出,2002 年化学需氧量刚展开监测时,处于一个较高的水平,2002~2004 年间,化学需氧量从超标状态降至合格状态。2005~2006 年间化学需氧量浓度略有反弹,2006 年后化学需氧量区域稳定,一直处于一个较低的水平。

三、山东河段氨氮变化分析

目前为止的历史资料中,氨氮是山东黄河污染物中最具代表性的参数,该参数的监测始于 1980 年,当时由于氨氮含量低,我们采用的是目视比色法,该方法一直持续到 1992 年,其间全山东黄河氨氮含量一直基本维持在 0. 20 mg/L 以下,最大值出现在 1989 年 8 月的泺口断面,监测结果为 0. 40 mg/L。

按照上级要求,氨氮从 1993 年开始采用仪器监测,采用纳氏试剂分光光度法,也就是 1993 年山东黄河的氨氮含量首次出现超过 1. 0 mg/L 的监测结果,分别出现在高村、泺口断面,1995 年以后每年都会出现超过 1. 0 mg/L 的监测结果。山东黄河干流各断面氨氮年均值统计结果见表 1-5、图 1-9~图 1-12。

表 1-5　山东黄河干流各断面氨氮年均值　（单位：mg/L）

年份	高村断面	艾山断面	泺口断面	利津断面
1980	0.05	0.04	0.04	0.05
1981	0.07	0.07	0.05	0.08
1982	0.06	0.07	0.06	0.05
1983	0.08	0.08	0.07	0.07
1984	0.08	0.05	0.05	0.06
1985	0.11	0.12	0.11	0.09
1986	0.09	0.07	0.07	0.07
1987	0.12	0.11	0.09	0.10
1988	0.09	0.08	0.08	0.08
1989	0.14	0.12	0.14	0.13
1990	0.11	0.12	0.12	0.11
1991	0.18	0.15	0.15	0.17
1992	0.14	0.13	0.11	0.09
1993	0.30	0.19	0.27	0.24
1994	0.48	0.43	0.42	0.38
1995	0.50	0.42	0.53	0.38
1996	0.70	0.47	0.55	0.41
1997	1.05	0.90	0.99	0.92
1998	1.38	1.31	1.24	1.21
1999	1.15	1.09	0.83	0.80
2000	0.92	0.73	0.64	0.68
2001	0.81	0.68	0.62	0.58
2002	0.71	0.67	0.57	0.72
2003	1.06	0.98	0.68	0.78
2004	0.65	0.65	0.65	0.47
2005	0.68	0.69	0.50	0.52
2006	0.69	0.64	0.45	0.49
2007	0.48	0.48	0.37	0.35
2008	0.56	0.56	0.40	0.45
2009	0.56	0.51	0.36	0.43
2010	0.64	0.56	0.43	0.42

续表 1-5

年份	高村断面	艾山断面	泺口断面	利津断面
2011	0.46	0.48	0.41	0.40
2012	0.44	0.42	0.33	0.31
2013	0.37	0.34	0.33	0.33
2014	0.39	0.37	0.33	0.31
2015	0.32	0.35	0.32	0.30
2016	0.29	0.27	0.29	0.30
2017	0.24	0.26	0.28	0.28
2018	0.30	0.30	0.30	0.30
2019	0.29	0.28	0.32	0.30

图 1-9　高村断面 1980~2019 年氨氮趋势统计

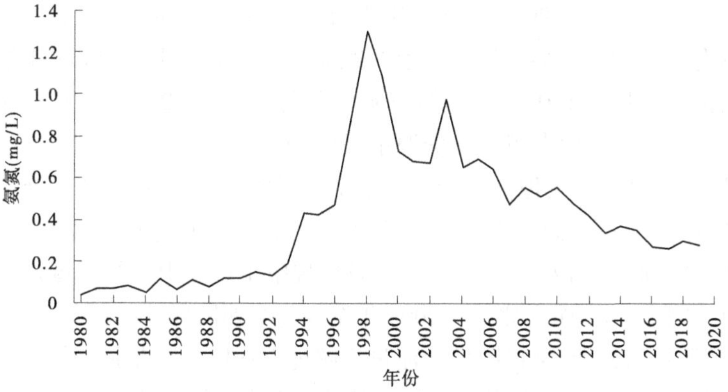

图 1-10　艾山断面 1980~2019 年氨氮趋势统计

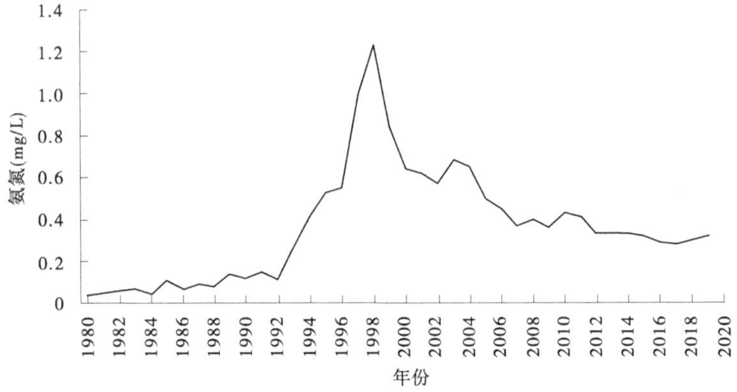

图 1-11　泺口断面 1980~2019 年氨氮趋势统计

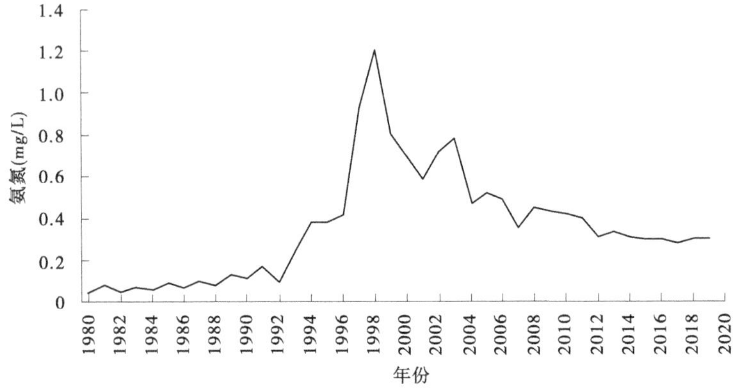

图 1-12　利津断面 1980~2019 年氨氮趋势统计

从表 1-5、图 1-9~图 1-12 可以清晰地看出,黄河水质明显呈现出几个阶段:第一阶段水质状况良好阶段,出现在 1992 年之前,年均值全部在 0. 20 mg/L 以下。第二阶段出现在 1993~1998 年,水质处于持续明显恶化阶段,氨氮含量直线上升,1998 年整个山东河段氨氮含量年均值全部超过 1. 0 mg/L。第三阶段出现在 1998~2003 年,也就是黄河实施水资源统一调度初期。由于山东黄河水资源量偏枯,水质出现起伏,特别是 2001 年,氨氮含量已经回落到一个较低水平;但由于黄河来水量持续偏少,2000~2002 年连续三年泺口断面径流量为 80 亿 m^3 左右,而污染物入黄量增加,污径比一直保持在较高水平,致使黄河水质再度恶化;从 2002 年 12 月到 2003 年 4 月出现整个黄河山东段氨氮含量一直维持在 1. 0 mg/L 以上水平长达 5 个月之久。2003 年至今为第四阶段,随着国家污染治理力度的加大,黄河水资源量的充沛,泺口断面径流量均超过 200 亿 m^3,再加上黄河水资源的统一科学调度,山东黄河氨氮含量出现明显回落趋势,表明山东黄河水质状况呈现出好转趋势。2003 年后,黄河山东段氨氮处于一个缓慢下降的趋势,并能够维持一个较低的水平。

四、山东河段沿程变化分析

山东黄河两岸均有堤防控制，只有长平滩区少量污水可以进入，由于污水量较少，对山东黄河水质影响不大。主要支流大汶河，经过东平湖调蓄，季节性进入黄河，从近年来东平湖入黄把口断面陈山口的监测结果来看，各项污染参数黄河山东段的监测结果相差不多，而且还略优于黄河水质，因此对黄河水质影响也不大。黄河山东段自上而下沿程高村、艾山、泺口、利津断面的超标率、化学需氧量、氨氮对比见图1-13～图1-15。

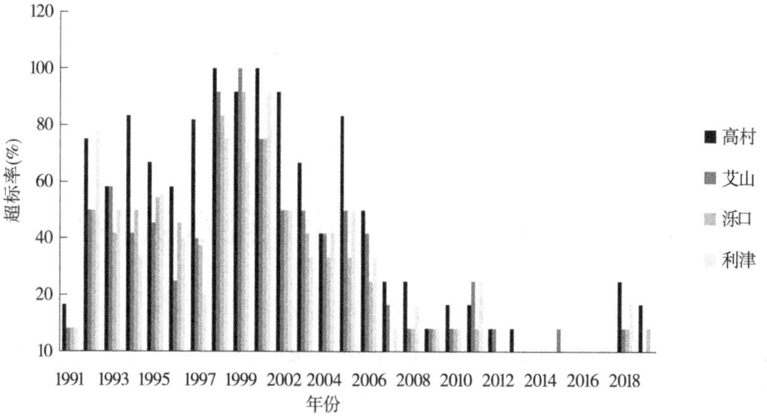

图1-13　黄河山东段各河段超标率对比

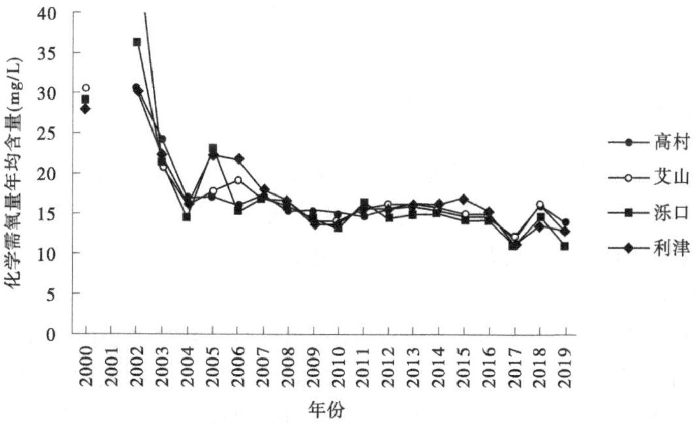

图1-14　黄河山东段各站化学需氧量年均含量对比

从图1-13可以看出，每个河段的超标率，自上而下沿程基本都呈下降趋势。从图1-14、图1-15也可明显看出，高村断面基本处于最上层，往下依次为艾山、泺口、利津断面，最后是东平湖出湖断面陈山口，层次显著分明；两图分析结果表明，山东黄河在泥沙等作用下，具有较强的降解作用，污染物沿程下降趋势显著。

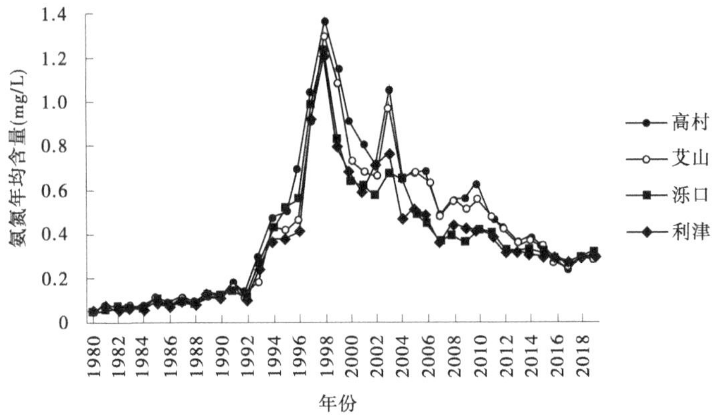

图 1-15　黄河山东段各站氨氮年均含量对比

第三节　调水调沙对黄河山东段水质影响分析

泥沙因具有吸附性且有净化水体的作用,同时又作为污染物和污染物载体而对水环境造成污染。泥沙在水环境中具有两面性,某些水质参数与泥沙密切相关,可谓高含沙河流的污染特性。泥沙对黄河水质影响巨大,对人为排入黄河的众多污染物(特别是重金属、有毒有机物和放射性核素)具有显著的吸附效应而成为污染物的主要载体,所以调水调沙也是一次通过泥沙大规模传输污染物的过程。因此,在评价水质污染状况时,应与一般清水河流有别,评价的关键在于对各水质参数的鉴别,即正确区分自然因素与人类活动两种不同成因的污染。为此,我们结合调水调沙试验进行了一次完整的水质监测过程,并对其进行了系统的分析与研究。

一、首次调水调沙跟踪水质监测

2002 年 7 月 4 日,黄河进行小浪底调水调沙试验,它是世界水利史上最大的人工试验,其主要目的是对黄河下游河道进行冲刷,尽量减少下游河道泥沙淤积,这也是小浪底水利枢纽工程的主要任务之一,是黄河治理的重要措施,对黄河下游防洪减淤和综合治理开发具有重大意义。

黄河是举世闻名的多泥沙河流,泥沙对许多污染物有解析作用,而且泥沙具有较强的吸附能力,在某种程度上说有降低污染、净化水体的作用。多年来研究结果表明,黄河在自然条件下,不宜被浸提出来,但在加酸后,则可使污染物部分或全部释放出来。

小浪底水库平时绝大部分时间里是蓄浑排清,泥沙的吸附作用使得在蓄沙的同时,许多污染物被吸附在泥沙表面沉积在水库内,从这个意义上说,小浪底水库在蓄沙的同时,也在蓄污,不定期排沙也是在不定期排污;而河道内泥沙沉积致使下游河道河床抬高的同时,也吸附了许多污染物沉积在河道内。调水调沙期间小浪底将会释放大量泥沙,也冲刷起大量河道内的泥沙,作为污染物载体的泥沙,因此会对下游黄河水质产生较大影响。

(一)跟踪监测目的

此次以泺口断面为基准断面的调水调沙跟踪监测,可以使我们了解小浪底水库的运用对黄河下游水环境的影响程度；同时，这次调水调沙试验，是将水沙基本控制在一定范围内，保持相对稳定，持续时间又长，这一切为地处下游的泺口断面创造了一个相对稳定的水环境，使我们可以在实验室内理论研究的基础上，对现实中的原形黄河泥沙对水质的影响进行分析，对进一步加强水资源管理和充分利用黄河水资源具有深远的意义。

（二）跟踪监测时间安排

（1）调水调沙开始之前进行一次本底分析，分析项目为全分析。

（2）洪水起涨过程（从起涨到稳定流量）进行一次分析，分析项目为全分析。

（3）调水调沙流量稳定后进行一次分析，分析项目为全分析。

（4）流量相对稳定后视断面冲淤变化情况监测 3～4 次，主要为受泥沙影响变化较大的项目，具体项目视前面监测情况确定。

（5）调水调沙流量落水时段进行一次分析。

（6）调水调沙结束后进行一次分析，分析项目为全分析。

（三）跟踪监测结果与分析

1. 监测结果评价

这次调水调沙跟踪监测工作，从 2002 年 7 月 6 日泺口断面起涨前，到 7 月 21 日泺口断面恢复到正常，按照要求共采样监测 9 次。监测结果表明，受泥沙吸附影响，清水、浑水差别较大的污染物有化学需氧量、砷化物、总氮、总磷、铅、铜、锌。

7 月 11 日，调水调沙水头已经入海，整个山东黄河水沙量相对趋于稳定，我们在同一天对山东境内的高村、艾山、泺口和利津 4 个断面进行了采样分析，监测结果显示，最上游的高村断面水质最差，高锰酸盐指数、铅、镉、五日生化需氧量、非离子氨、总砷、总汞、溶解氧均超过地面水Ⅲ类水质标准，其中高锰酸盐指数和铅超过Ⅴ类水质标准，为劣Ⅴ类水质；其余 3 个断面也都超过地面水Ⅲ类水质标准，超标项目为非离子氨、溶解氧、五日生化需氧量、高锰酸盐指数。

2. 污染物输送方式与输送量

计算结果为：在本次调水调沙试验中，黄河通过泺口断面共向下游输送主要污染物 40.7 万 t。其中，化学需氧量 33.9 万 t，总氮 1.85 万 t，五日生化需氧量 1.07 万 t，硝酸盐氮 1.06 万 t，总磷 1.16 万 t，氨氮 665 t，总铅 87 t，总铜 105 t，总砷 54.7 t，亚硝酸盐氮 30.1 t。

清水中挟带化学需氧量 10.6 万 t，占总量的 31.3%；总氮 8 205 t，占总量的 44.4%；总磷 182 t，仅占总量的 1.6%。

由上述统计结果可以看出，泥沙的吸附力使之成为污染物输送的主要载体，其吸附的污染物量占污染物输送总量的 64.6%，清水中的污染物输送量仅占 35.4%，其中化学需氧量在此次污染物输送过程中，泥沙输送量是清水输送量的 2 倍多，总磷等污染物基本上都是通过泥沙这一载体输送。

由于各种污染物输送量不是一个数量级，为能在同一图上直观地看出泥沙和清水对主要污染物的输送量情况，我们对不同项目按照不同数量级进行缩放后，泥沙和清水对主要污染物输送量对比见图 1-16。

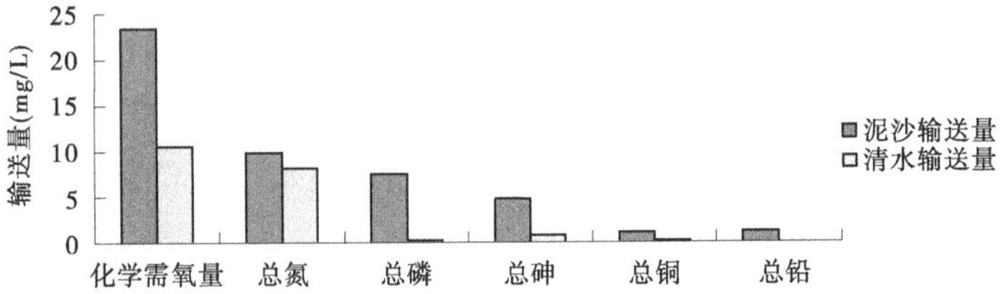

图 1-16　泥沙和清水对主要污染物输送量对比

3. 主要污染物与泥沙的关系

1) 化学需氧量(COD_{Cr})

化学需氧量含量清水与浑水对照见表 1-6,化学需氧量见图 1-17。

表 1-6　化学需氧量含量清水与浑水对照

项目与编号	1	2	3	4	5	6	7	8	9
含沙量(g/L)	10.5	14.6	15.4	22.5	16.8	15.9	12.2	8.63	9.05
COD_{Cr}(浑水)÷20(mg/L)	6.7	5.3	8.8	11.4	10.6	6.6	4.8	3.6	4.6
COD_{Cr}(清水)÷20(mg/L)	1.4	2.1	2.7	2.5	2.5	1.9	1.8	2.5	2.0

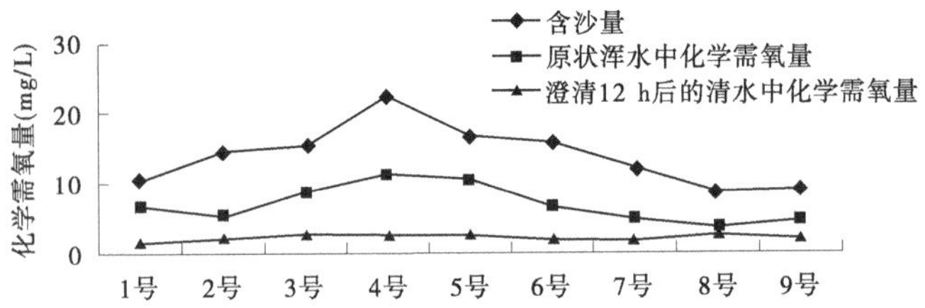

图 1-17　化学需氧量过程

由图 1-17 可以看出,化学需氧量受泥沙影响非常明显,大量的该类污染物吸附在泥沙的表面,溶解在水中的化学需氧量在整个调水调沙过程中随泥沙变化不大。

用实测原状浑水化学需氧量($COD_{浑}$)、含沙量(ρ)进行相关分析,求得相关系数 $r=0.861$。由于漫滩加入的面源污染、沿途污染源的加入及泥沙的颗粒级配和有机质的含量等,此次跟踪监测结果,清水中的化学需氧量受含沙量影响不大。这次原形黄河试验结果进一步证明,在整个河段水环境相对稳定的情况下,黄河原状水中的化学需氧量值与含沙量呈正相关关系。

2) 总磷

总磷含量清水与浑水对照见表 1-7,总磷过程见图 1-18。

表 1-7　总磷含量清水与浑水对照

项目与编号	1	2	3	4	5	6	7	8	9
含沙量(g/L)	10.5	14.6	15.4	22.5	16.8	15.9	12.2	8.63	9.05
总磷(浑水)(mg/L)	2.92	4.78	8.31	7.33	6.06	5.18	3.08	2.48	2.83
总磷(清水)(mg/L)	—	0.046	0.049	0.024	0.039	0.112	0.087	0.112	0.099

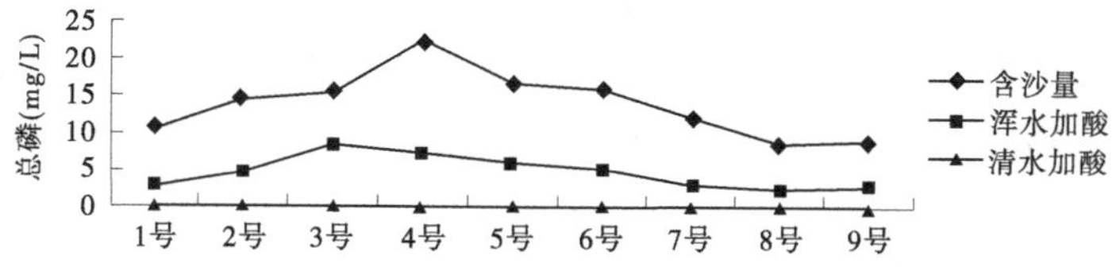

图 1-18　总磷过程

图 1-18 表明，绝大部分总磷都被吸附在泥沙上，与浑水相比，清水中总磷含量非常少，整个调水调沙过程中，清水中总磷含量都没有超过地表水Ⅲ类水质标准(0.2 mg/L)；浑水加酸样品上清液中，总磷含量随含沙量变化而变化，二者相关系数 r=0.835。

为进一步证实泥沙与总磷之间的关系，我们将高村断面的新鲜泥沙用纯水配制成不同含沙量的水样系列，分别加入 4 mL 浓硫酸，按照上述方法进行分析，对总磷含量进行了分析，结果见表 1-8、图 1-19。

表 1-8　总磷新鲜泥沙稀释水模拟试验结果

序号	1	2	3	4
含沙量(m/L)	2.16	5.40	10.80	21.60
总磷(mg/L)	0.672	2.320	3.490	5.680

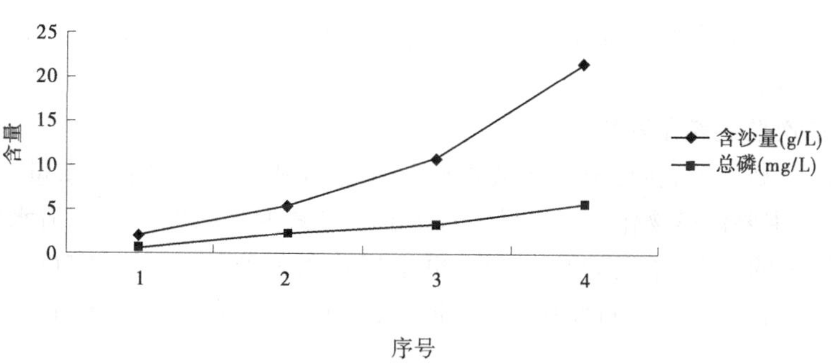

图 1-19　新鲜泥沙-总磷关系

结果可以看出，总磷含量与水样含沙量 ρ 之间也呈正相关关系，其相关系数 r=0.982，相关关系表达式为

$$总磷含量=0.243\rho+0.616$$

4. 发现的问题

(1) 此次调水调沙跟踪监测结果可以看出,2002 年 7 月 6 日采集的水头样品中,含沙量明显低于第二天的样品,但各种污染物的含量却比第二天的水样高,表明河道和滩区表层沉积了大量的污染物,这些污染物对黄河每次来水量较大时的水头水质造成一定程度的污染。

(2) 黄河泥沙的吸附特性使得许多污染物在黄河水环境条件下,大都被吸附在泥沙上,对黄河水质起到了一定的净化作用。然而,泥沙上吸附的大量污染物没有完全消失,当遇到含有大量电解质的海水水体时,被吸附在泥沙表面的污染物,通过离子交换性能被解吸下来,对入海口附近海域造成污染。此次调水调沙水质监测结果,通过泺口断面的水体时,大量的污染物被吸附在泥沙上,表明目前的监测方法不能真实地反映黄河对海域污染物的贡献量。

黄河口湿地是国家一级自然保护区,在这淡水与海水交汇的区域内,生存着许多珍稀动植物,使得对这一带生态环境影响最大的黄河水质状况显得尤为重要。

二、第七次调水调沙生产运行跟踪水质监测

(一) 监测安排与结果

此次跟踪监测是第二次针对调水调沙进行的跟踪水质监测,从 2008 年 6 月 19 日起涨前的背景值,到 7 月 9 日调水调沙结束,其间每间隔 5 d 监测一次,共对辖区内的高村、艾山、泺口、利津 4 个断面分别实施监测 5 次。

主要监测参数有 pH、电导率、溶解氧、高锰酸盐指数、化学需氧量、氨氮、汞、铅、铁、锰,其中高锰酸盐指数、化学需氧量、汞、铅、铁、锰进行了清水、浑水比测,但此次浑水是按照《地表水环境质量标准》(GB 3838—2002) 标准,取水面下 0.5 m 样品自然沉降半小时后取上层未沉降部分,加入保护剂保存待测,而不是水面下 0.5 m 的原装水。

我们以 6 月 22 日起涨至 7 月 6 日回落的半个月时间为计算时间,以每 5 d 中间的监测结果为这 5 d 的平均含量。计算结果为:在本次调水调沙试验中,黄河通过泺口断面共向下游输送主要污染物化学需氧量 7.74 万 t、氨氮 980 t;清水中挟带化学需氧量 4.59 万 t,占总量的 59.3%。

(二) 与首次监测结果对比

两次跟踪监测结果表明,2008 年调水调沙水量明显多于首次下泄水量,样品前处理也有所不同,但主要污染物化学需氧量浑水中的总量减少为原先的 1/3,清水中挟带的总量也减少为原来的 1/2;清、浑水中的含量更是相差在 3 倍以上。氨氮 2008 年调水调沙通过泺口断面的总量比首次调水调沙多了近 1/3,但含量略有降低,变化不大。

第四节　黄河水量调度对水质影响分析

根据国务院授权,黄河水量从 1999 年开始实施统一调度,水量调度实施以来,实现了黄河下游河道不断流,也使得下游河道和河口生态系统得到逐步恢复。特别是 2002 年开始实施的调水调沙,降低了下游河道的洪水位,扩大了断面,加大了平摊流量,下游主槽过

洪能力得到提高。

10 年科学调度使山东黄河水质状况好转，水资源优化配置取得实效，实现了黄河连续 15 年不断流。自 1999 年黄河水利委员会（简称黄委）会对黄河水资源实行统一管理与调度以来，实现了黄河连续 15 年不断流，有效遏制了流域生态恶化趋势，非汛期平均增加河道内生态环境水量 10 亿 m^3，河口三角洲生态系统健康状况得到明显改善并开始向良性方向发展。

（1）1999 年、2000 年黄河实施水资源统一调度出现明显转折，统一调度以来，除 2005 年出现点起伏外，山东各河段年超标率均呈现出明显下降趋势。

（2）氨氮是山东黄河最为敏感的特征值参数，特别是平枯水期，其次是化学需氧量；2007 年量质泺口河段同测结果，1~3 月水质明显劣于其他月，4 月是转折点，特别是中旬以后氨氮含量明显降低，并一直持续到年底，期间出现个别突出数据，但都没有超标，总体平稳。

（3）近年来统计结果，黄河山东河段出现超标概率较高的月份主要有 1 月、2 月、3 月、4 月、7 月、12 月，分别占总超标月次的 10%左右，分别占当月总测次的 40%以上，尤其是 3 月最高，占 6 年期间 3 月总测次的 50%以上。每年的 12 月至次年的 4 月，是山东黄河水质较差的时期。

（4）2007 年泺口河段总体水质状况主要受水量影响，呈现出年初水质差，4 月、5 月开始好转，11 月以后开始变差的年内变化规律。

（5）山东河段氨氮、化学需氧量总体上都随着流量的不断增大，其相对数值是逐渐降低的，以流量与氨氮的变化趋势最为明显，当流量在 1 500 m^3/s 以下时，氨氮变化趋势非常明显，当流量在 1 500~4 000 m^3/s 时，氨氮基本没有变化，相对非常平稳；流量与化学需氧量的变化，虽然中间由于泥沙等因素影响，存在一些小的波动，但总体变化趋势还是随着流量的增加而下降的。

（6）黄河泥沙的吸附特性，使得许多污染物在黄河水环境条件下，大都被吸附在泥沙上，对黄河水质起到了一定的净化作用。然而，泥沙上吸附的大量污染物没有完全消失，当遇到含有大量电解质的海水水体时，被吸附在泥沙表面的污染物，通过离子交换性能被解吸下来，对入海口附近海域造成污染。调水调沙期间，小浪底水库会下泄大量泥沙，因此会对入海口附近海域水环境造成一定影响。

（7）两次调水调沙跟踪监测结果表明，小浪底水库下泄水质明显好转，2008 年调水调沙水体中的含量包括泥沙吸附的污染物总量都大大低于 2002 年的水平。

第五节　存在问题与建议

一、山东黄河供水安全预警保障问题

近年来，黄河流域突发性污染事件频繁发生，其主要特点就是突发性，每月一次的常规监测是很难捕捉并发现的，即使现在开展的 3~6 月水量调度旬测频次发现的概率也很低。2007 年量质同测监测分析结果表明，增加水量调度旬测，提高了水质监测结果的代

表性,但对于水质突发性变化还是远远不足的。

黄河是山东省最大的客水资源,取水口众多,是山东济南、青岛、聊城、淄博、滨州、东营等多个大中城市的主要水源地,特别是滨州、东营两市,黄河水是他们唯一的淡水资源,因此城市供水安全十分重要。

高村断面地处山东黄河最上游,是豫鲁省界断面,也是山东黄河的"门户",在高村省界断面开展量质同测,在每天水量监测的同时进行水质污染代表性参数的监测,也就是对进入山东河段的黄河水资源进行质量检验,可以为黄河水资源科学调度和山东黄河供水安全提供更加准确的依据。

二、加密监测频次,丰富监测手段

通过前面分析结果可以看出,近年来通过黄河水资源统一调度,黄河山东河段水质状况总体呈现出明显好转趋势,年超标率显著降低,污染物浓度和总量也呈现降低趋势,但通过加密监测结果不难发现,水质超标正向突发性和不规律性转变。目前我们采用的每月中旬一次的常规监测加上3~6月的水量调度旬测频次代表性是明显不足的,不能体现当年的水质状况和污染物总量,建议:加密监测频次,丰富监测手段。

三、丰富监测手段,建设自动监测站网

随着黄河水资源保护事业的发展,水质监测将面临功能需求的多样化而承担更繁重和复杂的工作任务。丰富监测手段,增加监测频次和信息量,是实现量质同测的关键。搞好水质监测的能力建设,进一步丰富监测手段,提高自动化监测水平,加快水源地水质自动监测站建设的步伐。

四、建议重新调整黄河水资源统一调度水质旬测时段

对近年来的分析结果表明,黄河山东河段超标率最高时段主要出现在12月至次年4月,超标率均在50%左右,超标率最高为3月,达到近60%。水资源统一调度水质旬测起初为每年的11月至次年6月,从2005年的下半年起调整为每年3~6开展水资源统一调度水质旬测,将11月、12月、1月、2月调整为每月一次,而这期间的12月、1月、2月山东河段的总体水质状况要明显劣于5月、6月,因此认为应重新调整水资源统一调度水质旬测时间,使水质旬测结果为黄河水资源统一调度提供的依据更加科学准确。

五、调水调沙期间应加密监测

小浪底水库平时绝大部分时间里是蓄浑排清,泥沙的吸附作用使得在蓄沙的同时,许多污染物被吸附在泥沙表面沉积在水库内,从这个意义上说,小浪底水库在蓄沙的同时也在蓄污,调水调沙期间小浪底将会释放大量泥沙,作为污染物载体的泥沙,会对下游黄河水质产生较大影响。两次调水调沙加密监测统计结果可以看出,泥沙的吸附力使之成为污染物输送的主要载体,其吸附的污染物量占污染物输送总量的一半以上,因此调水调沙期间加密监测频次,特别是原状浑水的监测,可以使我们更加全面地认识黄河总体污染水平及对黄河口附近海域的污染程度,对黄河水资源的科学治理和下游黄河水生态保护具

有重要意义。

六、完善监测站网体系

目前，山东黄河开展的水质监测工作主要包括常规水质监测断面、省界水质监测断面、水量调度监测断面等重要内容，站网布局过于单一，与山东黄河水资源监测的特点相比，无法满足需求。随着国家加强饮用水安全监测、水生态监测的要求，水功能区监测断面、水生态监测断面等监测站网规划建设已显得明显不足，特别是黄河口地区的湿地水生态监测尚处于空白阶段。整个监测目前黄委山东水文水资源局承担着黄河口及湿地范围的水文、河道和地形的监测，缺少水质和水生态的监测，整个监测体系是不完整的，同时该区域目前没有开展系统的水环境监测，在水生生物监测方面没有开展相应工作，为尽快改变这一不利现状，急需在黄河口地区开展水质和水生态监测，布设水生态监测站网。

第二章　黄河山东水质监测

第一节　黄河山东水质监测的发展

山东黄河水质监测始于20世纪70年代中期，40多年来，随着国家经济的发展和对资源环境保护重视程度的提高，黄河山东水环境监测中心的监测能力和业务范围也在不断增强和扩大。成立初期，监测中心只能监测20多个项目，随着经济社会发展的需要和技术设备的提高更新，截至2015年，黄河山东测区能够开展水（地表水、地下水、饮用水、废污水、大气降水）、大气及噪声三类72个项目的监测，拥有常规监测仪器、样品前处理设备等85台（套），设备固定资产1 100多万元，现代化程度高的全自动仪器监测逐步取代了传统的人工检测。

1991~2015年，黄河山东水环境监测中心监测项目不断增加，监测能力稳步提升。

1994年1月黄河山东水环境监测中心首次通过国家级计量认证，通过认证的监测项目包括水（地面水、地下水、饮用水、水源水和工业废水）、水温、pH、电导率等38项和土壤监测项目铜、铅、锌、镉、汞、砷等6项两大类共44项监测参数。

1999年1月监测中心通过计量认证复查评审，通过计量认证的类别为水（地表水、地下水、饮用水、水源水和工业废水）和土壤两大类共62项监测参数。其中水增加的项目为总磷、余氯、阴离子合成洗涤剂、滴滴涕、六六六、锰、透明度、硒、总铬、水位、流量、含沙量、总硬度、酸度和总氰化物等。土壤检测项目未发生任何变化。

2004年6月计量认证复查评审中通过认证的类别为水（地表水、地下水、饮用水、水源水和工业废水）和土壤两大类共55项监测参数。其中，去掉了水文项目中的水位、流量和含沙量等。土壤检测项目为铜、铅、镉、砷、汞和有机物。

2009年9月计量认证复查评审通过认证的类别为水（地表水、地下水、生活饮用水、工业废水和大气降水）和土壤两大类共62项监测参数。其中，水监测参数增加了苯系物（苯、甲苯、乙苯、邻二甲苯、间二甲苯、对二甲苯和异丙苯）。土壤检测项目为铜、铅、镉、砷、汞和有机物。

2012年8月计量认证复查评审通过认证的检测参数为63项，包括水（地表水、地下水、饮用水、污水、大气降水）及底质和土壤共两类，在原来认证参数的基础上增加了氯苯参数。

2015年8月计量认证复查评审通过认证的检测参数为72项，包括水（地表水、地下水、饮用水、废污水、大气降水）、大气及噪声共三类，大气及噪声项目是首次申请计量认证。

监测能力不断增强的同时，监测中心开始对外服务，横向竞争力不断增强。近年来，监测中心承担了黄河流域（片）地下水水质监测（山东）项目、山东省重要饮用水水源地水质调查监测项目、黄河河口三角洲水生态监测及评估体系建设项目,树立了良好的品牌形象。

第二节　水环境监测站网分布

水质监测站网指在流域内或者区域内,由适量的水质监测实验室与地表水、地下水、大气降水水质站和水生态监测站组成的水环境与水生态监测活动和监测信息收集系统。

一、省界水体监测站网

省界水体监测是为了掌握省界河段的水质状况,分清污染责任,为省(自治区)际水污染纠纷的协调处理提供科学依据。1997 年,黄河流域水资源保护局编制了《黄河流域省界水体监测站网规划》。根据上级要求,1998 年 3 月进行金堤河柳屯、范县城关、台前桥 3 个断面的勘察、选址工作,8 月开始监测。2000 年 1 月撤销柳屯、范县城关 2 个断面,保留台前桥断面。目前黄河山东段设置的省界断面 4 个,分别是高村、孙口(该断面水质监测工作始于 2011 年)、利津和曹堤口。其中,黄河干流山东段省界断面 3 个,分别是高村、孙口和利津;支流金堤河上设置的省界断面 1 个,即曹堤口断面(曹堤口断面为新近迁移的断面,因台前桥断面在核查中发现其代表性无法满足规范要求,经查勘后,于 2010 年底将台前桥监测断面下移,重新布置了新的监测断面——曹堤口断面,水质监测工作于 2011 年正式实施)。

二、常规监测站网

黄河山东段的常规监测断面,包括黄河干流的高村、孙口、艾山、泺口、滨州(2005 年,为了加强滨州供水水源地的饮水安全,在滨州黄河大桥布设了滨州水质监测断面,作为常规监测断面)、利津及支流大汶河入黄口陈山口等 7 个水质监测断面。

三、水功能区监测站网

水功能区是指为满足水资源合理开发、利用、节约和保护的需求,根据水资源的自然条件和开发利用现状,按照流域综合规划、水资源保护和经济社会发展要求,依其主导功能划定范围并执行相应水环境质量标准的水域。2000 年 10 月,黄河流域水资源保护局编制完成了《黄河流域及西北内陆河水功能区划》成果。2001 年 2 月,《黄河流域及西北内陆河水功能区划》成果汇入《中国水功能区划(试行)》(水资源〔2002〕121 号)。

根据黄河流域及西北内陆河水功能区划标准,黄河干流高村至河口段水功能区划河长 608.1 km,一级水功能区共有 4 个。其中,黄河山东干流水功能区一级区划共分为 3 个水功能区,即黄河豫鲁开发利用区、黄河山东开发利用区和黄河河口保留区;金堤河支流水功能一级区划仅有 1 个,即金堤河豫鲁缓冲区。黄河干流高村至河口段二级水功能区共有 6 个,分别是黄河濮阳饮用工业用水区,黄河菏泽工业农业用水区,黄河聊城、德州饮用工业用水区,黄河滨州、淄博饮用工业用水区,黄河滨州饮用工业用水区,黄河东营饮用工业用水区。

黄河干流高村至入海口水功能区划成果见表 2-1。

表 2-1　黄河干流高村至入海口水功能区划成果

河流名称	一级功能区名称	二级功能区名称	起始断面	终止断面	长度(km)	代表水质监测断面	水质目标
黄河	黄河豫鲁开发利用区		东坝头	张庄闸	234.3		
		黄河濮阳饮用工业用水区	东坝头	大王庄	134.6	高村	Ⅲ
		黄河菏泽工业农业用水区	大王庄	张庄闸	99.7	孙口	Ⅲ
	黄河河口保留区		西河口	入海口	41.0		Ⅲ
	黄河山东开发利用区		张庄闸	西河口	374.1		
		黄河聊城、德州饮用工业用水区	张庄闸	齐河公路桥	118.0	艾山	Ⅲ
		黄河滨州、淄博饮用工业用水区	齐河公路桥	梯子坝	87.3	泺口	Ⅲ
		黄河滨州饮用工业用水区	梯子坝	王旺庄	82.2	滨州	Ⅲ
		黄河东营饮用工业用水区	王旺庄	西河口	86.6	利津	Ⅲ
金堤河	金堤河豫鲁缓冲区		范县张青营桥	张庄闸入黄口	61.0	曹堤口	Ⅳ

四、黄河水量统一调度监测站网

水资源统一调度水质监测工作始于 2000 年，根据黄委、黄河流域水资源保护局有关文件和技术要求，黄河山东水环境监测中心于每年的非汛期(当年的 11 月至次年的 6 月)实施黄河干流主要调水河段的水质监测工作，黄河山东段设置的水资源统一调度水质监测断面为高村、泺口和利津断面。

五、排污口调查及监测站网

入河排污口监督性监测工作始于 2004 年，按照上级下达的指令性监测任务书的要求，目前黄河山东段入河排污口监督性监测断面为长平滩区的平阴翟庄闸入河排污口。

干流入河排污口为长平滩区的平阴翟庄闸入河排污口、长清老王府入河排污口、旧县乡粉条生产区废水入河排污口。

六、水质站基本信息

（一）水质站的性质和划分

1. 水质站的性质

水质站是为掌握水环境与水生态变化动态，收集和积累水体的物理、化学和生物等监测信息而进行采样和现场测定位置的总称。在监测目的、对象和内容方面可具有单一或多重性，在自然地理空间分布上具有唯一性。位置确定后，应设置站点标志物或固定的参照物，不得任意变更。水质站是监测站网的基本单元。

2. 水质站的划分

水质站按设站目的与作用，可分为国家基本水质站和专用水质站。国家基本水质站按其重要性可分为重点水质站和一般水质站。

（二）黄河山东水质监测站概况

《水环境监测规范》（SL 219—2013）中明确规定，水质监测站网的规划应与《水文站网管理办法》（水利部 44 号令）相一致，因此监测中心目前设置的水质站大都与水文站一致（包括站名、监测断面等）。

1. 高村水文站

1）基本情况

高村水文站系全国大江大河重要水文站，是黄河进入山东境内的把口站，同时也是北金堤滞洪区分洪的决策控制站，为下游防洪、防凌及水资源调度测取各项水文资料，对黄河的治理开发及地方经济发展发挥着重要作用。

高村水文站测验河段位于游荡型河段与过渡型河段的交界处，断面左岸上游 3 km 处为青庄坝，断面右岸为高村险工。主流多年靠右岸，河势发生变化时将左移，如 1986 年、1987 年，因上游 29 坝脱险，致使主流左移 1 000 余 m，至 1988 年汛后，在人工控导和水沙条件的相互作用下，主流又逐步右移，在起点距 300~800 m 处摆动。所以，当大洪水冲垮断面上游的护滩控导工程时，主流将左移，形成顺堤行洪或滩地行洪的险情。

2）断面情况

测验河段长 1 200 m，测流断面位于弯道下 1 700 m 处，属于一滩一槽的复式河床，滩地在左岸。基本水尺断面总宽度 4 931 m，其中右岸起点距 29. 1 m（大堤临河堤踵）至 812 m（左岸滩唇）为主槽，宽 782. 9 m；起点距 812 m 至 4 931 m 为滩地，宽 4 119 m。测流断面位于基本断面下游 346 m，因滩槽流向变异较大，测流断面布设成折线形，上比降断面与基本水尺断面为同一断面，基下 1 000 m 为下比降断面，基本水尺断面上、下 50 m 分别为上、下浮标断面。该站冲淤变化较大，主流摆动较为频繁。

滩地内共有两道生产堤，第一道生产堤起点距为 983 m，第二道生产堤起点距为 2 328~2 335 m。起点距 812~2 328 m 为嫩滩，起点距 2 335~4 931 m 为老滩。其中，第一道生产堤在下比降以下已被冲垮，已起不到防御洪水的作用；第二道生产堤堤顶宽度 7. 0 m，平均高程 65. 42 m，能够防御 9 000 m^3/s 以下的洪水，对滩地起着一定的保护作用。黄河高村水文（四）站测验河段平面图及区间主要水利工程分布情况详见图 2-1、图 2-2。

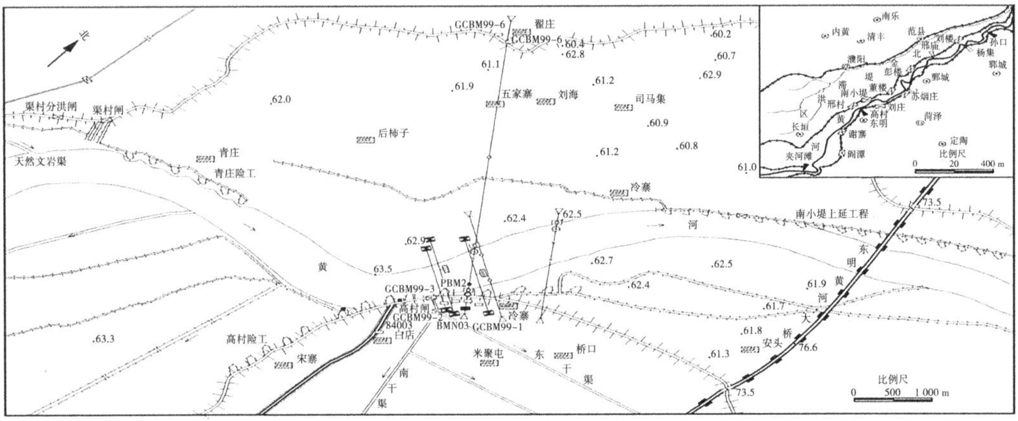

图 2-1　黄河高村水文(四)站测验河段平面图

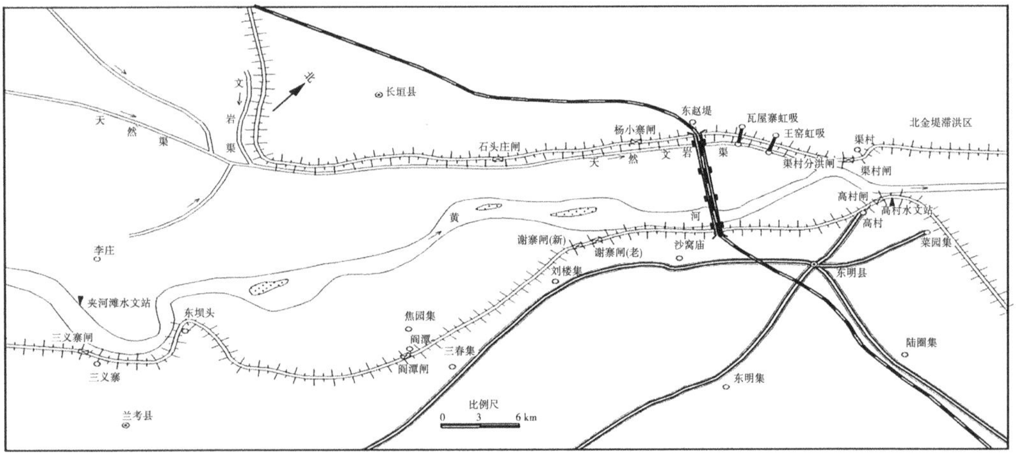

图 2-2　黄河高村水文(四)站区间主要水利工程分布图

3)水沙运行基本特性

高村水文站测验河段位于游荡型河段的末端,近两年通过小浪底调水调沙,主槽在一定程度上得到冲刷,根据2020年实测大断面资料分析推算,流量在4 800 m^3/s以下时水流在主槽内运行,当水位达63.40 m时,滩地开始进水。滩地的最大过流流量占洪峰流量的比例一般为25%~35%,漫滩洪水与上游站比较,洪峰削减率一般在13%左右。

沙峰运行一般滞后于洪峰,漫滩洪水沙峰一般超前于洪峰,且沙峰削减率增大,沙峰的削减率一般与洪峰的削减率相应。

4)水位—流量关系变化的基本特性

高村水文站水位—流量关系的年际变化趋势逐渐左移,坡度趋缓;由于低水和中高水时期水流边界条件、水力因素影响程度的不同,其年内变化在不同的时期表现也不相同。低水时期受假潮、引水、冲淤等因素的影响,水位—流量相关点左右摆动、分布散乱;中高水一般呈绳套曲线或单一线形,大多为顺时针绳套,单一线和反时针绳套次之;当洪水漫滩后,持续时间较长或连续洪峰,其水位—流量关系曲线的高水部分易发生变形,因受漫滩蓄水过程的影响,一般呈倒“8”字形顺时针绳套(如:“82·8”“96·8”两次漫滩洪水的水位—流量关系曲线)。

2. 孙口水文站

1) 基本情况

孙口水文站于 1949 年 8 月 21 日设立,位于东平湖上游 20 km 处,东经 115°54′,北纬 35°56′,站址于 1978 年 8 月由河南省台前县孙口村迁至山东省梁山县蔡楼村,距河口 449 km,集水面积 734 824 km^2。孙口水文站系全国大江大河重要水文站,是东平湖分滞洪的决策控制站,为下游防洪、防凌及水资源调度测取各项水文资料,对黄河的治理开发及山东的经济发展发挥着重要作用。

孙口水文站测验河段呈“S”形,断面左岸上游 2 km 处为梁路口护滩控导工程,断面右岸上游 500 m 处为蔡楼护滩控导工程,左岸下游 2. 5 km 处有影堂险工,当大洪水冲垮断面上游的护滩控导工程时,主流将左移或右移,形成顺堤行洪或滩地行洪的险情。

2) 断面情况

孙口水文站断面属两滩一槽复式河床,因滩槽流向差异较大,为使流向尽量与断面垂直,故测流断面布设成折线形,折线断面总宽度为 4 631 m,其中主槽宽 966 m,左滩宽 1 424 m,右滩宽 2 241 m。测流断面位于基本水尺断面上游 145 m 处,上比降断面位于基本水尺断面上游 1 000 m 处。随着近几年调水调沙的开展,主槽逐年淤积的现象有所缓解,但“二级悬河”的现状依然存在,槽高、滩低、堤根洼仍是断面的主要特征,两岸堤根处的防浪林和杨树片林给洪水测报带来了较大困难。

通过近年来的调水调沙作用,主槽淤积现象有所缓解,使得平槽流量也发生了变化,目前孙口水文站主槽水位达 49. 10 m 时,右滩滩唇开始进水,其平槽流量可以达到 4 800 m^3/s。考虑两岸生产堤的束缚作用,主槽泄洪能力可以达到 5 000 m^3/s,较 1990 年减小了近 1 500 m^3/s,小水漫滩现象有所改善。黄河孙口水文站测验河段平面图及区间主要水利工程分布情况详见图 2-3、图 2-4。

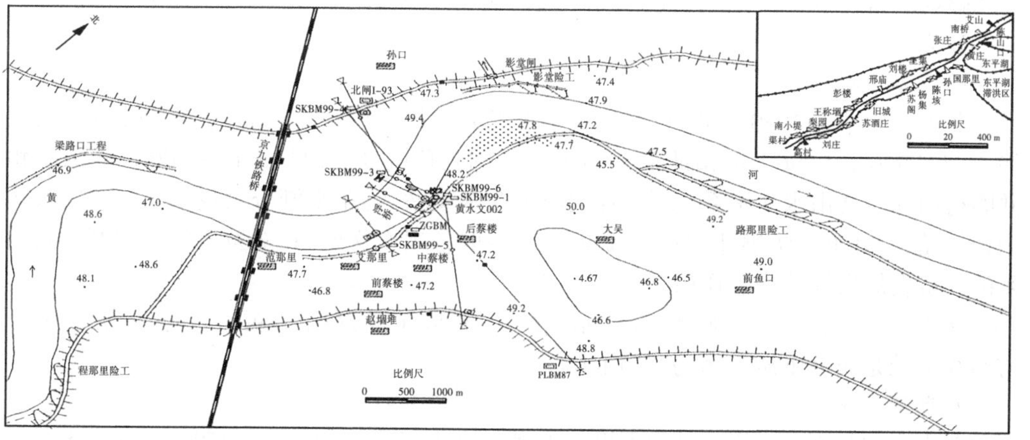

图 2-3　黄河孙口水文站测验河段平面图

3) 水沙运行基本特性

孙口水文站测验河段位于游荡型宽浅河道向弯曲型窄深河道的过渡段,流量在 5 000 m^3/s 以下时水流在主槽内运行(考虑生产堤的束缚作用)。当主槽水位达到 49. 20 m 时,

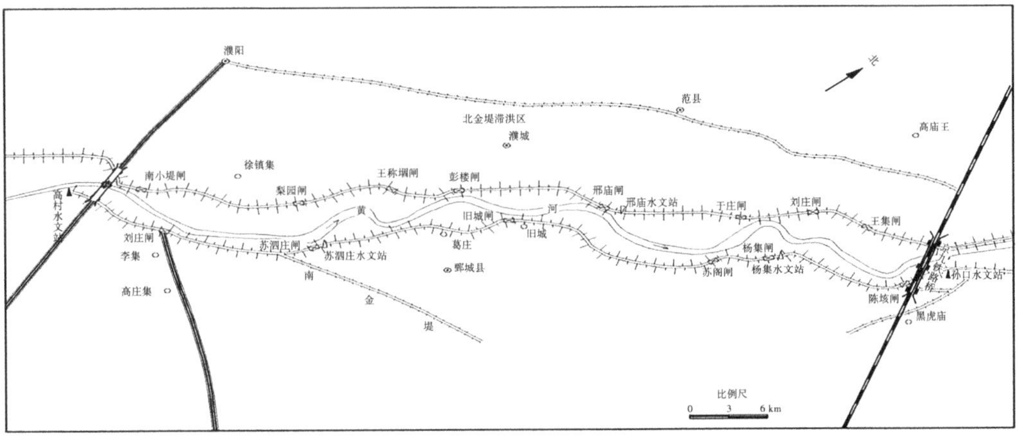

图 2-4 黄河孙口水文站区间主要水利工程分布图

主槽流量达到 5 000 m^3/s 左右，生产堤会出现渗水、坍塌等现象，造成两岸滩地过流，左、右滩地的最大过流流量占洪峰流量的比例一般为 30%~40%，漫滩洪水与上游站比较，洪峰削减率一般在 18%左右。

沙峰运行一般滞后于洪峰，但漫滩洪水沙峰一般超前于洪峰，且沙峰削减率增大，沙峰的削减率一般与洪峰的削减率相应。

4）水位—流量关系变化的基本特性

孙口水文站水位—流量关系，低水主要受断面控制，中高水基本受河槽控制，其年际变化趋势左移，坡度变缓；由于低水和中高水时期水流边界条件、水力因素影响程度的不同，其年内变化在不同的时期表现也不相同。低水时期受假潮、引水、冲淤等因素的影响，水位—流量相关点左右摆动、分布散乱；中高水一般呈绳套曲线，大多为逆时针绳套，当洪峰漫滩后持续时间较长或连续洪峰，其水位—流量关系曲线的高水部分易发生变形，因受区间漫滩影响，一般呈倒“8”字形绳套（如“82·8”“96·8”漫滩洪水的水位—流量关系）。

3. 艾山水文站

1）基本情况

艾山水文站于 1950 年 4 月设立，位于平阴黄河大桥上游 7.5 km 处，东经 116°18′，北纬 36°15′，距河口 396 km，站址于 1984 年由东阿县黄屯乡艾山村下迁 1 000 m 至大桥镇井圈村南邻。艾山水文站系全国大江大河重要水文站，是东平湖分洪量大小及时间长短的校核站，为其下游防洪、防凌及水资源调度测取各项水文资料，对黄河的治理开发及山东的经济发展发挥着重要作用。

艾山水文站测验河段顺直，测验断面位于井圈险工段，左岸邻黄河大堤，右邻外山，下游 500 m 处是黄河下游著名的艾山卡口。

2）断面情况

艾山水文站断面左岸为黄河大堤险工坝头，右岸为外山，宽度近 470 m。左岸 5 号险工坝头阻水作用使测验断面常年形成回流，低水时对测验影响较小，流量在 1 500 m^3/s 以上时回流逐渐延伸，波及测验断面，4 000m^3/s 时回流宽度偶尔达到 70 m，直接影响测验精度。右岸山弯处有小型生产堤，左岸至滩唇间主河槽宽 370 m 左右，滩唇至外山山根 100 m 左右，区间均为农田。滩唇高程 41.69 m，漫滩流量约为 4 900 m^3/s，同流量级水位

2002 年较 1982 年抬高了 0.35 m，由于连续调水调沙，过洪能力逐年增大，2011 年较 2002 年同流量级水位下降 1.75 m，同水位级流量较调水调沙开始增大 1 500 m^3/s。涨冲落淤是艾山水文站测验断面的特性。测流断面位于基本水尺断面上游 50 m 处，基本水尺断面位于测流断面下游 50 m 处，因变动回水的影响，比降无代表性，不观测水面比降。

黄河艾山水文(二)站测验河段平面图及区间主要水利工程分布情况详见图 2-5、图 2-6。

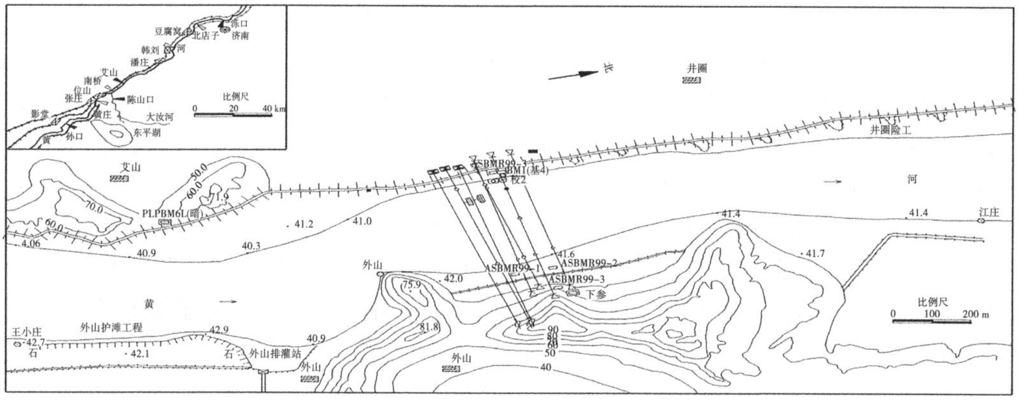

图 2-5　黄河艾山水文(二)站测验河段平面图

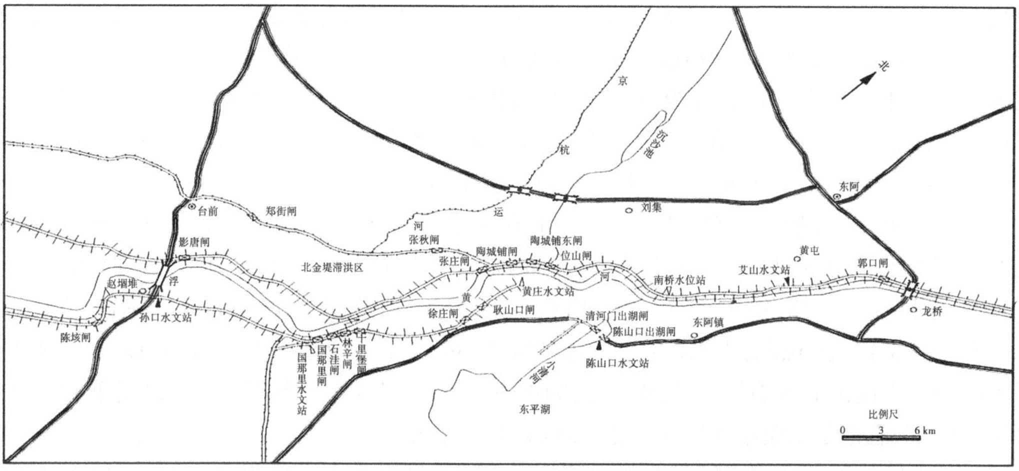

图 2-6　黄河艾山水文(二)站区间主要水利工程分布图

3)水沙运行基本特性

艾山水文站测验河段属窄深型河段，水流一般在主槽内运行，当水位达 43.00 m(相应流量 5 200 m^3/s)时，滩地开始进水，过流很小，约占总流量的 1%。含沙量的横向变化程度小于流速，一般洪峰、沙峰分布较为均匀。沙峰运行一般滞后于洪峰，洪水漫滩后沙峰有时超前于洪峰。每次洪峰各项特征值出现的次序一般为：最大流量—最大含沙量—最高水位。

4)水位—流量关系变化的基本特性

艾山水文站水位—流量关系曲线低水时期由于受假潮、引水、冲淤等因素的影响，水位流量相关点左右摆动、分布散乱；中高水主要受洪水涨落和断面冲淤因素的综合影响，一般呈绳套曲线或单一线形。据统计，3 000 m^3/s 以上洪峰的水位—流量关系曲线，顺、逆时针绳套各占40%左右，单一线约占20%，如“82·8”和“96·8”两次洪水的水位—流量关系均呈逆时针绳套。

4. 泺口水文站

1）基本情况

泺口水文站于1919年3月设立，是黄河上建站最早的水文站之一，位于山东省济南市天桥区泺口办事处（原泺口镇），东经116°59′，北纬36°44′，距河口278 km，集水面积751 494 km^2。该站系全国大江大河重要水文站，中央报汛站，常年向国家防总和黄河防总拍报水情，为黄河下游防洪、防凌、水资源调度、水质监测等测取各项水文资料，对黄河下游的治理开发及山东的经济发展发挥着重要作用。

泺口水文站测验河段较为顺直，测验断面位于泺口险工段，左、右岸均为黄河大堤，左岸有滩地，滩槽分界处建有一宽2 m左右的生产堤，基下100 m处为泺口浮桥，基下1 000 m处建有泺口铁路大桥，基本水尺断面、测流断面为同一断面，基本水尺断面上游300 m、50 m分别为上比降、浮标上断面，下游50 m为浮标下断面。

2）断面情况

该站全断面宽度1 420 m，其中主槽宽320 m，左岸滩地宽1 100 m，紧挨沿河建有森林公园，公园内树木茂盛，并有部分低矮建筑物，滩地其余部分为低秆农作物，对漫滩洪水的测量有影响。公路沿线设临时测流断面，用于漫滩流量的测验。基本水尺断面下游100 m处，泺口浮桥对日常水文测验有不同程度的影响，在低水时（即流量小于2 000 m^3/s），对日常水文测验有阻水作用，造成河道左岸水流流向偏角最高，达25°左右，流量大于2 000 m^3/s 时，浮桥拆除，对水流流向基本无影响。

泺口测验河段属窄深型河段，水流一般在主槽内运行。近几年，测验断面出现回流现象比较频繁，造成这种现象的原因是多方面的，由于测流断面上游河道呈“S”形，低水测验时，当水位低于27.40 m，流量在900 m^3/s 左右，水流一般在水面宽180 m左右运行，此时测流断面无回流现象；当水位在27.40~28.10 m，流量在900~1 500 m^3/s 时，水面宽大于110 m，主流由靠近右岸逐渐向河心移动，此时右岸出现回流现象，左岸也受下游浮桥的影响，出现比较大的流向偏角，直接影响到测验精度。

2002年黄河调水调沙试验工作以来，泺口基本测流断面主槽得到明显的冲刷，平槽流量逐年增大，平滩流量已达4 350 m^3/s（平滩水位30.91 m）。

黄河泺口水文（三）站测验河段平面图及区间主要水利工程分布情况详见图2-7、图2-8。

3）水沙运行基本特性

泺口水文站测验河段属窄深型河段，水流一般在主槽内运行，当水位达32.70 m时，左滩开始串沟进水，滩地过流很小，一般在总流量的5%左右（1958年洪水占6.5%，1976年洪水占4.4%），在当前河道边界条件下，艾山至泺口河段洪峰削减率一般在8%左右。含沙量的横向变化程度小于流速，一般洪峰、沙峰分布较为均匀，所以单沙的代表性较好。沙峰运行一般滞后于洪峰，洪水漫滩后或由于水沙、峰前期水沙条件的影响，沙峰有时超

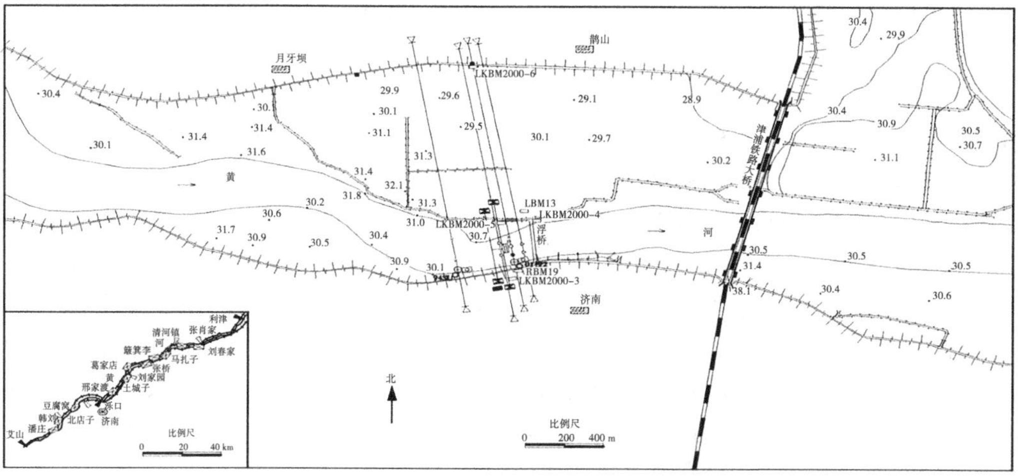

图 2-7　黄河泺口水文(三)站测验河段平面图

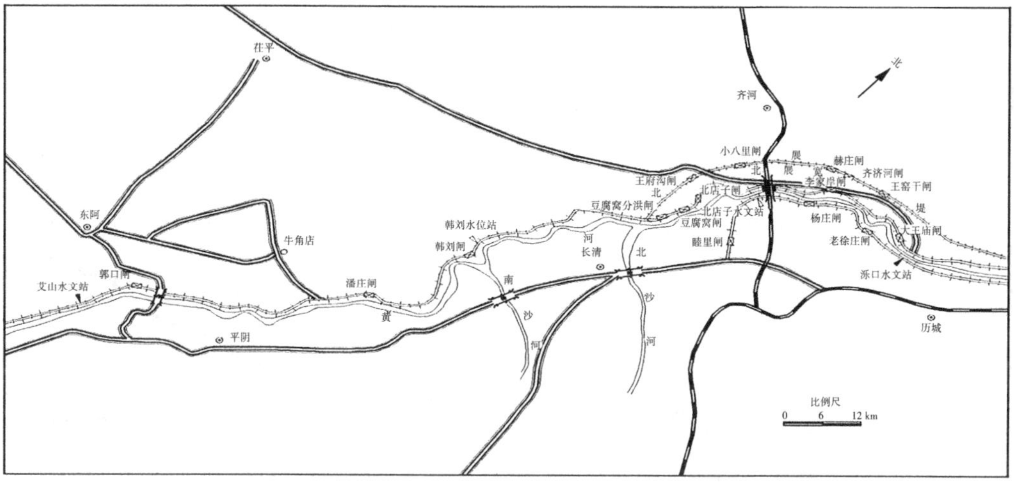

图 2-8　黄河泺口水文(三)站区间主要水利工程分布图

前或同行于洪峰。

4)水位—流量关系变化的基本特性

泺口水文站水位—流量关系曲线低水时期由于受假潮、引水及浮桥阻水等因素的影响,水位—流量相关点左右摆动、分布散乱;中高水主要受洪水涨落和断面冲淤因素的综合影响,一般呈绳套曲线,有时为单一线形(如"82·8"和"96·8"两次典形洪水的水位—流量关系曲线均呈逆时针绳套)。

5. 利津水文站

1)基本情况

利津水文站于 1934 年 6 月设立,位于山东省利津县利津镇刘家夹河村,东经 118°18′,北纬 37°31′,距河口 114 km。利津水文站曾于 1960 年 7 月下迁 50 km 至罗家屋子,1963 年 1 月迁回。该站系全国大江大河重要水文站,是黄河最下游的一个水文站,控制着黄河入海的水量、沙量,为河口地区防洪、防凌及水资源调度测报各项水文资料,对黄河河口地区的治理开发及山东的经济发展发挥着重要作用。

2)断面情况

利津水文站测验河段较顺直,测验断面位于利津险工段,断面上游 800 m 处有一弯道,建有胜利险工,下游 2 500 m 处是小李险工,该处河面狭窄,中高水对利津水文站的水沙运行具有断面控制作用。利津水文站基本水尺断面位于测流断面上游 70 m 处,并兼作上比降断面,其下 1 000 m 为下比降断面;基本水尺断面为浮标中断面,上、下各 50 m 分别为上、下浮标断面。利津水文站断面宽度近 600 m,其中主槽宽近 400 m,滩地宽 200 m 左右,滩内均为农作物,农民种植有 1.50~2.00 m 高的桑苗,对漫滩洪水有一定的阻滞作用。

自 2002 年调水调沙以来,主槽的冲刷使利津断面有了明显的改善,过水能力逐步增大。平滩流量由原来 3 000 m^3/s 增加到现在的 4 940 m^3/s。目前,利津水文站水位达 14.53 m 时,滩地开始进水,平滩流量约为 4 940 m^3/s。黄河利津水文(三)站测验河段平面图及区间主要水利工程分布情况见图 2-9~图 2-11。

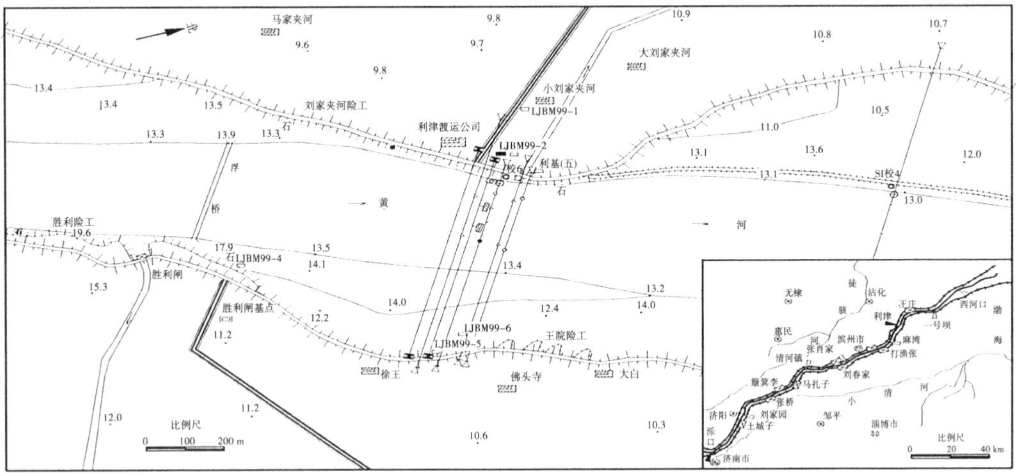

图 2-9　黄河利津水文(三)站测验河段平面图

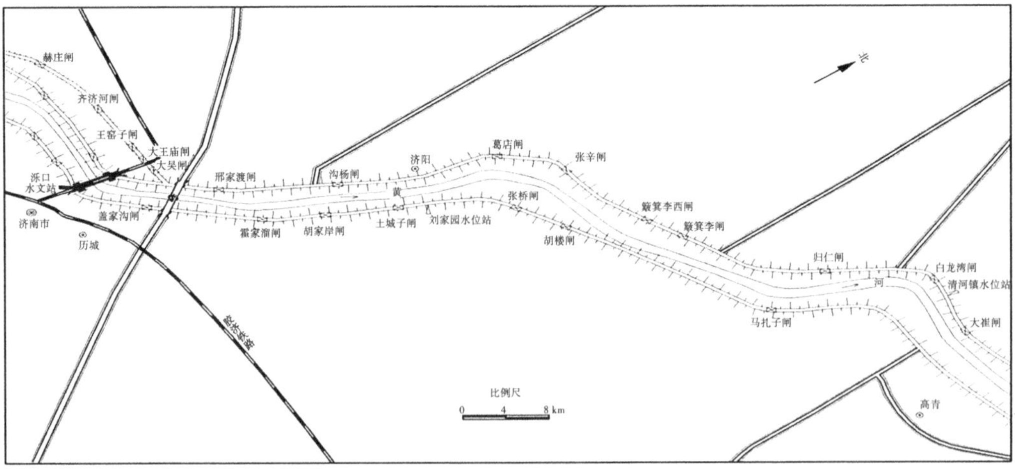

图 2-10　黄河利津水文(三)站区间主要水利工程分布图(一)

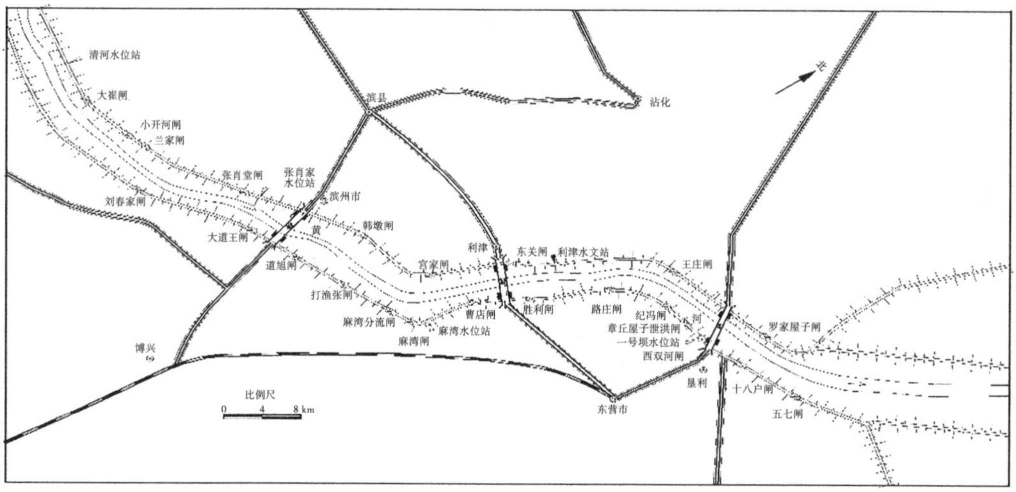

图 2-11　黄河利津水文(三)站区间主要水利工程分布图(二)

3)水沙运行基本特性

利津水文站测验河段属窄深型河道,水流一般在主槽内运行,当水位达 14.50 m(流量 4 000 m^3/s 左右)时,右岸滩地开始进水,滩地过流较小,一般不超过总流量的 5%。当前河道边界条件下,泺口至利津河段洪峰削减率在 8%左右。

含沙量的横向变化程度小于流速,一般洪峰、沙峰分布较为均匀。沙峰运行一般滞后于洪峰,洪水漫滩后沙峰有时超前或同行于洪峰。

4)水位—流量关系变化的基本特性

利津水文站水位—流量关系曲线低水时期由于受假潮、引水、冲淤、冰凌等因素的影响,水位—流量相关点左右摆动、分布散乱;中高水主要受洪水涨落和断面冲淤因素的综合影响,一般呈绳套曲线或单一线形。据分析统计,3 000 m^3/s 以上洪峰的水位—流量关系曲线,顺时针绳套占 32%,逆时针绳套占 28%,单一线占 40%。如"82·8"和"96·8"两次洪水的水位—流量关系曲线均呈逆时针绳套。

6. 陈山口水文站

1)基本情况

陈山口水文站设立于 1953 年 12 月,位于东平县旧县乡陈山口村,东经 116°12′49″,北纬 36°07′11″,流域面积 9 069 km^2,于下游约 6 km 处汇入黄河。该站是黄河流域大汶河水系东平湖排水工程分洪和黄河分洪退水入黄的控制站、国家重要水文站、中央报汛站,常年担负着水位、流量、水质监测任务,为黄河下游防洪、减灾、水资源利用提供重要水文信息,为经济和社会发展发挥着重要基础性作用。

2)断面情况

测站设有基本水尺断面 4 处,分别位于清河门闸、陈山口闸的上下游,流速仪测流断面 2 处,陈山口(闸下二)测流断面位于陈山口闸下游 75 m,陈山口(新闸下)测流断面位于清河门闸下游 100 m。测站建设有永久性直立式钢管水尺 4 组,HW-1000C 形超声波遥测水位计 4 处,吊箱和铅鱼缆道各 2 处,其中闸下二断面缆道跨度 136 m,新闸下断面缆道跨度 175 m。

测验断面上游清河门闸、陈山口闸位于斑清堤与陈山口山体之间，清河门、陈山口两闸隔堤长625 m。东平湖陈山口水文站测验河段平面图详见图2-12。

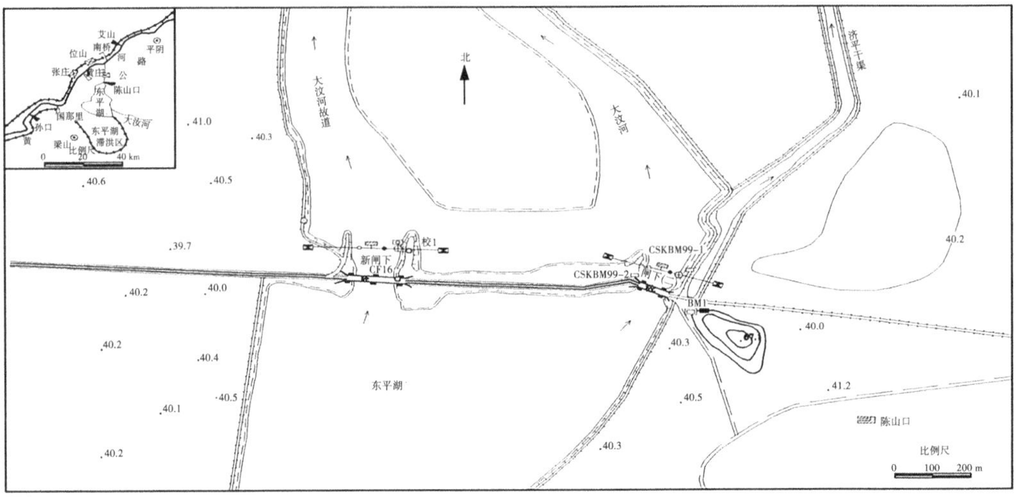

图2-12　东平湖陈山口水文站测验河段平面图

3）水量来源情况

陈山口水文站洪水来源主要来自大汶河流域和黄河上游来水，经东平湖水库调蓄后从陈山口闸和清河门闸排入黄河；东平湖同时又是黄河洪水的分洪调蓄水库，当黄河发生超标洪水时，则启用东平湖水库进行分洪运用。当分洪运用时黄河泥沙进入湖区，易造成水库淤积。当发生大汶河洪水和黄河下大洪水相遇时，则入黄排水困难。该站是控制东平湖入黄水量的控制站。据统计，该站实测最高水位44.07 m，相应流量670 m^3/s，发生于2001年8月7日。实测最大流量2 260 m^3/s，相应水位42.78 m，发生于1964年9月14日，实测最大流速2.83 m/s，实测最大水深7.2 m。

第三节　机构基本情况

黄河山东水环境监测中心（原济南水质监测站）于1975年开始筹建（培训人员、购置仪器设备、装修分析室、仪器室等），1976年取样分析，1977年1月正式向上级报送资料，1978年3月，黄委根据黄河水源保护办公室制定的《黄河水系水质监测站网和监测工作规划》的要求，将7个水质分析室改为黄河水源保护监测站。1979年1月，经黄政字（79）第128号文批准成立济南水质监测站，1993年11月，根据黄委水文局黄水人〔1993〕110号文《关于监测站更名的通知》，将济南水质监测站更名为黄河山东水环境监测中心，挂靠黄委山东水文水资源局，是非独立法人资格相对独立的公益性事业单位，隶属黄委水文局，业务归口管理部门为水利部。

随着国家投资力度的不断加大，监测中心的设施和环境条件得到大幅度的改善，硬件环境和检测能力有了明显提高。目前本中心实验室总面积为1 500 m^2，其中温控面积1 430 m^2。现拥有十余套液相色谱仪、气相色谱仪、原子吸收光谱仪、全自动流动注射分析仪、原子荧光光度计、总有机炭分析仪、离子色谱仪等大形精密分析仪器，拥有紫外/可见分光光度计、红外分光测油仪、多参数现场测定仪、微波消解仪等中形仪器设备数十台(套)，总计 85 台(套)，总资产达 1 100 多万元。

截至 2019 年底，监测中心所有管理人员、评价人员、采样人员和检测人员共 15 人(其中，教授级工程师 3 人，高级工程师 2 人，中级职称 3 人，初级工 7 人)，本科及以上学历达到 100%，硕士研究生 4 人。专业领域涉及环境保护、监测分析、分析化学、应用化学、环境工程、水文、水资源、计算机应用等学科，所有检测人员均持证上岗。

第四节　主要职能

黄河山东水环境监测中心是黄委水文局在黄河山东设立的水环境监测机构，同时也是黄河流域水资源保护局的派出机构，主要负责黄河山东干流高村—河口段及主要支流的水化学分析和河流水化学基本特征及变化规律分析，主要从事水利水环境类监测、水环境污染调查、水环境质量评价、水文水资源调查评价等工作主要从事水环境工作。该中心的主要职能是：

(1)贯彻执行国家、行业及黄河流域机构颁发的有关水质监测的法规、标准、规范和规程等。

(2)按计量认证授权项目开展工作，保质保量地完成水功能区监测、省界水体监测、水资源统一调度监测、入河排污口监督性监测、饮用水源地有毒有机物调查监测、悬移质和底质监测等上级下达的指令性水质监测任务。

(3)按时向黄委水文局及黄河流域水环境监测中心上报水质监测资料(包括旬报、月报、年报、水质评价报告等)，及时提供水质信息。

(4)参与本测区内水污染事故的应急监测与调查工作。

(5)按时参加全河水质资料整编、汇编工作。

(6)积极参加上级组织的各类水质监测质量控制考核和实验室能力验证等。

(7)积极为社会提供多种技术咨询服务。

(8)根据黄多河泥沙的特点，进行有关项目的试验研究。

(9)完成上级交办的其他工作。

第五节　水质监测任务及其变化情况

一、省界水体监测

黄河山东河段的省界水体监测断面包括黄河干流的高村、孙口、利津和金堤河豫鲁缓冲区内的曹堤口 4 个断面，监测频次为每月中旬一次，年测 12 次，特殊情况时适当增加测次。

1998~2000 年：省界水体监测断面为金堤河柳屯、范县城关、台前桥、高村、利津等 5 个断面，当时省界监测项目包括水位、流量、气温、pH 等 22 项；利津断面增测石油类，共

23 项;1999 年起,高村断面增测化学需氧量、五日生化需氧量 2 项,共 24 项;2000 年起,金堤河柳屯、范县城关、台前桥、利津等 4 个断面均增测化学需氧量、五日生化需氧量 2 项,共 24 项(其中利津断面监测项目为 25 项)。

2001~2010 年:2001 年 1 月撤销金堤河柳屯、范县城关 2 个断面,保留高村、利津、台前桥 3 个断面,省界水质监测项目进行了相应调整,台前桥断面省界水质监测项目为 pH、电导率等 22 项,高村和利津 2 个断面增测粪大肠菌群、硝酸盐氮、氯化物、硫酸盐、铁、锰、钙、镁、钾、钠、碳酸盐、重碳酸盐、总硬度、矿化度等 14 项,共 36 项。高村和利津 2 个断面六价铬是年测 6 次、挥发酚是年测 12 次;矿化度、总硬度、钙、镁、钾、钠、碳酸根、重碳酸根等项目是年测 4 次。

2011~2015 年:2010 年底将台前桥改成曹堤口断面,水质监测工作于 2011 年正式实施。该断面省界水质监测项目为流量、水温、悬浮物等 26 项,其中硫化物、硒、阴离子表面活性剂 3 个监测项目为年测 4 次;其他项目为年测 12 次。高村和利津 2 个断面的监测参数为流量、水温等 40 项,其中氰化物、六价铬 2 个监测项目是年测 6 次;硫化物、硒、阴离子表面活性剂、钙、镁、钾、钠、碳酸盐、重碳酸盐、总硬度、矿化度 11 个监测项目为年测 4 次;其他项目是年测 12 次。

二、常规监测

黄河山东河段的常规水质监测断面,包括黄河干流的高村、孙口、艾山、泺口、滨州、利津及支流大汶河入黄口陈山口等 7 个水质监测断面,监测频次是年测 12 次。

1991~2000 年:黄河山东辖区内的常规监测断面为黄河干流的高村、艾山、泺口、利津和支流大汶河入黄口陈山口 5 个监测断面,监测断面和采样频次无任何变化,但监测项目有一定变化。黄河干流的高村、艾山 2 个监测断面的监测参数为流量、水温、pH 等 21 项,监测频次为每月 1 次;泺口、利津和陈山口 3 个监测断面的监测项目为流量、水温、pH 等 38 项,监测频次为每月 1 次。利津断面于 1991 年又开展了石油类项目的监测工作。1999 年,高村断面增加了五日生化需氧量和化学需氧量 2 个监测参数,泺口断面增加了化学需氧量,利津断面增加了氟化物。自 2000 年起,各监测断面五日生化需氧量、化学需氧量和氟化物 3 个监测参数在各监测断面全部展开。

2001~2010 年:黄河山东辖区内的监测项目和采样频次无任何变化,但监测断面有一定变化。2005 年为了加强滨州供水水源地的饮水安全,在滨州黄河大桥布设了滨州水质监测断面并作为常规监测断面。监测参数包括流量、水温、pH 等 36 项,监测频是年测 12 次。

2011~2015 年:黄河山东辖区内的监测项目和采样频次无任何变化,但监测断面有一定变化。2011 年中心新增监测断面一处——孙口断面。

孙口、艾山和陈山口 3 个断面的监测参数为流量、水温、pH 等 26 项,其中氰化物、六价铬 2 个监测项目是年测 6 次(陈山口是年测 12 次);硫化物、硒、阴离子表面活性剂 3 个监测项目是年测 4 次;其他项目是年测 12 次。泺口和滨州 2 个断面的监测参数为流量、水温、pH 等 32 项,其中氰化物、六价铬 2 个监测项目是年测 6 次;硫化物、硒、阴离子表面活性剂 3 个监测项目是年测 4 次;其他项目是年测 12 次。高村和利津 2 个断面的监测参数为流量、水温、pH 等 40 项，其中氰化物、六价铬 2 个监测项目是年测 6 次；硫化物、硒、阴离子表面活性剂、钙、镁、钾、钠、碳酸盐、重碳酸盐、总硬度、矿化度 11 个监测项目是年测 4 次；其他项目是年测 12 次。

三、水功能区监测

黄河干流高村至河口段一级水功能区共有四个，其中黄河山东干流水功能区一级区划共分为 3 个水功能区，即黄河豫鲁开发利用区、黄河山东开发利用区和黄河河口保留区（其代表水质监测断面为丁字路口）；金堤河支流水功能一级区划仅有 1 个，即金堤河豫鲁缓冲区（其代表水质监测断面为曹堤口）。黄河干流高村至河口段二级水功能区共有 6 个，分别是黄河濮阳饮用工业用水区（其代表水质监测断面为高村），黄河菏泽工业农业用水区（其代表水质监测断面为孙口），黄河聊城、德州饮用工业用水区（其代表水质监测断面为艾山），黄河滨州、淄博饮用工业用水区（其代表水质监测断面为泺口），黄河滨州饮用工业用水区（其代表水质监测断面为滨州），黄河东营饮用工业用水区（其代表水质监测断面为利津）。

水功能区水质监测工作始于 2001 年，除曹堤口、丁字路口（2016 年新增）断面外，其余 6 个监测断面，在监测项目、采样频次、监测断面及其变化上与常规监测一致。

四、黄河水资源统一调度水质监测

按照上级要求，黄河山东水环境监测中心于 2000 年 5 月开始对辖区内的高村、泺口和利津 3 个断面开展水资源统一调度水质监测工作，监测时间为当年 11 月至次年 6 月。其中，每年的 3~6 月，水资源统一调度水质监测频次为每旬 1 次，分别于每月的 4 日、14 日和 24 日上报水质监测成果。当年 11 月至次年 2 月，水质监测频次为每月 1 次，每月的 14 日上报水质监测成果。

水质监测项目的选取因监测频次的不同，其监测项目也不尽相同。实施水资源统一调度 15 年来，不同的节点选取的监测项目也稍有变化。目前，在每年 3~6 月的水质监测中，上、下旬水质监测项目为必测的水温、pH、溶解氧、氨氮、高锰酸盐指数、化学需氧量，另外各河段水质污染特征选取挥发酚、汞、铅共 9 个项目。中旬的水质监测项目与其他 4 个月的监测项目相同。在当年 11 月至次年 2 月的水质监测中，水质监测项目为水温、pH、电导率等 21 项。

五、排污口调查及监测

入河排污口核查工作是实施《中华人民共和国水法》规定的水功能区管理、排污口审批、饮用水源地保护等各项水资源保护制度的核心基础工作，也是当前贯彻实施最严格水资源管理制度的重要举措。《黄河入河排污口管理办法（试行）》（黄水政〔2002〕24 号）于 2003 年 1 月 12 日由黄委颁布实施。黄河山东段入河排污口调查与监测已开展 7 次，分别于 1991 年 10 月、1994 年 1 月、1999 年 8 月、2003 年 7 月、2005 年 5 月、2011 年 5 月及 2017 年 11 月进行了调查。其中较大规模的调查和监测只有 4 次，分别是 1999 年 8 月进行的黄河山东境调查区水污染危害调查、2005 年 5 月进行的黄河山东入河排污口调查、

2011 年 5 月进行的黄河山东入河排污口调查及 2017 年 11 月进行的黄河山东入河排污口调查。

六、跨流域调水水质监测

跨流域调水水质监测工作始于 2000 年，自 2000 年至今，黄河山东水环境监测中心共完成了 5 次引黄济津水质监测工作，实施了 3 次引黄济淀应急生态调水监测，完成了 4 次引黄济津入冀或引黄入冀水质监测工作。垮流域调水水质监测汇总见表 2-2。

表 2-2　跨流域调水水质监测汇总

监测工作	监测断面	监测频次	开始时间	结束时间	监测因子
引黄济津	高村、孙口、位山闸	每旬 1 次	2002 年 10 月 31 日	2003 年 1 月 21 日	水温、pH、电导率等 19 项；调查监测项目：总磷、总氮、五日生化需氧量、硫酸盐、粪大肠菌群等 5 项
			2003 年 9 月 8 日	2004 年 1 月 3 日	
			2004 年 10 月 12 日	2005 年 1 月 22 日	
			2009 年 10 月 10 日	2010 年 2 月 22 日	
			2011 年 11 月 21 日	2012 年 2 月 1 日	
引黄济淀	高村、孙口、位山闸	每旬 1 次	2006 年 11 月 24 日	2007 年 2 月 28 日	水温、pH、电导率等 19 项；调查监测项目：总磷、总氮、五日生化需氧量、硫酸盐、粪大肠菌群等 5 项
			2008 年 1 月 25 日	2008 年 6 月 17 日	
			2009 年 10 月 1 日	2010 年 2 月 28 日	
引黄济津入冀或引黄入冀	高村、孙口、位山闸、艾山、潘庄闸、高村、孙口、位山闸	每旬 1 次	2010 年 12 月 1 日	2011 年 2 月 2 日	水温、pH、电导率等 17 项
			2011 年 11 月 21 日	2012 年 2 月 1 日	
			2012 年 11 月 12 日	2012 年 12 月 3 日	
			2013 年 11 月 2 日	2014 年 1 月 11 日	

七、地下水水质监测

地下水水质监测作为上级下达的指令性监测任务始于 2014 年，按照黄河流域水环境监测中心编制的《黄河流域（片）地下水水质监测工作方案》要求，监测中心负责地下水 13 个监测井的水质监测工作，其中地下水污染严重的控制井（民井）9 个，分布在河南省的濮阳、范县和台前。专用监测井 4 个，分布在泰安、肥城两地，监测项目为 pH、氨氮等 20 项。监测中心负责的 13 个地下井的监测频次不尽相同，其中地下水污染严重的控制井（9 个）的监测频次为 4 次/年；专用监测井（4 个）的监测频次为 2 次/年。

八、水源地有毒有机物调查监测

水源地有毒有机物调查监测工作始于 2008 年，监测断面为黄河干流的高村、泺口、滨州和利津，监测项目为苯系物（苯、甲苯、乙苯、对二甲苯、间二甲苯、邻二甲苯、萘）、异丙苯；监测频次为每年3次，涵盖了全年的不同水期。

九、底质及悬移质监测

根据监测规范的相关规定，底质监测须出现河干时才进行采样监测。

1991~2000年，受黄河下游断流等诸多因素的影响，黄河山东段高村、艾山、泺口和利津4个监测断面同时进行底质监测的年份出现了2年，分别是1995年和1997年；泺口和利津2个监测断面同时进行底质监测的年份则出现了5年，分别为1992~1995年和1997年；另外，泺口断面在1996年还进行了底质监测和悬移质监测，其他年份泺口断面进行了悬移质监测。1991~2015年黄河山东水环境监测中心底质及悬移质监测情况见表2-3。

表2-3　1991~2015年黄河山东水环境监测中心底质及悬移质监测情况汇总

项目	监测年份	监测断面	监测频次	监测项目
底质监测	1992	泺口	2次/年(6月、7月)	铜、铅、锌、镉、汞、砷
		利津	3次/年(5月、6月、7月)	
	1993	泺口	3次/年(5月、8月、10月)	
		利津	2次/年(3月、6月)	
	1994	泺口	2次/年(6月、10月)	
		利津	3次/年(4月、6月、10月)	
	1995	高村	1次/年(7月)	
		艾山	2次/年(6月、7月)	
		泺口	2次/年(5月、7月)	
		利津	2次/年(3月、7月)	
	1996	泺口	1次/年(6月)	
	1997	高村	1次/年(7月)	
		艾山	2次/年(6月、7月)	
		泺口	2次/年(6月、7月)	
		利津	2次/年(2月、7月)	
悬移质监测	1992	泺口	3次/年(5月、8月、10月)	
	1997		1次/年(8月)	
	1991，1993~1996，1998~2000		3次/年(7月、8月、9月)	
	2001-2003		3次/年(7月、8月、9月)	
	2004-2015	泺口、利津	2次/年(7月、9月)	汞、砷、铜、镉、有机物

第三章　水功能区监测

第一节　水功能区及水功能区划

水功能区是指为满足水资源合理开发、利用、节约和保护的需求，根据水资源的自然条件和开发利用现状，按照流域综合规划、水资源保护和经济社会发展要求，依其主导功能划定范围并执行相应水环境质量标准的水域。水功能区不仅是现阶段水资源保护规划的基础，且将成为今后水资源保护监督管理的出发点和落脚点。

水功能区的概念于 20 世纪末正式界定，并于 2000 年在全国范围内开展区划工作。2000 年，水利部门首次对全国主要和重要江河湖库等地表水域进行水功能区划。为保障经济社会发展，加强环境保护和生态建设，针对我国所面临的水资源短缺和水体污染严重的问题，同年，水利部在全国范围内开展了以流域为单元，科学地划分水功能区的工作。2000 年 10 月，黄河流域水资源保护局编制完成了《黄河流域及西北内陆河水功能区划》成果。2001 年 2 月，《黄河流域及西北内陆河水功能区划》成果汇入《中国水功能区划（试行）》（水资源〔2002〕121 号）。

第二节　水功能区划的意义及目的

水功能区划目的是根据区划水域的自然属性，结合经济社会需求，协调水资源开发利用和保护、整体和局部的关系，确定该水域的功能及功能顺序。在水功能区划的基础上，核定水域纳污能力，提出限制排污总量意见，为水资源的开发利用和保护管理提供科学依据，实现水资源的可持续利用。水功能区划是实现水资源合理开发、有效保护、综合治理和科学管理的极其重要的基础性工作。水功能区的划分，对于国家实施经济社会可持续发展战略具有重大意义。

第三节　水功能区划的分级分类系统

一、分级分类系统

水功能区划分采用两级体系，即一级区划和两级区划。一级区划是从宏观上解决水资源开发利用与保护的问题，主要协调地区间用水关系，长远考虑可持续发展的要求；二级区划主要协调用水部门之间的关系。水功能区划分级分类系统见图 3-1。

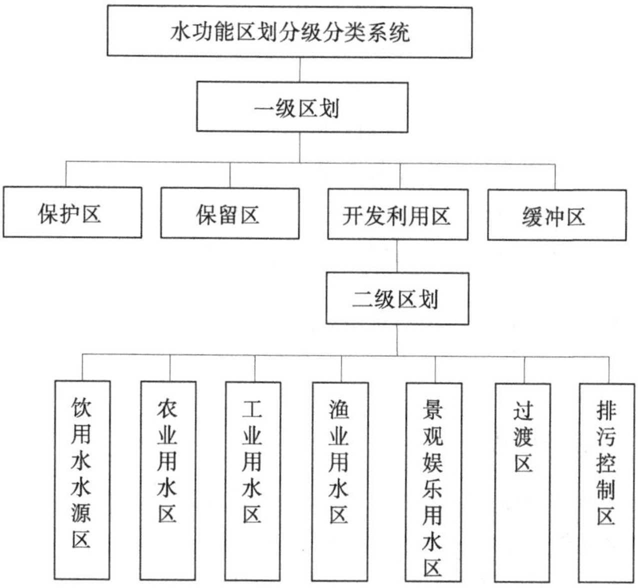

图 3-1　水功能区划分级分类系统

二、一级区划

一级水功能区划分为保护区、保留区、开发利用区和缓冲区。

(1)保护区。指对水资源保护、自然生态即珍稀濒危物种的保护有重要意义的水域。保护区分为源头水保护区、自然保护区、生态用水保护区和调水水源保护区。

(2)保留区。指目前开发利用程度不高,为今后开发利用和保护水资源而预备的水域。

(3)开发利用区。指具有满足城镇生活、工农业生产、渔业或游乐等需水需求的水域。

(4)缓冲区。指协调省(区)际间用水关系,或在开发利用区与保护区相衔接时,为满足保护区水质要求而划定的水域。缓冲区分为边界缓冲区和功能缓冲区。

三、二级区划

二级水功能区划分为饮用水水源区、工业用水区、农业用水区、渔业用水区、景观娱乐用水区、过渡区、排污控制区。

(1)饮用水水源区。指满足城镇生活饮用水需要的水域。水质标准根据水质状况和需要分别执行《地表水环境质量标准》(GB 3838—2002)中Ⅱ、Ⅲ类水质标准。

(2)工业用水区。指满足城镇工业用水需要的水域。水质标准根据水质状况和需要分别执行《地面水水环境质量标准》(GB 3838—2002)中Ⅳ类水质标准或不低于现状的水质类别。

(3)农业用水区。指农业灌溉用水需要的水域。水质标准根据水质状况和需要分别执行《地表水环境质量标准》(GB 3838—2002)中Ⅴ类水质标准或不低于现状的水质类别。

(4)渔业用水区。指具有鱼、虾、蟹、贝类产卵场、索饵场、越冬场及洄游通道功能的水域,养殖鱼、虾、蟹、贝、藻类等水生动植物的水域。珍贵鱼类及鱼虾产卵场执行《地表水环境质量标准》(GB 3838—2002)中Ⅱ类水质标准,一般鱼类用水区执行Ⅲ类水质标准。

(5)景观娱乐用水区。指以满足景观、疗养、度假和娱乐需要为目的的水域。人体直接接触的天然浴场、景观、娱乐水域执行《地表水环境质量标准》(GB 3838—2002)中Ⅲ类水质标准,人体非直接接触的娱乐水域执行Ⅳ类水质标准。

(6)过渡区。指为使水质要求有差异的相邻功能区顺利衔接而划定的水域。水质标准以满足出流断面所邻功能区水质要求选用相应的水质控制标准。

(7)排污控制区。指接纳生活、生产废污水比较集中的水域。

第四节 黄河干流山东段水功能区划概况

一、一级水功能区概况

根据黄河流域及西北内陆河水功能区划标准,黄河干流高村—河口段水功能区划河长608.1 km,一级水功能区共有4个。其中,山东黄河干流水功能一级区划共分为3个功能区,即黄河豫鲁开发利用区、黄河山东开发利用区和黄河河口保留区;金堤河支流水功能一级区划仅由1个功能区,即金堤河豫鲁缓冲区,具体情况见表3-1。

表3-1 黄河干流高村至入海口水功能区划成果

河流名称	一级功能区名称	二级功能区名称	起始断面	终止断面	长度(km)	水质目标
黄河	黄河豫鲁开发利用区		东坝头	张庄闸	234.3	
		黄河濮阳饮用工业用水区	东坝头	大王庄	134.6	Ⅲ
		黄河菏泽工业农业用水区	大王庄	张庄闸	99.7	Ⅲ
	黄河山东开发利用区		张庄闸	西河口	374.1	
		黄河聊城、德州饮用工业用水区	张庄闸	齐河公路桥	118.0	Ⅲ
		黄河滨州、淄博饮用工业用水区	齐河公路桥	梯子坝	87.3	Ⅲ
		黄河滨州饮用工业用水区	梯子坝	王旺庄	82.2	Ⅲ
		黄河东营饮用工业用水区	王旺庄	西河口	86.6	Ⅲ
	黄河河口保留区		西河口	入海口	41.0	Ⅲ
金堤河	金堤河豫鲁缓冲区		范县张青营桥	张庄闸入黄口	61.0	Ⅳ

（一）黄河豫鲁开发利用区

黄河豫鲁开发利用区由东坝头至张庄闸，河长 234.3 km，该区是豫鲁两省的界河，起始断面东坝头，位于河南省兰考县坝头乡坝头村，地理位置东经为 114°46′38.89″，北纬 34°55′17.34″；左岸为河南省新乡市风牛县前产林村；终止断面为张庄闸。目前有生活、工业、农业取水口 80 个，年取水总量 21.6 亿 m^2。

（二）黄河山东开发利用区

黄河山东开发利用区由张庄闸至西河口，河长 374.1 km，该区位于山东省境内，起始断面张庄闸，位于山东省聊城市阳谷县张秋镇，地理位置东经 116°04′53.41″，北纬 36°06′18.18″；右岸为河南省台前县吴坝乡，地理位置东经 116°04′54.04″，北纬 36°06′22.58″；终止断面为西河口。目前有生活、工业、农业取水口 149 个，年取水总量 56.5 亿 m^2。

（三）黄河河口保留区

黄河河口保留区自西河口（水文站）至黄河入海口，河长 41.0 km。起始断面西河口位于山东省东营市垦利区黄河口镇建林村，地理位置东经 118°45′30.91″，北纬 37°44′13.78″；左岸为东营市河口区孤岛镇，地理位置东经 118°45′20.86″，北纬 37°44′20.02″；终止断面为黄河入海口。目前，该水功能区无水质监测断面。

（四）金堤河豫鲁缓冲区

金堤河豫鲁缓冲区处于金堤河的下游，其起始断面张青营桥，位于河南省濮阳市范县，地理位置为东经 115°31′02.90″，北纬 35°53′55.4″；左岸位于山东省莘县樱桃园乡；终止断面是河南省台前县张庄闸入黄口，位于河南与山东两省黄河大堤交界处，是金堤河汇入黄河的口门，地理位置为东经 116°04′53.5″，北纬 36°06′27.2″，左岸位于山东省聊城市阳谷县阿城镇。金堤河豫鲁缓冲区河长为 61 km，占干流河长的 38.5%，划定水质目标为Ⅳ类。金堤河是豫鲁两省的“界河”，张庄闸位于界河的最下端，金堤河豫鲁缓冲区主要流经河南省的范县、台前和山东省的莘县和阳谷等城镇。其代表水质监测断面为曹堤口。

二、二级水功能区概况

根据黄河流域及西北内陆河水功能区划分体系，黄河干流高村—河口段二级水功能区共有 6 个，分别是黄河濮阳饮用工业用水区，黄河菏泽工业农业用水区，黄河聊城、德州饮用工业用水区，黄河滨州、淄博饮用工业用水区，黄河滨州饮用工业用水区，黄河东营饮用工业用水区及黄河河口保留区。

（一）黄河濮阳饮用工业用水区

黄河濮阳饮用工业用水区东坝头到大王庄，河长 134.6 km。据调查，共有取水口 36 个，年取水量 14.5 亿 m^3，其中城市生活用水、工业用水和农业灌溉用水的比例分别为 1.0%、5.2%和 93.8%，由此可以看出，该河段中农业灌溉用水量最大。城市生活用水主要是濮阳市和东明县。濮阳市生活用水取水口位于濮阳县渠村引黄闸；东明县生活用水通过东平县城供水泵站取水。工业用水除濮阳市区和东明县城的工矿企业外，还有中原油田、菏泽电厂的取水，中原油田的用水通过彭楼引黄闸实现，年引水量不定，菏泽电厂的用水通过苏泗庄引黄闸实现。主要取水口（引黄闸）12 个，较大的取水口有渠村引黄闸、南小堤引黄闸、彭楼引黄闸、阎潭引黄闸、新谢寨引黄闸、刘庄引黄闸、苏泗庄引黄闸等，年取水量均在 1 亿 m^3 以上。其代表水质监测断面为高村断面。

该河段内没有直接入黄排污口，只有支流天然文言渠在渠村引黄闸上游汇入，对局部水质产生一定影响，水质主要受上游来水控制。高村断面现状水质为Ⅲ类，水质目标为Ⅲ类。

（二）黄河菏泽工业农业用水区

黄河菏泽工业农业用水区从大王庄到张庄闸，河长 99.7 km。据调查，共有取水口 44 个，年取水量在 7.09 亿 m^3，其中工业用水和农业灌溉用水的比例分别为 0.4%和 99.6%，农业灌溉用水量在该河段中最大。主要取水口（引黄闸）9 个，较大的取水口有国那里引黄闸，年取水量在 1 亿 m^3 以上。其代表水质监测断面为孙口断面。

该河段内没有直接入黄排污口和支流口汇入，水质主要受上游来水控制。孙口断面现状水质为Ⅲ类，水质目标为Ⅲ类。

（三）黄河聊城、德州饮用工业用水区

黄河聊城、德州饮用工业用水区从张庄闸到齐河公路桥，河长 118.0 km。据调查，共有取水口 56 个，年取水量在 26.3 亿 m^3，其中饮用水和工业灌溉用水的比例分别为 4.6% 和 95.4%。主要取水口（引黄闸）8 个，较大的取水口有陶城铺引黄闸、位山引黄闸、潘庄引黄闸、北店子引黄闸等，年取水量均在 1 亿 m^3 以上。其中位山引黄闸和潘庄引黄闸还承担着引黄济津、引黄入冀的应急调水任务，2012 年位山引黄闸年取水量为 12.5 亿 m^3，潘庄引黄闸年取水量为 8.03 亿 m^3。其代表水质监测断面为艾山断面。

该河段内有 3 个入黄排污口，其中 2 个在平阴县境内，1 个在长清区境内。废污水年入黄量为 1 100 万 m^3。另有支流大汶河（东平湖）、浪溪河、玉符河、北沙河、金堤河等汇入，对局部水质产生一定影响，水质主要受上游来水控制。艾山断面现状水质为Ⅲ类，水质目标为Ⅲ类。

（四）黄河滨州、淄博饮用工业用水区

黄河滨州、淄博饮用工业用水区从齐河公路桥到梯子坝，河长 87.3 km。据调查，共有取水口 30 个，年取水量 11.4 亿 m^3。城市生活用水主要是济南市用水。济南市生活用水主要有 3 个取水口：一个是老徐庄引黄闸；一个是通过引黄闸向玉清湖水库供水，年取水量 1.46 亿 m^3；还有一个是通过大王庙引黄闸向鹊山水库（济南市供水工程），年取水量 0.70 亿 m^3。主要取水口（引黄闸）12 个，较大的取水口有李家岸引黄闸、大王庙引黄闸、邢家渡引黄闸、胡楼引黄闸等，年取水量均在 1 亿 m^3 以上。其代表水质监测断面为泺口断面。

该河段内没有直接入黄排污口和支流口汇入，水质主要受上游来水控制。泺口断面现状水质为Ⅲ类，水质目标为Ⅲ类。

（五）黄河滨州饮用工业用水区

黄河滨州饮用工业用水区从梯子坝到王旺庄，河长 82.2 km。据调查，共有取水口 29 个，主要取水口（引黄闸）13 个，较大的取水口有马扎子引黄闸、、簸箕李引黄闸、刘春家引黄闸、韩墩引黄闸、小开河引黄闸、打渔张引黄闸等，年取水量均在 1 亿 m^3 以上。其代表水质监测断面为滨州断面。

（六）黄河东营饮用工业用水

黄河东营饮用工业用水区从王旺庄到西河口（水位站），河长 86.6 km。据调查，该河段共有取水口 34 个，主要取水口引黄闸 11 个，该河段内较大的取水口有曹店引黄闸、王庄引黄闸、胜利引黄闸、麻湾引黄闸、一号坝引黄闸等，年取水量均在 1 亿 m^3 以上。其代表水质监测断面为利津断面。

该河段内没有直接入黄排污口和支流口汇入，水质主要受上游来水控制。利津断面现状水质为Ⅲ类，水质目标为Ⅲ类。

第五节　黄河干流山东段水功能区现状水质评价

一、评价标准

评价按《地表水资源质量评价技术规程》（SL 395—2007）和《地表水环境质量标准》（GB 3838—2002）等技术标准要求进行水质评价。

二、评价因子选取

依据《地表水环境质量标准》（GB 3838—2002）中规定的基本项目及目前黄河山东水环境监测中心开展的水质监测项目，结合黄河流域水质监测的实际情况，选择其中的 pH、溶解氧、高锰酸盐指数、化学需氧量、五日生化需氧量、氨氮、铜、铅、锌、镉、氟化物、砷、总汞、六价铬、氰化物、挥发酚、石油类等项目进行评价。

三、评价依据

以黄河山东水环境监测中心 2019 年的水质监测资料作为现状水质评价的依据。

四、评价方法

水质评价采用单因子法进行评价，即通过计算各污染物的平均浓度，与评价标准值对照，看是否符合评价标准，确定其水质类别，以各污染物的最高类别为该断面的综合水质类别。

五、水质分析与评价

（一）按照行政区进行水质现状评价

根据 2019 年山东沿黄各行政区代表监测断面的监测资料，对黄河山东河段（黄河干流）沿黄各行政区进行水质评价，其评价结果为：濮阳、菏泽、淄博、济南、滨州、聊城、德州、东营沿黄行政区的综合水质类别均为Ⅱ类，满足《地表水环境质量标准》（GB 3838—2002）Ⅲ类水质标准的要求，主要评价项目为高锰酸盐指数及氨氮。从以上分析评价结果可以看出，沿黄行政区的水质状况较以往年份得到明显改善。

（二）按照水功能区进行水质评价

依据黄河干流及西北内陆河水功能区划标准和 2019 年黄河山东段的水质监测资料

成果，对黄河山东段的水功能区进行水质达标评价，评价河长 608.4 km，其评价结果为：黄河濮阳饮用工业用水区，黄河菏泽工业农业用水区，黄河聊城、德州饮用工业用水区，黄河滨州、淄博饮用工业用水区，黄河滨州饮用工业用水区，黄河东营饮用工业用水区 2019 年的综合水质类别均为Ⅱ类水质，与目标水质相一致。从以上分析数据中可以再次看出，黄河山东段的水资源质量状况较上年明显改善，但水资源保护事业依然任重而道远。

通过对 2019 年黄河山东段 6 个监测断面的水质监测成果的分析发现，出现 Ⅲ 类水质的月份多发生在枯水期（3 ~ 6 月），定类参数为化学需氧量。相对而言，枯水期仍然是发生突发性水污染事故的多发期，对此应予以高度重视。

第四章 其他水质监测

第一节 常规监测

黄河山东河段的常规水质监测断面，包括黄河干流的高村、孙口、艾山、泺口、滨州（该断面水质监测工作始于2005年）、利津及支流大汶河入黄口陈山口等7个水质监测断面，监测频次为每月中旬1次，年测12次。

1991~2000年，黄河山东辖区内的常规监测断面为黄河干流的高村、艾山、泺口、利津和支流大汶河入黄口陈山口5个监测断面，监测断面和采样频次无任何变化，但监测项目有一定的变化。黄河干流的高村、艾山2个监测断面的监测参数为流量、含沙量、水温、pH、电导率、氧化-还原电位、溶解氧、高锰酸盐指数、氨氮、总硬度、汞、氰化物、砷化物、挥发酚、六价铬、铜、铅、锌、镉、硝酸盐氮、亚硝酸盐氮等21项，监测频次为每月1次；泺口、利津和陈山口监测断面的监测项目为流量、含沙量、水温、pH、电导率、氧化-还原电位、溶解氧、高锰酸盐指数、铵氮、总硬度、汞、氰化物、砷化物、挥发酚、六价铬、铜、铅、锌、镉、硝酸盐氮、亚硝酸盐氮、钙离子、镁离子、钾钠离子、游离二氧化碳、侵蚀二氧化碳、硫酸根、重碳酸根、碳酸根、离子总量、总碱度、矿化度、五日生化需氧量、铁、大肠杆菌和细菌总数等36项，监测频次为每月1次。利津断面于1991年又开展了石油类项目的监测工作。1999年，高村断面增加了五日生化需氧量和化学需氧量2个监测参数，泺口断面增加了化学需氧量，利津断面增加了氟化物。自2000年起，各监测断面五日生化需氧量、化学需氧量和氟化物3个监测参数在各监测断面全部展开。

2001~2010年，黄河山东辖区内的监测项目和采样频次无任何变化，但监测断面有一定变化。2005年为了加强滨州供水水源地的饮水安全，在滨州黄河大桥布设了滨州水质监测断面并作为常规监测断面。监测参数包括流量、水温、悬浮物、pH、电导率、溶解氧、高锰酸盐指数、化学需氧量、五日生化需氧量、氨氮、总磷、氟化物、砷化物、汞、氰化物、铜、铅、锌、镉、铁、锰、六价铬、挥发酚、石油类、粪大肠菌群、硝酸盐氮、氯化物、硫酸盐、矿化度、总硬度、钙、镁、钾、钠、碳酸根、重碳酸根等36项，监测频次为每月中旬1次。

2011~2015年，黄河山东辖区内的监测项目和采样频次无任何变化，但监测断面有一定变化。2011年中心新增监测断面一处——孙口断面。

孙口、艾山和陈山口3个监测断面的监测参数为流量、水温、悬浮物、pH、电导率、溶解氧、高锰酸盐指数、化学需氧量、五日生化需氧量、氨氮、总磷、总氮、氟化物、砷、汞、氰化物、铜、铅、锌、镉、六价铬、挥发酚、石油类、硫化物、硒、阴离子表面活性剂等26项，其中氰化物、六价铬2个监测项目为双月中旬采样（仅孙口和艾山两断面，陈山口断面为每月中旬采样，年测12次），年测6次；硫化物、硒、阴离子表面活性剂3个监测项目为2月、5月、8月、11月（2011~2014年）或2月、6月、8月、10月（2015年）4个月中旬采样，年测4

次;其他项目为每月中旬采样,年测12次。

泺口和滨州2个监测断面的监测参数为流量、水温、悬浮物、pH、电导率、溶解氧、高锰酸盐指数、化学需氧量、五日生化需氧量、氨氮、总磷、总氮、氟化物、砷、汞、氰化物、铜、铅、锌、镉、六价铬、挥发酚、石油类、硫化物、硒、阴离子表面活性剂、粪大肠菌群、硝酸盐氮、氯化物、硫酸盐、铁、锰等32项,其中氰化物、六价铬2个监测项目为双月中旬采样,年测6次;硫化物、硒、阴离子表面活性剂3个监测项目为2月、5月、8月、11月(2011~2014年)或2月、6月、8月、10月(2015年)4个月中旬采样,年测4次;其他项目为每月中旬采样,年测12次。

高村和利津2个监测断面的监测参数为流量、水温、悬浮物、pH、电导率、溶解氧、高锰酸盐指数、化学需氧量、五日生化需氧量、氨氮、总磷、总氮、氟化物、砷、汞、氰化物、铜、铅、锌、镉、六价铬、挥发酚、石油类、硫化物、硒、阴离子表面活性剂、粪大肠菌群、硝酸盐氮、氯化物、硫酸盐、铁、锰、钙、镁、钾、钠、碳酸盐、重碳酸盐、总硬度、矿化度等40项,其中氰化物、六价铬2个监测项目为双月中旬采样,年测6次;硫化物、硒、阴离子表面活性剂、钙、镁、钾、钠、碳酸盐、重碳酸盐、总硬度、矿化度等11个监测项目为2月、5月、8月、11月(2011~2014年)或2月、6月、8月、10月(2015年)4个月中旬采样,年测4次;其他项目为每月中旬采样,年测12次。

第二节 省界水体监测

一、省界断面监测概况

省界水体监测是为了掌握省界河段的水质状况,分清污染责任,为省(区)际水污染纠纷的协调处理提供科学依据。《中华人民共和国水污染防治法》第二十六条规定,国家确定的重要江河流域的水资源保护机构,负责监测其所在流域的省界水体的水环境质量状况。黄河流域水资源保护局于1997年编制了《黄河流域省界水体监测站网规划》。随着生态文明建设地提出及生态补偿措施的逐步实施,省界断面将愈来愈受到各方的重视,因此省界水体监测将成为流域机构今后最重要的工作之一。

黄河山东河段的省界水体监测断面包括黄河干流的高村、孙口、利津和金堤河豫鲁缓冲区内的曹堤口4个断面,监测频次为每月中旬1次,年测12次,特殊情况时适当增加测次。

1998~2000年:省界水体监测断面为金堤河柳屯、范县城关、台前桥、高村、利津等5个断面,当时省界监测项目包括水位、流量、气温、pH等22项。利津断面增测石油类,共23项;1999年起,高村断面增测化学需氧量、五日生化需氧量2项,共24项;2000年起,金堤河柳屯、范县城关、台前桥、利津等4个断面均增测化学需氧量、五日生化需氧量2项,共24项(其中利津断面监测项目为25项)。

2001~2010年:2001年1月撤销金堤河柳屯、范县城关2个监测断面,保留高村、利津、台前桥3个监测断面,省界水质监测项目进行了相应调整,台前桥监测断面省界水质监测项目为pH、电导率等22项;高村和利津2个监测断面增测粪大肠菌群、硝酸盐氮、氯化物、硫酸盐、铁、锰、钙、镁、钾、钠、碳酸盐、重碳酸盐、总硬度、矿化度等14项,共36项。高村和利津2个监测断面六价铬是年测6次、挥发酚是年测12次;矿化度、总硬度、钙、镁、钾、钠、碳酸根、重碳酸根等项目是年测4次。

2011~2015年:2010年底将台前桥改成曹堤口断面,水质监测工作于2011年正式实施。该断面省界水质监测项目为流量、水温、悬浮物等26项,其中硫化物、硒、阴离子表面活性剂3个监测项目为年测4次,其他项目为年测12次。高村和利津2个监测断面的监测参数为流量、水温等40项,其中氰化物、六价铬2个监测项目是年测6次;硫化物、硒、阴离子表面活性剂、钙、镁、钾、钠、碳酸盐、重碳酸盐、总硬度、矿化度11个监测项目为年测4次;其他项目是年测12次。

二、省界缓冲区水质监测复核

(一)总述

近年来,流域机构提供的省界监测数据已成为国家"十一五"水污染防治规划执行情况省界断面考察依据,各省、自治区、直辖市人民政府及有关方面对省界断面的设置及监测结果高度关注。为了进一步提高水质监测工作质量,使省界水质监测数据更具公信力,水利部下发了《关于开展省界缓冲区水质断面复核和监测规范化工作的通知》(办资源〔2010〕83号)(简称《通知》),要求各流域机构、各流域水资源保护局按照有关要求做好省界(缓冲区)复核工作,并加强省界(缓冲区)监测质量管理。

按照《通知》精神及《黄河流域省界缓冲区省界水质断面复核查勘实施方案》要求,黄委山东水文水资源局共承担黄河濮阳饮用工业用水区、黄河菏泽工业农业用水区、天然文岩渠新乡缓冲区和金堤河豫鲁缓冲区4个水功能区的复查工作。通过此项工作的开展,可以对进一步完善黄河流域水资源保护监督管理,加强省界水质管理,促进流域水资源的可持续利用起到重要作用。

(二)工作概况

1. 工作目标

根据室内资料收集及野外现场查勘结果,对已实施监测、已规划但未实施监测、未规划需要新布设三类省界水质监测断面,通过方案备选、方案比选、方案推荐三个层面认证,获得各个省界水功能区最佳监测断面。

2. 复核范围

根据《黄河流域省界缓冲区省界水质断面复核查勘实施方案》的组织分工,黄委山东水文水资源局负责黄河濮阳饮用工业用水区(东坝头至大王庄)、黄河菏泽工业农业用水区(大王庄至张庄闸)、天然文岩渠新乡缓冲区(大车集至入黄口)和金堤河豫鲁缓冲区(范县张青营桥至入黄口)4个水功能区的复核工作。

3. 复核内容

1)已实施监测的省界水质监测断面的复核

对已实施监测的高村、台前桥和渠村断面进行查勘复核,内容包括:①绝对位置,包括地理位置、行政区位置(省、市、县、乡、村);②相对位置,包括距河源(入河口)距离、距水功能区上(下)断面距离、距上(下)游水文站距离、距省界线的距离等;③交通条件;④采样条件；⑤省界（缓冲区）的取用水情况、排污口及纳污情况等；⑥填写相关表格。

2）未实施监测的省界水质监测断面的复核

对未实施监测的孙口断面进行查勘复核，内容包括：①图片资料；②视频资料；③绝对位置，包括地理位置、行政区位置（省、市、县、乡、村）；④相对位置，包括距河源（入河口）距离、距水功能区上（下）断面距离、距上（下）游水文站距离、距省界线的距离等；⑤交通条件；⑥采样条件；⑦省界（缓冲区）的取用水情况、排污口及纳污情况等；⑧填写相关表格。

4. 技术路线

本次复核调查采取了现场实地勘测和走访相结合的方式进行，详细调查了 4 个水功能区起止断面的地理位置及所在的行政区域，并用 GPS 对其进行了定位；同时还调查了各个入河排污口的地理位置和经纬度及所在的行政区域，走访了附近的居民和当地老百姓，收集了第一手基础资料。对收集到的资料仔细甄别、去伪存真，进行科学的分析和判断。

本次复核对所采集的水样主要进行化学需氧量、氨氮、挥发酚、铜、砷等 10 个参数的测定，各参数的检测方法见表 4-1。

表 4-1　检测分析方法

序号	监测项目	分析方法	国标代号
1	COD_{Cr}	重铬酸钾法	GB 11914—1989
2	氨氮	纳氏试剂比色法	GB 7479—1987
3	挥发酚	4-氨基安替比林分光光度法	GB 7490—1987
4	氰化物	异烟酸-吡唑啉酮比色法	GB 7487—1987
5	总汞	原子荧光光度法	SL 327. 2—2005
6	总砷	原子荧光光度法	SL 327. 1—2005
7	总铜	原子吸收分光光度法	GB 7475—1987
8	总铅	原子吸收分光光度法	GB 7475—1987
9	总镉	原子吸收分光光度法	GB 7475—1987
10	PH	玻璃电极法	GB 6920—1986

对地表水的各项参数的分析评价，依据《地表水环境质量标准》（GB 3838—2002）进行，见表 4-2。

表 4-2　地表水环境质量评价标准值　　（单位：mg/L）

序号	项目		分类				
			Ⅰ类	Ⅱ类	Ⅲ类	Ⅳ类	Ⅴ类
1	pH(无量纲)		6~9				
2	溶解氧	≥	7.5	6	5	3	2
3	高锰酸盐指数	≤	2	4	6	10	15
4	化学需氧量	≤	15	15	20	30	40
5	五日生化需氧量(BOD_5)	≤	3	3	4	6	10
6	氨氮(NH_3-N)	≤	0.15	0.5	1	1.5	2
7	总铜	≤	0.01	1	1	1	1
8	总锌	≤	0.05	1	1	2	2
9	氟化物(以 F^- 计)	≤	1	1	1	1.5	1.5
10	总砷	≤	0.05	0.05	0.05	0.1	0.1
11	总汞	≤	0.000 05	0.000 05	0.000 1	0.001	0.001
12	总镉	≤	0.001	0.005	0.005	0.005	0.01
13	六价铬	≤	0.01	0.05	0.05	0.05	0.1
14	总铅	≤	0.01	0.01	0.05	0.05	0.1
15	氰化物	≤	0.005	0.05	0.2	0.2	0.2
16	挥发酚	≤	0.002	0.002	0.005	0.01	0.1
17	石油类	≤	0.05	0.05	0.05	0.5	1

入河排污口评价标准采用《污水综合排放标准》(GB 8978—1996)中的一级标准值，见表 4-3。

表 4-3　《污水综合排放标准》(GB 8978—1996)一级标准　　（单位：mg/L）

序号	评价因子	标准值
1	COD_{Cr}	100
2	氨氮	15
3	挥发酚	0.5
4	氰化物	0.5
5	总汞	0.05
6	总铜	0.5
7	总铅	1.0
8	总砷	0.5
9	总镉	0.1
10	pH	6~9

5. 技术要求

在本次省界缓冲区、省界水质断面复核查勘工作中，要严格按照水利部《省界水体水质站设置导则（试行）》和水利部《关于开展省界缓冲区水质监测断面复核和监测规划工作的通知》（办资源〔2010〕83 号）规定和要求进行。省界缓冲区及省界水质断面的设置在执行《省界水体水质站设置导则（试行）》的基础上，还应区分省界缓冲区、省界水质断面在不同省之间的位置关系。根据黄委山东水文水资源局任务范围，重点满足以下技术要求：

（1）上下游关系的省界水功能区。在水功能区上下游和省界线都应考虑设置监测断面；暂时不能设置多个监测断面的应优先保证与省界一致的断面位置。对已实施监测的省界（缓冲区）断面，应精确量算设置断面位置至省界线的距离，调查掌握其间排污情况，并做详细说明。

（2）左右岸关系的省界水功能区。应在进入功能区的支流口设置监测断面；如功能区范围内没有支流汇入，应在功能区上下设置监测断面；功能区长度不足 10 km 的，应在影响功能区水质的上游支流口设置监测断面。

（3）省界水功能区为湖泊、水库。应按照控制入口的原则，设置多个监测断面，充分反映跨界水域的水质状况和相邻省对其水量水质的影响情况。

（4）省际水域附近水功能区。对于省际水域附近水功能区（入黄省界水功能区）的控制端面，应尽量将水质断面设置在入黄口。

（5）交错型省界水功能区。即总体呈上下游关系，其间有一部分边界呈左右岸关系，应在共有边界的上游入境处、共有边界的中间处、共有边界下游出境处各设一个水质断面。

在复核、查勘过程中不能确认的断面，可提供多个方案，供讨论解决。

6. 工作开展

根据《黄河流域省界缓冲区省界水质断面复核查勘实施方案》的要求，结合黄委山东水文水资源局近期工作情况，于 2010 年 8 月 10 日至 12 日，10 月 10 日至 12 日，两次对黄河濮阳饮用工业用水区（东坝头至大王庄）、黄河菏泽工业农业用水区（大王庄至张庄闸）、天然文岩渠新乡缓冲区（大车集至入黄口）和金堤河豫鲁缓冲区（范县张青营桥至入黄口）4 个水功能区进行了实地调查和查勘，取得了大量的第一手资料和信息，同时为了保证监测数据的代表性，对金堤河豫鲁缓冲区起始断面张青营桥及孙口工业园区内入河排污口，以及天然文岩渠新乡缓冲区起始断面大车集进行采样监测，监测频次为 2 次。

（三）省界水功能区概况

1. 河流概况

1）黄河

黄河，长 5 464 km，自源头东流，经青海、四川、甘肃、宁夏、内蒙古、陕西、山西、河南、山东等 9 个省（区），在山东省垦利区注入渤海。黄河流域位于北纬 32°～42°，东经 96°～119°，西起巴颜喀拉山，东临渤海，北界阴山，南至秦岭，东西长约 1 900 km，南北约 1 100 km，流域面积为 79.4 万 km^2。黄河的河段长和流域面积因泥沙淤积、河口延伸而处于不断变化之中。

2）天然文岩渠

天然文岩渠属平原坡水河道，是黄河中下游左岸的一条重要支流，全长 180 km，发源于河南省新乡市，流经四县（包括河南省原阳、延津、封丘、长垣等县）二市（河南省新乡和濮阳市），在濮阳汇入黄河，它的作用主要是为了排除封丘、延津、长垣等县的涝水，同时可用于旱季农田灌溉。天然文岩渠源头分两支，南支称天然渠，北支称文岩渠。天然渠，发源于原阳县王禄南，经封丘至长垣县，河长 101 km，流域面积 658 km^2；文岩渠，发源于原阳县王禄北，经延津县、封丘县至长垣县大车集与南支天然渠汇合，河长 113.3 km，流域面积 2 287 km^2；汇合后称天然文岩渠，在河南省濮阳县渠村乡三合村汇入黄河，河长 46 km，流域面积 227 km^2，两支流总流域面积 2 514 km^2。流域内有耕地 218 万亩（1 亩 = 1/15 hm^2，全书同）（其中濮阳市仅有 1.43 万亩），人口 147 万。其中有 6 条流域面积在 100 km^2的支流汇入。

3）金堤河

金堤河是山东和河南两省的“界河”，同时又是黄河下游左岸的一条较大支流。金堤河发源于河南省新乡县荆张村，上游先后为大沙河、西柳青河、红旗总干渠，自滑县耿庄起始为金堤河干流，流经濮阳、范县及山东莘县、阳谷，于台前县吴坝乡东张庄汇入黄河。该河系季节性泄洪、灌溉河流，流域面积 5 047 km^2，干流河长 158.6 km，其中河南段长 98.6 km，山东段长 60 km。该河地跨豫鲁 2 省的新乡、鹤壁、安阳、濮阳及聊城 5 市 12 个县。流域面积大于 1 000 km^2的支流有两条：一条为总干渠，始于长垣县小罗庄，止于滑县薛庄，河长 50 km，流域面积为 1 105 km^2，主要拦截西部坡水；另一条为黄庄河，发源于滑县刘潭村，在五爷庙汇入金堤河，河长 32 km，流域面积为 1 301 km^2。还有流域面积在 100～1 000 km^2 的支流有 17 条，集坡水汇入金堤河。

2. 水功能区简介

根据黄河流域及西北内陆河水功能区划标准，山东黄河干流水功能区划河长 608.1 km，其中山东黄河干流水功能一级区划共分为 2 个功能区，即黄河豫鲁开发利用区和黄河山东开发利用区。本次仅对黄河豫鲁开发利用区内的二级水功能区——黄河濮阳饮用工业用水区和黄河菏泽工业农业用水区及支流水功能区——天然文岩渠新乡缓冲区及金堤河豫鲁缓冲区进行调查复核。

1）黄河濮阳饮用工业用水区

黄河濮阳饮用工业用水区的起始断面为东坝头，位于河南省兰考县东坝头乡，地理位置为东经 114°46′00″，北纬 34°55′00″；终止断面为大王庄，位于河南省范县辛庄乡，地理位置为东经 115°27′00″，北纬 35°40′00″。河长 136.4 km，目前该功能区内的代表监测断面为已实施的省界监测断面为高村断面。据资料显示，该区共有取水口 36 个，年取水量 14.5 亿 m^3，其中生活用水 0.15 亿 m^3，工业用水 0.75 亿 m^3，农业用水 13.6 亿 m^3。城市生活用水主要是濮阳市和东明县用水。濮阳市生活用水取水口位于濮阳县渠村，渠村引黄闸年取水量 1.77 亿 m^3，其中生活用水 0.05 亿 m^3，工业用水 0.04 亿 m^3，农业用水 1.68 亿 m^3；东明县生活用水通过东明县城供水泵站取水，年取水量 0.10 亿 m^3。

工业用水除濮阳市区和东明县城的工矿企业外，还有中原油田、菏泽电厂的取水。中原油田用水取自彭楼引黄闸，年取水量 0.40 亿 m^3；菏泽电厂用水取自苏泗庄引黄闸，年取水量 0.31 亿 m^3。

农业灌溉用水量在该河段中最大，占该河段取水总量的 93.8%，有效灌溉面积 27.2 万 hm^2。

较大的取水口有阎潭引黄闸、新谢寨引黄闸、渠村引黄闸、南小堤引黄闸、刘庄引黄闸、苏泗庄引黄闸等，年取水量均在 1 亿 m^3 以上。

该河段没有直接入黄排污口，只有支流天然文岩渠在渠村引黄闸上游汇入，对局部水质产生影响，水质主要受上游来水控制。依据黄河山东水环境监测中心对高村断面 2010 年 1~10 月的水质监测资料，根据《地表水环境质量标准》(GB 3838—2002)对高村断面水质状况进行评价，评价结果为高村断面现状水质为Ⅲ类，符合水质目标要求。

2)黄河菏泽工业农业用水区

黄河菏泽工业农业用水区起始断面为大王庄，位于河南省范县辛庄乡，地理位置为东经 115°27′00″，北纬 35°40′00″；终止断面为张庄闸，位于河南省台前县吴坝乡，地理位置东经 116°04′00″，北纬 36°06′00″，河长 99.7 km。目前该水功能区内无监测断面。据调查，共有取水口 44 个，年取水量 7.09 亿 m^3，其中工业用水 0.03 亿 m^3，农业用水 7.06 亿 m^3。

农业灌溉用水量在该河段中最大，占该河段取水总量的 99.6%，有效灌溉面积 20.7 万 hm^2。

较大的取水口有国那里引黄闸，年取水量在 1 亿 m^3 以上。

该河段内没有直接入黄排污口和支流汇入，水质主要受上游来水控制。

3)天然文岩渠新乡缓冲区

天然文岩渠新乡缓冲区起始断面为大车集，位于河南省新乡市长垣县大车集乡，地理位置为东经 114°41′00″，北纬 35°04′00″；终止断面为渠村入黄口，位于河南省濮阳县渠村乡三合村，地理位置为东经 115°01′00″，北纬 35°22′00″，河长 46.0 km。调查发现该段河流由天然渠和文岩渠自大车集附近交汇而成，汇合后合称为天然文岩渠，大车集起始断面距两渠交界处仅 500 m 左右。

本次对大车集至入黄口全程 46.0 km 进行了详细的查勘，并对相关人员和单位进行了寻访，主要情况如下：

(1)该缓冲区内无排污企业，其水质主要受上游来水影响，据当地群众反映，上游地区常利用下大雨等涨水时期向河内集中排废。

(2)天然文岩渠新乡缓冲区内目前有橡胶坝两座，分别为石头庄橡胶坝和瓦屋占橡胶坝，两座橡胶坝均处于长垣县境内，其中石头庄橡胶坝位于天然文岩渠新乡缓冲区的上游、右岸，而瓦屋占橡胶坝位于石头庄橡胶坝下游和左岸。两座橡胶坝均有专门的管理站负责日常管理，该管理站均隶属长垣县水利局。目前两座橡胶坝均已投入使用。石头庄橡胶坝的投入使用，致使渠内由此形成长 20 km、面积逾 4 000 亩的水体，使大车闸、杨小寨闸引水时间明显延长，引水流量显著提高，在一定程度上解决了黄河河床下降后引水困难的问题，收到了良好的经济效益和社会效益。投入使用后的瓦屋占橡胶坝与石头庄橡胶坝联合运用，可在天然文岩渠内形成长 40 km、面积约 7 000 亩的水体，新增蓄水能力 300 万 m^3，为赵堤、佘家、方里等乡镇近 40 万亩耕地提供了可靠的水源保障。两座橡胶坝的投入使用对农田灌溉、改善渠内水质及长垣生态环境起到一定的积极作用。

调查时还发现在两座橡胶坝的上游不远处，均有一座倒虹吸涵闸，由于橡胶坝的存在，涵闸前水位大幅提高，保证了农田灌溉的需要，同时为农田灌溉提供了充足的水源。

(3)通过对天然文岩渠新乡缓冲区的查勘，苗寨上游水量较大，苗寨下游水量较小，至入黄口附近基本未见活水，因此未对此处进行采样；当两座橡胶坝同时使用，且上游取水量较大时，由于橡胶坝的拦蓄作用，天然文岩渠下游河道（瓦屋占以下）的水量减少，水资源得不到及时、充沛的补充。

(4)调查过程中走访了大车集水文站并查看了2010年该站报讯记录等原始水文资料。大车集水文站隶属新乡市水文水资源勘测局，是国家重点水文站。据大车集水文站工作人员介绍：2010年大车集断面大部分时间流量为0，在2010年7月大车集断面出现36.6 m^3/s的最大流量，其主要由上游普降大雨所致。根据调查资料统计：2010年7月大车集断面共实测流量6次，月平均流量为20.0 m^3/s。

(5)调查时发现：天然文岩渠新乡缓冲区两岸绿树葱葱，河道内芦苇丛生，飞鸟不时从眼前掠过，由于2010年7月上中旬降水较多，水资源量丰富，水质相对较好，沿途钓鱼者众多，其中包括好多外地钓鱼爱好者驱车慕名而来，在石头庄橡胶坝附近还发现有游泳者在河里戏水。从以上情况不难看出，天然文岩渠新乡缓冲区的水质状况有了明显改善。

(6)在调查过程中对天然文岩渠新乡缓冲区起始断面——大车集的水质进行采样监测。根据监测数据，依据《地表水环境质量标准》(GB 3838—2002)对其进行评价，评价结果为：化学需氧量符合Ⅲ类水标准，氨氮符合Ⅱ类水标准，其余氰化物等8项指标符合Ⅰ类水标准，综合评价为Ⅲ类水。

4)金堤河豫鲁缓冲区

金堤河豫鲁缓冲区处于金堤河的下游，其起始断面是张青营桥，位于河南省范县城关镇，地理位置为东经115°31′00″，北纬35°54′00″；终止断面是河南省台前县张庄闸入黄口，位于河南与山东两省黄河大堤交界处，是金堤河汇入黄河的口门，地理位置为东经116°04′00″，北纬36°06′00″。

金堤河豫鲁缓冲区河长61 km，占干流河长的38.5%，划定水质目标为Ⅴ类。金堤河是豫鲁两省的“界河”，张庄闸位于“界河”的最下端，金堤河豫鲁缓冲区主要流经河南省的范县、台前和山东省的莘县和阳谷等城镇。

2010年，由于濮阳、滑县、范县等地大面积降雨，致使金堤河豫鲁缓冲区水资源量充沛，据张庄闸李所长介绍：2010年7~10月，张庄闸向黄河开闸放水共4次，最大排涝流量为362 m^3/s，累计入黄水量为6.26亿m^3，是张庄闸4年(2003~2006年年入黄量为1.92亿m^3)年入黄量的3.26倍。由此可以明显看出：2010年金堤河上游来水丰富，充沛的水资源量对金堤河内污染物的稀释自净得到加强，水质得到改善，同时对黄河下游的水质产生了一定的影响。具体的开闸放水情况见表4-4。

结合2006年排污口调查及本次现场查勘发现，目前金堤河在豫鲁缓冲区内的主要入河排污口有两个，它们分别是：①河南省民通华瑞纸业有限公司（原孙口造纸厂）和濮阳市恒润石油化工有限公司等联合排放的综合污水排污口；②台前县城关综合污水排污口。两排污口分布与2006年查勘时一样，没有发生变化。本次查勘发现濮阳市台前县污水处理厂正在运行中。

表 4-4　2010 年张庄闸开闸放水情况

序号	开闸日期	关闸日期	开闸时间 (h)	径流量 (亿 m^3)	开闸流量 (m^3/s)	关闸流量 (m^3/s)
1	7 月 22 日 16:20	7 月 27 日 19:10	171.25	0.717 3	220	49.6
2	8 月 9 日 11:00	8 月 14 日 16:00	125	0.586 6	230	65.0
3	8 月 18 日 16:45	8 月 19 日 17:20	24.58	0.030 2	85.8	15.0
4	8 月 21 日 11:55	9 月 30 日 17:20	994.75	4.93	267	12.0

河南省民通华瑞纸业有限公司和濮阳市恒润石油化工有限公司均位于河南省台前县城东南面的孙口工业园开发区内，该排污口在金堤河的右岸，2006 年查勘时排放的废污水经明渠通过附近的梁庙排涝站抽排进入金堤河，本次查勘时发现：废污水已经部分改为地下暗管排放，经城关沟由梁庙提灌站排入金堤河。经查访附近居民得知，化工厂排污常在夜间进行，白天停止。该排污口排放方式基本没变，现场调查时，大量的废污水正通过梁庙排涝站排入金堤河，河内的污水刺鼻难闻。

台前县城关综合污水排污口位于台前县城东面的丁家庄村附近，所排放污水主要是台前县城的工业生活污水，该排污口在金堤河的左岸，与 2006 年查勘时的情况发生了很大的变化。本次查勘时发现：对 2006 年使用的圆形污水池进行了改建，泵站已不复存在，在原来的泵站位置修建了新的污水排放设施，原来的明渠也已弃之不用，污水经濮阳市台前污水处理厂处理后排放。

濮阳市台前县污水处理厂位于台前县新城区东北部，梁庙沟下游，台吴路北侧约 300 m，工业路东侧约 900 m，服务范围主要集中于新城区和老城区，污水处理厂本期建设规模为 10 000 m^3/d，远期规模为 20 000 m^3/d，本期工程的设计规模为 Q = 10 000 m^3/s，变化系数为 k = 1.48，最大设计规模为 Q = 20 000 m^3/s。台前县污水处理厂于 2006 年 3 月 7 日经省发改委批复（豫发改城市〔2006〕251 号）。总建设规模为日处理污水 2 万 t。其中，一期工程日处理污水 1 万 t，建设内容为征地，新建污水处理厂 1 座。污水处理采用改良型卡鲁塞尔氧化沟工艺，建设工期为 2 年。

该工程自 2006 年 7 月动工，2007 年底全部完成了设计内容，2008 年 4 月 21 日开始试运行，2008 年 9 月 2 日通过验收，2008 年 11 月 20 日通过在线数据监控验收，2009 年 6 月 26 日完成可视监控的上传。厂外污水管网共铺设 15.55 km，其中金堤河污水管网完成 0.4 km，老城区完成污水管网 6.6 km，新城区完成污水管网 8.55 km。2010 年又完成污水管网 21.7 km，其中主干管网 5.9 km，支干管网 15.8 km。

2008 年 4 月 21 日经濮阳市环保局批准开始试运行，由此拉开了污水处理运营的帷幕。经过全厂工作人员的共同努力，坚持安全生产，使污水处理能力达到了中国《城镇污水处理厂污染物排放标准》(GB 18919—2002)中的一级B标准。2009年12月，绩效考核得到省住房和城乡建设厅、省环境保护厅领导的好评。

2010年11月20日，对濮阳市台前县污水处理厂进行了走访。通过走访知道，濮阳市台前县污水处理厂的主要任务是处理新、老城区的生活污水，工业废水不在其处理范围之内。

由于2010年8月上中旬降水较多，对所采集水样水质影响较大，因此选择2010年10月中旬再次查看采样，使所得数据更有代表性。

经对所采集水样进行检测，对张青营桥的水质，挥发酚符合Ⅳ类水标准，化学需氧量符合Ⅲ类水标准，氨氮符合Ⅲ类水标准，其余氰化物等7项符合Ⅰ类水标准，综合水质为Ⅳ类水。

对于河南省民通华瑞纸业有限公司，根据废污水评价标准，并比较2006年监测成果，2006年主要超标参数为化学需氧量，超标倍数为1.63倍，本次监测10项监测参数综合评价均不超标，但是针对2010年10月的单次采样，化学需氧量超标0.22倍、氨氮超标0.04倍。由此可见，化学需氧量和氨氮仍为该处主要污染指标。

(四)省界水质断面复核

目前针对本次复核所涉及的3个水功能区，黄委山东水文水资源局已开展的监测断面有高村(黄河濮阳饮用工业用水区)、台前桥(金堤河豫鲁缓冲区)和渠村断面(天然文岩渠新乡缓冲区)。根据水文局下达的2010年水质监测任务书要求，高村和台前桥监测频次为12次/年，项目为常规监测项目。

1. 已实施监测的省界水质监测断面的复核

1)高村断面

高村断面为黄委山东水文水资源局常规监测断面、省界断面，位于山东省菏泽市东明县菜园集乡冷寨村，地理位置北纬35°23′00″，东经115°05′00″。

东坝头位于水功能区起始断面，经过实地考察，发现该处采样困难，交通不是十分便利，不利于监测工作的开展。经查勘，高村断面位置合理，距水功能区上断面东坝头78.3 km，距水功能区终止断面大王庄56.3 km，基本位于该缓冲区中段，且东坝头至高村河段内未发现明显排污企业及排污管道，因此可以代表该缓冲区水质状况。该断面靠近高村水文站，交通便利，易于实施采样工作，面对突发事件时可以提供充分的物资保障和技术支持。高村断面通常采用船只采样，冬季流凌时采用吊箱采样。综合考虑以上因素，高村断面设置合理。

2)台前桥断面

台前桥断面为黄委山东水文水资源局监测断面，位于河南省濮阳市台前县城关，地理位置在北纬36°02′00″，东经115°51′00″。台前桥断面距水功能区上断面张青营桥35.1 km，距水功能区下断面张庄闸25.9 km，位于该缓冲区中段，交通便利，通常采用桥梁采样。

但是，通过2006年及2010年两次查勘发现，该缓冲区内的主要排污口河南省民通华瑞纸业有限公司和台前县城关综合污水排污口均位于台前桥下游，这就很大程度上减弱了台前桥断面水样对整个缓冲区水质状况的代表性。因此,对台前桥下游河段进行考察,发现至张庄闸共有10处桥梁,其中,较近的2座距台前桥分别为3.5 km和8.0 km,均位于主要排污闸口的下游位置。综合考虑附近闸口、采样条件和样品代表性,可以考虑选择距台前桥8.0 km的桥面作为水质断面。

经查访,台前桥以下部分河段在枯水期常会发生断流或死水状况,因此在断面设置的确定还需进行进一步考察。

3)渠村断面

渠村断面为黄委山东水文水资源局监测断面,位于河南省濮阳市濮阳县渠村乡,地理位置在北纬35°22′00″,东经115°01′00″。渠村断面距水功能区上断面大车集44.5 km,距水功能区下断面入黄口1.5 km,位于该缓冲区末段,断面到入河口范围内没有排污状况,因此可以很好地代表该河段水质状况,交通便利,通常采用桥梁采样。通过此次查勘,发现该河段下游渠村附近水量很小,甚至无明显流动,因此本次查勘未在此断面采集水样。

2. 未实施监测的水质监测断面的复核

未实施监测的水质监测断面孙口断面,位于山东省济宁市梁山县赵堌堆乡蔡楼村,地理位置在北纬35°56′00″,东经115°54′00″。孙口断面距水功能区上断面大王庄66.7 km,距水功能区下断面张庄闸33.0 km,位于该缓冲区中下段,可以较好地代表该河段水质状况。此外,孙口断面位于高村断面和艾山断面之间,高村至艾山河段长182.1 km,河段较长,孙口至高村118.2 km,至艾山63.9 km,因此孙口断面水质监测数据可以有效地增强对该河段水质状况的掌握。该断面交通便利,位于孙口水文站附近,采样方便,平时可采用桥梁采样。

该断面的设立可以较好地掌握该缓冲区的黄河水质状况。

(五)省界水质监测复核结论

1. 存在的问题

通过本次复查,主要发现存在以下问题:

(1)针对黄河菏泽工业农业用水区(大王庄至张庄闸),目前没有监测断面,因此准确掌握该水功能区的水质状况有一定困难。

(2)针对金堤河豫鲁缓冲区(范县张青营桥至张庄闸入黄口),根据勘察发现,现有主要排污口均处在目前监测断面台前桥的下游,因此台前桥所采样本对该河段水质污染状况的代表性存在疑问。

2. 建议

(1)尽快对孙口断面实施监测,掌握该河段水质状况。

(2)进一步调研,确立台前桥断面以下某处作为该河段水质代表断面,提高水质样本代表性。

(3)建立健全流域水功能区管理体系,依法对水功能区进行管理。

(4)加强宣传力度,通过各种媒体宣传水功能区保护的重要性及其与人民群众切身利益的重要关系,为水功能区管理创造有利的社会环境。

第三节　黄河水资源统一调度水质监测

按照上级要求,黄河山东水环境监测中心于2000年5月开始对辖区内的高村、泺口和利津3个断面开展水资源统一调度水质监测工作,监测时间为当年的11月至次年6月。其中每年的3~6月,水资源统一调度水质监测频次为每旬1次,分别于每月的4日、14日和24日上报水质监测成果。当年的11月至次年2月,水质监测频次为每月1次,每月的14日上报水质监测成果。

水质监测项目的选取因监测频次的不同,其监测项目也不尽相同。实施水资源统一调度15年来,不同的节点选取的监测项目也稍有变化。目前,在每年3~6月的水质监测中,上、下旬水质监测项目为必测的有水温、pH、溶解氧、氨氮、高锰酸盐指数、化学需氧量,另外各河段水质污染特征选取挥发酚、汞、铅共9个项目。中旬的水质监测项目与其他4个月的监测项目相同。在当年11月至次年2月的水质监测中,水质监测项目为水温、pH、电导率等21项。

第四节　跨流域调水水质监测

跨流域调水水质监测工作始于2000年,自2000年至今,监测中心完成的跨流域调水水质监测工作主要包括引黄济津应急调水监测、引黄济淀生态应急调水监测和引黄济津入冀调水监测。

自2000年至今,黄河山东水环境监测中心共完成了5次引黄济津应急调水监测(分别是2002年10月31日开始至2003年1月21日结束、2003年9月8日开始至2004年1月3日结束、2004年10月12日开始至2005年1月22日结束、2009年10月10日开始至2010年2月22日结束、2011年11月21日开始至2012年2月1日结束)。监测中心负责黄河下游的高村、孙口和位山闸3个调水断面的水质监测工作。监测频次为每旬1次,监测项目参考生活饮用水水质标准,确定了水质监测必测项目为水温、pH、电导率、溶解氧、高锰酸盐指数、硝酸盐氮、氯化物、氟化物、氨氮、挥发酚、六价铬、汞、砷化物、铜、铅、锌、镉、铁、锰等19项,调查监测项目为总磷、总氮、五日生化需氧量、硫酸盐、粪大肠菌群等5项(仅第一次监测时监测)。

自2000年至今,黄河山东水环境监测中心共实施了3次引黄济淀应急生态调水监测(分别是2006年11月24日开始至2007年2月28日结束、2008年1月25日开始至2008年6月17日结束、2009年10月1日开始至2010年2月28日结束)。监测中心负责黄河下游的高村、孙口和位山闸3个调水断面的水质监测工作。监测频次为每旬1次,水质监测项目为水温、pH、电导率、溶解氧、高锰酸盐指数、硝酸盐氮、氯化物、氟化物、氨氮、挥发酚、六价铬、汞、砷化物、铜、铅、锌、镉、铁、锰等19项,调查监测项目为总磷、总氮、五日生化需氧量、硫酸盐、粪大肠菌群等5项(仅第一次监测时监测)。

自2000年至今,黄河山东水环境监测中心共完成了4次引黄济津入冀调水或引黄入冀水质监测工作(分别是2010年12月1日开始至2011年2月2日结束、2011年11月21

日开始至 2012 年 2 月 1 日结束、2012 年 11 月 12 日开始至 2012 年 12 月 3 日结束、2013 年 11 月 2 日开始至 2014 年 1 月 11 日结束)。其中,2010 年 12 月 1 日开始至 2011 年 2 月 2 日结束、2011 年 11 月 21 日开始至 2012 年 2 月 1 日结束的引黄入冀和引黄济津入冀调水同时使用了潘庄、位山线 2 条线路进行输水,这 2 次调水水质监测频次均为每旬 1 次,监测断面包括高村、孙口、位山闸、艾山和潘庄闸,监测项目为水温、pH、电导率、悬浮物、溶解氧、高锰酸盐指数、硝酸盐氮、氨氮、挥发酚、六价铬、汞、砷化物、铜、铅、锌、镉、氟化物等 17 项。其他 2 次的引黄入冀调水水质监测频次、监测项目与上面 2 次相同,输水线路通过位山线路进行供水,监测断面减少为 3 个,分别是高村、孙口和位山闸。

跨流域调水水质监测汇总见表 4-5。

表 4-5　跨流域调水水质监测汇总

监测工作	监测断面	监测频次	开始时间	结束时间	监测因子
引黄济津	高村、孙口、位山闸	每旬 1 次	2002 年 10 月 31 日	2003 年 1 月 21 日	水温、pH、电导率等 19 项; 调查监测项目:总磷、总氮、五日生化需氧量、硫酸盐、粪大肠菌群等 5 项
			2003 年 9 月 8 日	2004 年 1 月 3 日	
			2004 年 10 月 12 日	2005 年 1 月 22 日	
			2009 年 10 月 10 日	2010 年 2 月 22 日	
			2011 年 11 月 21 日	2012 年 2 月 1 日	
引黄济淀	高村、孙口、位山闸	每旬 1 次	2006 年 11 月 24 日	2007 年 2 月 28 日	水温、pH、电导率等 19 项; 调查监测项目:总磷、总氮、五日生化需氧量、硫酸盐、粪大肠菌群等 5 项
			2008 年 1 月 25 日	2008 年 6 月 17 日	
			2009 年 10 月 1 日	2010 年 2 月 28 日	
引黄济津入冀或引黄入冀	高村、孙口、位山闸、艾山、潘庄闸 高村、孙口、位山闸	每旬 1 次	2010 年 12 月 1 日	2011 年 2 月 2 日	水温、pH、电导率等 17 项
			2011 年 11 月 21 日	2012 年 2 月 1 日	
			2012 年 11 月 12 日	2012 年 12 月 3 日	
			2013 年 11 月 2 日	2014 年 1 月 11 日	

第五节　地下水水质监测

地下水水质监测作为上级下达的指令性监测任务始于 2014 年,按照黄河流域水环境监测中心编制的《黄河流域(片)地下水水质监测工作方案》要求,监测中心负责地下水 13 个监测井的水质监测工作,其中地下水污染严重的控制井(民井)9 个,多分布在河南濮阳、范县和台前县。其中,濮阳县 5 个,分别是濮阳县 3 号、濮阳县 4 号、濮阳县 10 号、濮阳县14号、濮阳县21号；范县2个，分别是范县6号、范县14号；台前县2个，分别是台前3号、台前12号；专用监测井4个，分布在泰安、肥城两地，分别是泰安水文局、南十里河、房村、后营。监测项目为pH、氨氮、硝酸盐、亚硝酸盐、挥发性酚、氰化物、砷、汞、六价铬、总硬度、铅、氟化物、镉、铁、锰、溶解性总固体、高锰酸盐指数、硫酸盐、氯化物、总大肠菌群等20项。监测中心负责的13个地下井的监测频次不尽相同，其中地下水污染严重的控制井（9个）的监测频次为4次/年（3月、5月、8月和11月）；专用监测井（4个）的监测频次为2次/年（3月和8月）。

第六节　水源地有毒有机物调查监测

水源地有毒有机物调查监测工作始于2008年，监测断面为黄河干流的高村、泺口、滨州和利津，监测项目为苯系物（苯、甲苯、乙苯、对二甲苯、间二甲苯、邻二甲苯、异丙苯）；监测频次为每年3次，涵盖了全年的不同水期。

第七节　底质及悬移质监测

根据监测规范的相关规定，底质监测需出现河干时才进行采样监测，悬移质监测按任务书及规范要求采样监测。

1991~2000年，受黄河下游断流等诸多因素的影响，黄河山东段高村、艾山、泺口和利津4个监测断面同时进行底质监测的年份出现了2年，分别是1995年和1997年；泺口和利津2个监测断面同时进行底质监测的年份则出现了5年，分别为1992~1995年和1997年；另外，泺口断面在1996年还进行了底质监测和悬移质监测，除此之外，悬移质监测断面仍为泺口断面。1991~2000年，各监测断面底质或悬移质的监测频次不尽相同，所有监测项目均为铜、铅、锌、镉、汞和砷化物。1992年，泺口断面底质的监测频率为2次/年（6月和7月），悬移质的监测频次为3次/年（5月、8月和10月）；利津断面底质的监测频次为3次/年（5月、6月和7月）。1993年，泺口断面底质的监测频次为3次/年（5月、8月和10月），未进行底质监测；利津断面底质的监测频次为2次/年（3月和6月）。1994年，泺口断面底质的监测频次为2次/年（6月和10月）；利津断面底质的监测频次为3次/年（4月、6月和10月）。1995年，高村断面底质的监测频次为1次/年（7月）；艾山断面底质的监测频次为2次/年（6月和7月）；泺口断面底质的监测频次为2次/年（5月和7月）；利津断面底质的监测频次为2次/年（3月和7月）。1996年，泺口断面底质的监测频次为1次/年（6月），悬移质的监测频次为3次/年（7月、8月和9月）。1997年，高村断面底质的监测频次为1次/年（7月）；艾山断面底质的监测频次为2次/年（6月和7月）；泺口断面底质的监测频次为2次/年（6月和7月），悬移质的监测频次为1次/年（8月）；利津断面底质的监测频次为2次/年（2月和7月）。其他年份泺口断面悬移质的监测频次为3次/年（7月、8月和9月）。

2001~2010年，黄河山东段再未进行过底质监测，监测断面、监测频次和监测参数也有一定变化。其中，2001~2003年（2002年、2003年），仅泺口断面进行悬移质监测，监测项目为铜、铅、锌、镉、汞和砷化物，监测频次为 3 次/年（7 月、8 月和 9 月）；2004～2010 年，黄河山东段的悬移质监测断面为泺口断面和利津断面，监测项目为汞、砷、铜、镉和有机物等，监测频次为 2 次/年(7 月和 9 月)。

2011 年至今，黄河山东段的悬移质监测断面为泺口断面和利津断面，监测项目为汞、砷、铜、镉和有机物等，监测频次为 2 次/年(7 月和 9 月)。

第八节　监测参数与方法标准

1990～2015 年，黄河山东水环境监测中心监测项目不断增加，监测能力稳步提升。监测中心检测项目包括水（地表水、地下水、饮用水、废污水、大气降水）、土壤、大气和噪声四大类。水监测参数包括水温、悬浮物、pH、电导率、氧化还原电位、游离二氧化碳、侵蚀二氧化碳、溶解氧、化学需氧量、高锰酸盐指数、五日生化需氧量、氨氮、亚硝酸盐氮、硝酸盐氮、总碱度、碳酸盐、重碳酸盐、氯化物、硫酸盐、钙、镁、钾、钠、矿化度、挥发酚、氰化物（总氰化物）、砷、六价铬、总铬、总汞、铜、铅、锌、镉、总大肠菌群、粪大肠菌群、菌落总数、氟化物、油、色度、浊度、铁、嗅和味、溶解性总固体、肉眼可见物、总磷、余氯、阴离子合成洗涤剂、锰、透明度、硒、总铬、总硬度、酸度、苯系物（苯、甲苯、乙苯、邻二甲苯、间二甲苯、对二甲苯和异丙苯）和氯苯。土壤监测项目为铜、铅、镉、砷、汞和有机物。大气检测项目为飘尘、总悬浮颗粒、二氧化硫、氮氧化物、二氧化氮、一氧化碳和氟化物。噪声检测项目为噪声和振动。噪声和大气检测项目为 2015 年新增。

监测中心所有监测项目均采用国家标准和行业标准，及时进行标准方法的查新和更新，保证所采用的方法标准的现行有效。水（地表水、地下水、饮用水、废污水、大气降水）类项目采用的国家标准为水质试验方法标准（GB/T 7466～7494—1987、GB/T 11889～11915—1989、GB/T 13192～13200—1991）、《生活饮用水标准检验法》（GB/T 5750—1985）（1991～2005 年采用）、《生活饮用水标准检验方法》（GB/T 5750—2006）（2006～2015 年采用）、《大气降水分析方法》（GB/T 13582. 1-13—1992）和行业标准中的《水质分析方法》（SL 78～94—1994）、《地下水检验方法》（DZ/T 00641～80—1993）、《废污水分析方法》（CJ/T 51～78—1999）。环境标准土壤类项目采用的国家标准为《土壤质量分析方法》（GB/T 17134～17141—1997）。

第九节　监测项目及频次

1990～2015 年，黄河山东水环境监测中心监测项目不断增加，监测能力稳步提升。

1994 年 1 月黄河山东水环境监测中心首次通过国家级计量认证，通过认证的监测项目包括水（地表水、地下水、饮用水及水源水和工业废水）和土壤 2 大类共 50 项监测参数。其中，水环境监测参数包括水温、悬浮物、pH、电导率、氧化还原电位、游离二氧化碳、侵蚀二氧化碳、溶解氧、化学需氧量、高锰酸盐指数、五日生化需氧量、氨氮、亚硝酸盐氮、硝酸盐氮、总碱度、碳酸盐、重碳酸盐、氯化物、硫酸盐、钙和镁总量、钙、镁、钾、钠、矿化度、挥发酚、氰化物、砷、六价铬、总汞、铜、铅、锌、镉、总大肠菌群、细菌总数、氟化物、油、色度、浊度、铁、嗅和味、溶解性总固体、肉眼可见物;土壤检测项目为铜、铅、锌、镉、汞、砷。1999年监测中心通过计量认证复查评审,通过计量认证的类别为水(地表水、地下水、饮用水及水源水和工业废水)和土壤2大类65项监测参数(包括水文项目中的水位、流量和含沙量)。其中,水增加的项目为总磷、余氯、阴离子合成洗涤剂、滴滴涕、六六六、锰、透明度、硒、总铬、水位、流量、含沙量、总硬度、酸度和总氰化物等;土壤检测项目未发生任何变化。2004年计量认证复查评审中通过认证的类别为水(地面水、地下水、饮用水及水源水和工业废水)和土壤2大类共55项监测参数。其中,水去掉了水文项目中的水位、流量和含沙量等;土壤检测项目为铜、铅、镉、砷、汞和有机物。2009年计量认证复查评审通过认证的类别为水(地表水、地下水、生活饮用水、工业废水和大气降水)和土壤2大类共62项监测参数。其中,水监测参数增加了苯系物(苯、甲苯、乙苯、邻二甲苯、间二甲苯、对二甲苯和异丙苯);土壤检测项目为铜、铅、镉、砷、汞和有机物。2012年计量认证复查评审通过认证的检测参数为63项,包括水(地表水、地下水、饮用水、污水、大气降水)及底质与土壤共2类,在原来认证参数的基础上增加了氯苯参数。2015年计量认证复查评审通过认证的检测参数为72项,包括水(地表水、地下水、饮用水、废污水、大气降水)、大气及噪声共3类。其中,水监测参数包括水温、悬浮物、pH、电导率、氧化还原电位、游离二氧化碳、侵蚀二氧化碳、溶解氧、化学需氧量、高锰酸盐指数、五日生化需氧量、氨氮、亚硝酸盐氮、硝酸盐氮、总碱度、碳酸盐、重碳酸盐、氯化物、硫酸盐、钙、镁、钾、钠、矿化度、挥发酚、氰化物(总氰化物)、砷、六价铬、总铬、总汞、铜、铅、锌、镉、总大肠菌群、粪大肠菌群、菌落总数、氟化物、油、色度、浊度、铁、嗅和味、溶解性总固体、肉眼可见物、总磷、余氯、阴离子合成洗涤剂、锰、透明度、硒、总铬、总硬度、酸度、苯系物(苯、甲苯、乙苯、邻二甲苯、间二甲苯、对二甲苯和异丙苯)和氯苯;大气检测项目为飘尘、总悬浮颗粒、二氧化硫、氮氧化物、二氧化氮、一氧化碳和氟化物;噪声检测项目为噪声和振动,大气及噪声项目是首次申请计量认证。

监测中心省界水体监测、常规监测、水功能区监测、黄河水资源统一调度水质监测、排污口监测、跨流域调水监测、地下水监测、水源地有毒有机物调查监测、底质及悬移质监测等的监测频次按照上级组织下达的《水质监测任务书》要求执行(除河干外)。

第五章　入河排污口调查监测

第一节　污染源

一、污染源的概念

污染源是指造成环境污染的污染物发生源，通常指向环境排放有害物质或污染源对环境产生有害影响的场所、设备、装置或人体等；也指产生物理的声、光热、辐射等，化学的无机物、有机物，生物的霉素、病菌等有害物质的设备、装置、场所等。

二、污染源的分类

(1)按污染物的来源可分为天然污染源和人为污染源。天然污染源是指自然界自行向环境排放有害物质或造成有害影响的场所，如正在活动的火山。人为污染源是指人类社会活动所形成的污染源。后者是环境保护工作研究和控制的主要对象。

(2)按排放污染的种类可分为有机污染源、无机污染源、热污染源、噪声污染源、放射性污染源和同时排放多种污染物的混合污染源等。事实上，大多数污染源都属于混合污染源，如燃煤的火力发电厂就是一个既向大气排放二氧化硫等无机污染物，又向环境排放废热和其他废物的混合污染源。然而，在研究某一特定环境问题时，往往把某些混合污染源作为只排放某一类污染物的污染源。

(3)按污染的主要对象可分为大气污染源、水体污染源和土壤污染源等。

大气污染源是指向大气排入有害物质的源地，它又分人工源和自然源。自然源包括火山喷发、森林着火、风吹扬尘等；人工源包括工业污染源、农业污染源、城乡交通和居民生活污染源等。进入大气的有害物质称污染物，大气污染物分为一次污染物和二次污染物，它们的种类超过100多种。从污染源排进大气后，直接污染空气的称一次污染物，其中最主要的有二氧化硫、一氧化碳(CO)、氮氧化物(NO)、二氧化氮、颗粒物(飘尘、降尘、油烟等)、CO和氨气，以及含氧、氮、氯、硫有机化合物和放射性物质等。所谓二次污染物则是由于阳光照射污染物、污染物间相互发生化学反应、污染物与大气成分发生化学反应生成的有害物质，光化烟雾就是一种二次污染物。

水体污染源是指向水体排放污染物的场所、设备和装置等，通常也包括污染物进入水体的途径。水体污染最初主要是自然因素造成的。如地面水渗漏和地下水流动将地层中某些矿物质溶解，使水中的盐分、微量元素或放射性物质浓度偏高而使水质恶化。在当前的条件下，工业、农业和交通运输业高度发展，人口大量集中于城市，水体污染主要是人类的生产和生活活动造成的。

土壤污染源是指土壤中收容的有机废弃物或含毒废弃物过多,影响或超过了土壤的自净能力,从而在卫生学上和流行病学上产生了有害的影响。污染物可以通过多种途径进入土壤,引起土壤正常功能的变化,从而影响植物的正常生长和发育。

(4)按排放污染物的空间分布方式,可分为点污染源和面污染源。点污染源是指集中在一点或一个可当作一点的小范围排放污染物。面污染源是指在一个大面积范围内排放污染物。

(5)按人类社会活动功能分为工业污染源、农业污染源、交通运输污染源和生活污染源。

工业污染源是指工业生产中的一些环节,如原料生产、加工过程、燃烧过程、加热和冷却过程、成品整理过程等使用的生产设备或生产场所都可能成为工业污染源。除废渣堆放场和工业区降水径流构成的污染外,多数工业污染源属于点污染源。它通过排放废气、废水、废渣和废热污染大气、水体和土壤,还产生噪声、振动来危害周围环境。各种工业生产过程排出的废物含有不同的污染物,煤燃烧过程排出的烟气中含有 CO、二氧化硫、苯并(a)芘和粉尘等污染物;一些化工生产过程排出的废气主要含有硫化氢、氮氧化物、氟化氢、氯化氢、甲醛、氨等各种有害气体。又如炼油厂废水中主要含原油和石油制品,以及硫化物、碱等;电镀工业废水中主要含有重金属(铬、镉、镍、铜等)离子、酸和碱、氰化物和各种电镀助剂;火力发电厂主要排出烟气和废热。此外,由于化学工业的迅速发展,越来越多的人工合成物质进入环境;地下矿藏的大量开采,把原来埋在地下的物质带到地上,从而破坏了地球上物质循环的平衡。重金属、各种难降解的有机物等污染物在人类生活环境中循环、富集,对人体健康构成长期威胁。可见,工业污染源对环境危害最大。

农业污染源是指在农业生产过程中对环境造成有害影响的农田和各种农业设施称为农业污染源。不合理施用化肥和农药会破坏土壤结构和自然生态系统,特别是破坏土壤生态系统(见农药污染)。降水所形成的径流和渗流把土壤中的氮和磷、农药,以及牧场、养殖场、农副产品加工厂的有机废物带入水体,使水体水质恶化,有时造成河流、水库、湖泊等水体的富营养化。大量氮化合物进入水体则导致饮用水中硝酸盐含量增加,危及人体健康。氮肥分解产生的氮氧化物直接影响大气的物质平衡。在农业高度现代化的国家,农业污染源排放的硝酸盐、氮和无机磷已经对水体构成极大危害。有的研究报告指出,在生活污水中氮的浓度一般为 18~20 mg/L,而农田径流中氮的浓度为 1~70 mg/L,上限远超过生活污水。农田径流中磷的含量为 0.05~1.1 mg/L。农田径流里的氮、磷含量都大大超过藻类生长需要。一般认为水中有 0.3 mg/L 的无机氮和 0.01 mg/L 的无机磷就足以使藻类繁殖到致害的程度。

交通运输污染源是指对周围环境造成污染的交通运输设施和设备。这类污染源发出噪声、引起振动、排放废气、泄漏有害液体、排放洗刷废水(包括油轮压舱水)、散发粉尘等,都会污染环境。交通运输污染源排放的主要污染物有 CO、氮氧化物、碳氢化合物、二氧化硫、铅化合物、苯并(a)芘、石油和石油制品及有毒有害的运载物。它们对城市环境、河流、湖泊、海湾和海域构成威胁(特别是在发生事故时)。这类污染源排出的废气是大气污染物的主要来源之一。

生活污染源是指人类消费活动产生废水、废气和废渣都会造成环境污染。城市和人口密集的居住区是人类消费活动集中地，是主要的生活污染源。生活污染源污染环境的途径有三个方面：①消耗能源排出废气造成大气污染。如中国的一些城市里，居民普遍使用小煤炉做饭、取暖，这些小煤炉在城市区域范围内构成大气的面污染源。②排出生活污水(包括粪便)造成水体污染。生活污水中含有机物、合成洗涤剂和氯化物，以及致病菌、病毒和寄生虫卵等。生活污水进入水体，恶化水质，并传播疾病。以有机污染物为例，一个百万人口的城市，如果平均每人每天排放 BOD_5(五日生化需氧量)36 克，受纳该城市生活污水的水体中 BOD_5 本底值是 2 mg/L，为使受纳水体中的 BOD_5 不超过 5 mg/L，而且对这个城市的生活污水不做任何处理，则每天至少需要 1 200 万 m^3 的天然水来稀释(估算时忽略生活污水的流量)，这相当于一条流量约为 140 m^3/s 的河流的水量。③排出的厨房垃圾、废塑料、废纸、金属、煤灰和渣土等城市垃圾造成环境污染。在不同国家和地区中，由于生活习惯和生活水平的差别，上述各种垃圾在城市垃圾总量中的比重也有所不同。中国大城市中普遍设有废旧物资回收网点，城市垃圾中废纸、金属、塑料制品和玻璃等所占的比例就较低；由于相当数量的居民用煤作燃料，垃圾中煤灰所占的比例就较高。随着社会的不断进步，中国城市垃圾数量和构成也在悄然发生着变化，如由于逐步改用煤气、石油液化气作燃料及采用集中供热方式，煤灰在生活垃圾中所占的比例逐渐减少。

(6)按污染源的活动方式分为固定污染源和流动污染源。固定污染源指烟道、烟囱、排气筒等排放场所。它们排放的废气中既包含固态的烟尘和粉尘，也包含气态和气溶胶态的多种有害物质。如发电厂的燃煤烟囱，钢铁厂、水泥厂、炼铝厂、有色金属冶炼厂、磷肥厂、硝酸厂、硫酸厂、石油化工厂、化学纤维厂的大工业烟囱等。流动污染源主要指交通车辆、飞机、轮船等排气源，其排放废气中含有烟尘、有机和无机的气态有害物质。

三、污染源的调查

在环境科学的研究工作中，把污染源、环境和人群健康看成一个系统。污染源向环境中排放污染物是造成环境问题的根本原因。污染源排放污染物质的种类、数量、方式、途径及污染源的类型和位置，直接关系到它危害的对象、范围和程度。污染源调查就是要了解、掌握上述情况及其他有关问题。通过污染源调查，可以找出一个工厂或一个地区的主要污染源和主要污染物，资源、能源及水资源的利用现状。为企业技术改造、污染治理、综合利用、加强管理指出方向；为区域污染综合防治指出防治什么污染物，在哪儿防治；为区域环境管理、环境规划、环境科研提供依据。因此，污染源调查是污染综合防治的基础工作。

污染源调查的内容丰富而广泛，按污染源分类的不同和调查目的不同，可分为工业污染源调查、农业污染源调查、生活污染源调查、交通污染源调查，也可分为大气污染源调查、水污染源调查、噪声污染源调查等。本书仅对工业污染源、生活污染源和农业污染源调查内容进行描述。

(一)工业污染源调查

工业污染源调查主要指污染企业，其调查内容主要包括以下方面。

1. 企业环境状况

企业所在地的地理位置、地形地貌、四邻状况及所属环境功能区（如商业区、工业区、居民区、文化区、风景区、农业区，林业区及养殖区等）的环境现状。

2. 企业基本情况

（1）概况：企业名称、厂址、主管机关名称、企业性质、规模、厂区占地面积、职工构成、固定资产、投产年代、产品、产量、产值、利润、生产水平、企业环境保护机构名称。

（2）工艺调查：工艺原理、工艺流程、工艺水平、设备水平、生产中的污染源和污染物。

（3）能源、水源、原辅材料情况：能源构成、产地、成分、单耗、总耗，水源类型、供水方式、供水量，循环水量、循环利用率、水平衡，原辅材料种类、产地、成分及含量、消耗定额、总消耗量。

（4）生产布局调查：原料、燃料堆放场，车间，办公室，堆渣场等污染源的位置；标明厂区、居民区、绿化带，绘出企业环境图。

（5）管理调查：管理体制、编制、生产调度、管理水平及经济指标，环境保护管理机构编制、环境管理水平等。

3. 污染物排放及治理

（1）污染物治理调查：工艺改革、综合利用、管理措施、治理方法，治理工艺、投资、效果、运行费用、副产品的成本及销路，存在问题、改进措施、今后治理规划或设想。

（2）污染物排放情况调查：污染物种类、数量、成分、性质、排放方式、规律、途径、排放浓度、排放量、排放口位置、类型、数量、控制方法、历史情况、事故排放情况。

4. 污染危害调查

人体健康危害调查、动植物危害调查、器物危害造成的经济损失调查、危害生态系统情况调查。

5. 生产发展情况调查

生产发展方向、规模、指标、“三同时”措施、预期效果及存在问题。

（二）生活污染源调查

生活污染源调查主要指住宅、学校、医院、商业及其他公共设施。它排放的主要污染物有污水、粪便、垃圾、污泥、废气等。其调查内容主要包括以下几个方面。

（1）城市居民人口调查。总人数、总户数、流动人口、人口构成、人口分布、密度、居住环境。

（2）城市居民用水和排水调查。用水类型（城市集中供水、自备水源），不同居住环境每人用水量，办公楼、旅馆、商店、医院及其他单位的用水量，下水道设置情况（有无下水道、下水去向），机关、学校、商店、医院有无化粪池及小型污水处理设施。

（3）民用燃料调查。燃料构成（煤、煤气、液化气），燃料来源、成分、供应方式，燃料消耗情况（年、月、日用量，每人消耗量、各区消耗量）。

（4）城市垃圾及处置方法调查。垃圾种类、成分、数量，垃圾场的分布，输送方式、处置方式，处理站自然环境，处理效果、投资、运行费用、管理人员、管理水平。

（三）农业污染源调查

农业是环境污染的主要受害者，由于它施用农药、化肥，当使用不合理时也产生环境污染，自身也受害。其调查内容主要包括以下几个方面。

（1）农药使用情况的调查。农药品种，使用剂量、方式、时间，施用总量、年限，有效成分含量（有机氯、有机磷、汞制剂、砷制剂等），稳定性等。

（2）化肥使用情况的调查。使用化肥的品种、数量、方式、时间，每亩平均施用量。

（3）水土流失情况的调查。

（4）农业废弃物调查。农作物秸秆、牲畜粪便、农用机油渣。

（5）农业机械使用情况调查。汽车、拖拉机台数，耗油量，行驶范围和路线，其他机械的使用情况等。

四、污染物排放量的确定

污染物排放量的确定有物料衡算法、经验系数法和实测计算法等方法。

（一）物料衡算法

用质量平衡法建立污染物发生模型，是物质不灭定律在污染源评价中的应用，该模型的推导来自于物质总体的质量平衡。在生产过程中，投入的物料量等于产品所含这种物料的量与这种物料流失量的总和。如果物料的流失量全部由烟囱排放或由排水排放，则污染物排放量（或称源强）就可以用质量平衡法求出。例如，根据燃料成分及其燃烧后的生成物的化学组成，可以估计出污染物的浓度和总发生量。

（二）经验系数法

1. 排污系数法

根据生产过程中，单位产品的经验排污系数进行计算，求得污染物排放量的计算方法称为排放系数或排污系数法。计算公式为

$$M[\text{kg(污染物)/年}] = K[\text{kg(污染物)/t(产品)}) \times W(\text{t(产品)/年}] \tag{5-1}$$

各种污染物的排放系数，国内外文献中给出很多。它们都是在特定条件下产生的，各地区、各单位由于生产技术条件的不同，污染物排放系数和实际排放系数可能有很大差别。因此，在选择时应根据实际情况加以修正。在有条件的地方，应调查统计出本地区的排放系数。

2. 单产平均减污法

使用单产平均减污法预测污染物排放量与使用排污系数法计算排放量具有相似的模型结构。计算公式为

$$M = mG \tag{5-2}$$

式中：G 为预计的产量；m 为目标年的单产产生的排污量。

在使用单产平均减污法进行污染物排放量预测时，需要明确三个时间概念：一是预测基准年，二是预测目标年，三是预测参照年。根据问题的性质，需要求解的是目标年的单产排污系数 m 和排污总量 M。假设单产排污量逐年下降的速率不变，考察已经发生的预测基准年和预测参照年的单产排污量，便可从中总结出单产排污量逐年下降的速率，因此求得目标年的单产排污系数和排污总量。

预测目标年单产产生的排污量 m 可以用以下模型计算：

$$m = m_0(1 - k)^{t-t_0} \tag{5-3}$$

式中：t 为预测目标年或参照年；t_0 为预测基准年；m_0 为基准年的已知单产排污量；k 为单产排污量的年削减率，是本模型中预测排污量的关键，通常有 $0<k<1$，用于表示预测参照年与预测基准年之间关系时，m 和 m_0 是作为已知量，排污量的年削减率 k 是需要求解的值。

3. 弹性系数法

在进行城市和区域规划时，需要解决按经济发展计划来预测排污量的问题。与以上的分析相类似，仍然使用预测基准年、预测目标年、预测参照年这三个时间概念来建立相应的模型。本方法假设在预测基准年与预测参照年之间，污染物的逐年排放量和工农业生产的总产值各自以一个平均的增长速度在增长；在预测基准年与预测目标年之间，污染物的逐年排放量和工农业生产的总产值 G 各自也以一个平均的增长速度在增长，即：

$$M = M_0(1 + \alpha)^{t-t_0} \tag{5-4}$$

$$G = G_0(1 + \beta)^{t-t_0} \tag{5-5}$$

式中：t 为预测目标年或参照年；t_0 为预测基准年；M_0 为基准年的已知排污量；M 为目标年或参照年的排污量；α 为排污量的年增长速率，α 可以是负数，说明对应于排污量减少的情况；G_0 为基准年的工农业生产的总产值；G 为目标年或参照年的工农业生产的总产值；β 为产值的年增长速率。

$$\xi = \frac{\alpha}{\beta} \tag{5-6}$$

虽然在预测基准年前后 α 和 β 的数值可以不同，弹性系数法认为预测基准年前后的弹性系数 ξ 保持不变。

（三）实测计算法

实测计算法是污染源调查中首先应该使用的方法，它通过在正常的生产情况下，对重点污染源在有代表性的采样点上取样，测得废水、废气、废渣中污染物的浓度及废水、废气的流量，废渣的排放量，经计算得出污染物排放量。这种方法只适用于已投产的污染源。对已投产污染源污染物的实地测量，可掌握现实排放量，在建立数学模型时的参考值，也应通过实测进行总结和检验。

1. 废水污染物排放量的计算

首先对各类废水、各车间废水及生活污水进行流量的测定。其点位和次数应和废水采样点位和次数一致。测流量的方法有流速仪法、堰板法、浮标法、容器法等。具体方法和适用范围可查有关文献。

因检测方法的不同，获得的可能是体积流量、质量流量或流速。在进行污染物总量计算之前需要把它们都转换为体积流量的形式。转换关系式为

$$\text{体积流量}(m^3/h) = \text{质量流量}(1\,000\ kg/h)/\text{密度}(1\,000\ kg/m^3) \tag{5-7}$$

$$\text{体积流量}(m^3/h) = \text{平均流速}(m/h) \times \text{过流面积}(m^2) \tag{5-8}$$

废水中污染物的浓度，可在各采样点取得样品，测定不同时间的浓度值，也可以按流

量的大小加权混合,取某一时段浓度加权平均值。

废水中污染物的排放量按下式计算:

$$M = CQ \tag{5-9}$$

计算时,要注意浓度及流量单位的换算,保证计算量纲的一致性。

2. 废气污染物排放量的计算

与废水相比,废气污染物的排放测量要特别注意三个方面:

(1)浓度的数量级比废水小,一般使用 mg/m^3 为单位,而废水通常是 mg/L。

(2)废气样品的采集和烟气量的测量一般都在排气筒内进行。测定的多是流速,需要特别注意的是,对不同断面形状的排气筒(圆形、矩形),按照不同断面采样点布设原则布点采样监测。

(3)由于烟气在体积、压强和温度上的依赖关系,检测时需要同步进行温度、压力的测量,计算时需要将烟气流量和浓度折算到标准状态下,写作 NM^3/s 和 mg/NM^3。

3. 废渣或固体废弃物排放量的计算

废渣或固体废弃物的排放量可以根据实地调查确定,测定其排放量(t/年)和其中污染物或有害物质的含量(mg/kg)。

五、污染源的评价

污染源评价是在污染源和污染物调查的基础上进行的。污染源评价的目的是要确定主要污染物和主要污染源,提供环境质量水平的成因,为环境影响评价提供基础数据,为污染源治理和区域治理规划提供依据。因此,污染源评价是环境影响评价和污染综合防治的重要一环,是一项重要的基础工作。

污染源评价是指对污染源潜在污染能力的鉴别和比较。潜在污染能力是指污染源可能对环境产生的最大污染效应。它和污染源对环境产生的实际污染效应是不同的。污染源对环境产生的实际污染效应,不仅取决于污染源本身的特性(排放污染物的种类、性质、排放量、排放方式等),还取决于环境的性质(背景值、自净能力、扩散条件)、接受者的性质,以及各种污染物之间的作用和协生效应等。潜在污染能力取决于污染源本身的性质。因此,用潜在污染能力评价污染源是合适的。

污染源潜在污染能力主要取决于排放污染物的种类、性质、排放方式等。这些具有不同量纲的量是很难进行比较的。污染源评价的关键在于,把具有不同量纲的量进行标准化处理,使其具有可比性,然后进行分析比较。进行标准化处理的方法不同,产生了不同的评价方法。

根据污染源调查的结果进行污染源评价有两类方法:一类是类别评价,一类是综合评价。类别评价是根据各类污染源某一种污染物的排放浓度、排放总量(体积或质量)、统计指标(检出率、超标倍数、标准差)等项指标,来评价污染物和污染源的污染程度。污染源综合评价方法不仅考虑污染物的种类、浓度、排放量、排放方式等污染源性质,还要考虑排放场所的环境功能。

各种污染物具有不同的特性和不同的环境效应,为了使不同的污染物和污染源能够在同一个尺度上加以比较,需要采用特征数来表示评价的结果;或者说,需要对污染物和污染源进行标准化比较。污染源评价要确定的三个特征数是:等标污染指数、等标污染负荷、污染负荷比。在此基础上,可进一步确定主要污染源和主要污染物。

第二节　黄河流域山东段入河排污口调查情况

一、入河排污口调查与监测概况

20 世纪 80 年代初,黄河干流整体水质尚好,只有个别河段污染较重。自 80 年代末以来,随着社会经济的发展,黄河流域水质迅速恶化。废污水量由 80 年代的 20 亿 m^3 增加到 90 年代的 42 亿 m^3,主要污染物种类也趋于多样化,排污口设置不合理,多数排污口向河道超标排放,致使流域内水污染强度和范围大幅度增加,加强入河排污口管理已是势在必行。《黄河入河排污口管理办法(试行)》(黄水政〔2002〕24 号)于 2003 年 1 月 12 日由黄委颁布实施。

入河排污口管理是水资源保护监督管理工作的重要内容之一,《中华人民共和国河道管理条例》和《中华人民共和国水法》的颁布实施,为入河排污口管理工作提供了法律依据。黄河山东段入河排污口调查与监测已开展多次,其中 1991 年 10 月、1994 年 7 月、1999 年 8 月、2003 年 7 月、2005 年 5 月进行了 5 次调查。其中较大规模的调查和监测只有 2 次,分别是 1999 年 8 月进行的黄河山东省境调查区水污染危害调查及 2005 年 5 月进行的山东黄河入河排污口调查,这 2 次调查不但进行了现场查勘,而且分别进行了采样监测,监测时间涵盖了丰、平、枯三个水期。中间虽然也进行了几次调查(包括入河排污口登记等),但规模相对较小且未进行采样监测。

2011 年 5 月,按照黄河流域水资源保护局安排,实施了入河排污口核查。,入河排污口核查工作是实施《中华人民共和国水法》规定的水功能区管理、排污口审批、饮用水源地保护等各项水资源保护制度的核心基础工作,也是当前贯彻落实中央一号文件精神和实施最严格水资源管理制度的重要举措。其目的是对现有入河排污口进行核查,全面掌握流域入河排污口现状。

2017 年 10 月,为加强流域水资源保护,严格入河排污口监督管理,全面贯彻水利部《关于开展入河排污口调查摸底和规范整治专项行动的通知》(水资源函〔2017〕218 号)等文件要求,黄委山东水文水资源局在 2011 年山东黄河入河排污口核查研究的基础上,对黄委管辖范围内山东段的入河排污口展开了复核工作。

二、2011 年入河排污口调查情况

(一)核查工作概况

1. 核查的范围和重点

按照《黄河流域入河排污口核查实施方案》的组织分工,黄河山东水文局本次负责核查的范围为:山东黄河干流入黄排污口和辖区内主要支流入黄口,同步对辖区内的潜在污染源进行调查(明确潜在污染源调查尚属首次),其中入黄排污口核查仍是本次调查的重中之重。

2. 核查时间和内容

按照《黄河流域入河排污口核查实施方案》的要求，结合黄河山东水文局实际情况，确定了本次核查的具体时间及监测频次：入河排污口和支流口的采样监测时间为6月和8月。其中入河排污口应根据企业生产周期确定采样时间，以保证监测成果的代表性和科学性。

核查内容主要包括入河排污口及潜在污染源、入黄支流口、农灌退水沟、流域社会经济概况及水资源开发状况和突发性水污染事故调查等。

(1)入河排污口：主要调查入河排污口及潜在污染源数量、经纬度、地理位置、布局，核查入河排污口排入的水功能区及排污特性、排污类型、排放方式、排放规律、废污水排放量及入河量、主要污染物排放量、排放浓度及入黄量、入河浓度等。

(2)入黄支流口：主要调查入黄支流口的位置、排入的水功能区、流经的行政区域、水体质量、污染物输送量及其他相关基础资料等。

(3)突发性水污染事故：主要调查2000年来所发生的较大的突发性水污染事故，包括事故发生的时间、地点、肇事单位(个人)、原因、损失及处理结果等。

3. 核查方法和技术路线

本次入河排污口及潜在污染源核查主要采取现场实地勘测和走访相结合的方法进行，现场实地勘测现场采取追踪溯源的方式进行，即从入河排污口处沿着沟渠方向往上徒步对进入沟渠或明渠的污水进行现场追踪调查，现场核查了各个入河排污口的地理位置和经、纬度，以及所在的行政区、排入的水功能区等，基本查清了入河排污口废污水的来源。走访了平阴县自来水公司、平阴县水务局、平阴县污水处理厂、平阴县田山电灌排水处，济南市长清区水务局水资源办公室、长清区郭庄排水站、长清西区污水处理厂，东平县旧县乡粉条生产厂等相关单位及排污口附近的村民，收集了第一手基础资料。对收集到的基础资料仔细甄别、去伪存真，并结合现场实测数据、实验室分析结果等进行科学的分析和合理性验证，重点对平阴翟庄闸、旧县乡粉条生产厂、长清老王府等排污口进行了核查。

黄河山东水环境监测中心按照《黄河流域入河排污口核查实施方案》中制定的技术路线图要求，结合监测中心工作实际，分别于2011年6月和8月对辖区内的两个入河排污口进行了采样监测，同时对辖区内的入河排污口及潜在污染源、入黄支流口等进行实地调查和走访，掌握了第一手基础资料，为该项工作的顺利完成奠定了良好的基础。

4. 技术标准及技术文件

(1)入黄排污口和支流口流量的测定，严格按水利部颁发的《水文测验规范》和《水文测验手册》规定执行。准确流量的测定，是入河排污口核查的重点工作之一，流量监测的准确与否，对准确计算入河排污量的多少将起着决定性的作用。本次核查，监测中心高度重视入河排污口流量监测，通过委托监测(即把入河排污口流量监测的工作委托给就近的艾山水文站进行，艾山水文站利用其专业的技术设备和技术人员实施了两排污口的流量监测，监测中心对其每次的流量监测进行监督)的方式彻底解决了这一问题，保证了流量监测的准确性和可靠性。流量测定采用流速仪法，对无法使用流速仪的排污口采用浮标法测流，每次取样时，水质水量同步监测。具体的流量测定方式见表 5-1、表 5-2 和图 5-1～图 5-3。

表 5-1　入河排污口断面(资料)测量情况

序号	入河排污口			
	平阴翟庄闸		长清老王府	
	起点距(m)	河底高程(m)	起点距(m)	河底高程(m)
1	0	24.776	0	29.850
2	1.5	23.714	5.8	28.908
3	2.7	23.275	6.7	27.660
4	3.2	23.070	7.8	26.879
5	4.2	22.770	13.6	26.326
6	5.3	22.620	16.7	25.212
7	6.3	22.650	17.3	25.624
8	7.4	23.069	18.0	25.460
9	7.7	23.500	18.9	25.430
10	8.6	24.673	19.7	25.613

(2)污染物监测分析方法的选择，严格按照《水环境分析方法标准工作手册》及《水和废水监测分析方法》(第四版)的要求进行分析。监测方法见表 5-3。

5. 质量保证及合理性分析

本次入河排污口调查采取的质量保证措施主要包括两个方面：一是加强外业采样的代表性、时效性，严格按照操作规范的要求实施采样；二是加强实验室质量控制措施的实施，保证监测数据的准确、可靠。

1)采样垂线布设及样品处理

根据入河排污口实际情况，按照《水环境监测规范》(SL 219—2013)要求合理布设采样垂线，现场采样后及时添加保护剂，并在规定时间内安全运到实验室进行处理、及时分析，需要低温保存的样品，中心采用自行设计的低温采样箱进行保存运输，到达实验室后及时存放在冷藏柜中。

表 5-2　入河排污口水位—面积监测资料

序号	入河排污口			
	平阴翟庄闸		长清老王府	
	水位(m)	面积(m^2)	水位(m)	面积(m^2)
1	22.62	0	25.43	0
2	22.75	0.2	25.68	0.4
3	22.88	0.57	25.93	1.6
4	23.01	1.01	26.18	3.4
5	23.14	1.56	26.43	6.3
6	23.27	2.15	26.68	10.3
7	23.40	2.81	26.93	15.0
8	23.53	3.52	27.18	20.0
9	23.66	4.30	27.43	25.1
10	23.79	5.13	27.68	30.5
11	23.92	5.99	27.93	35.9
12	24.05	6.90	28.18	41.5
13	24.18	7.84	28.43	47.0
14	24.31	8.81	28.68	52.6
15	24.44	9.82	28.93	58.3
16	24.50	10.3	29.29	59.9

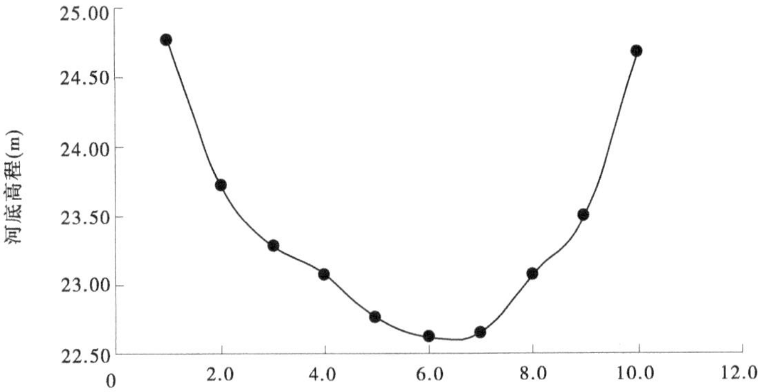

图 5-1　平阴翟庄闸入黄排污口断面示意图

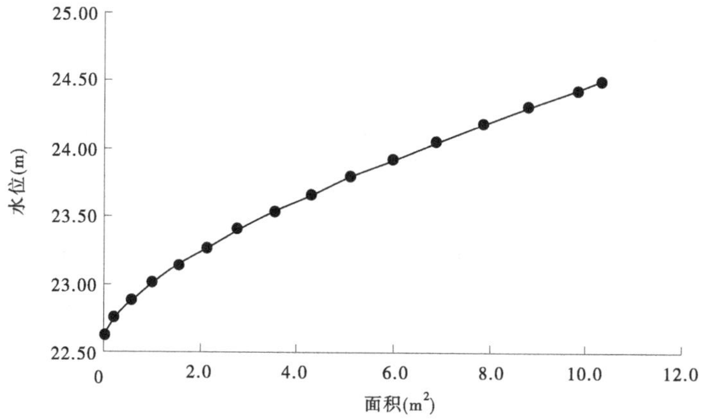

图 5-2　平阴翟庄闸入黄排污口断面水位—面积关系

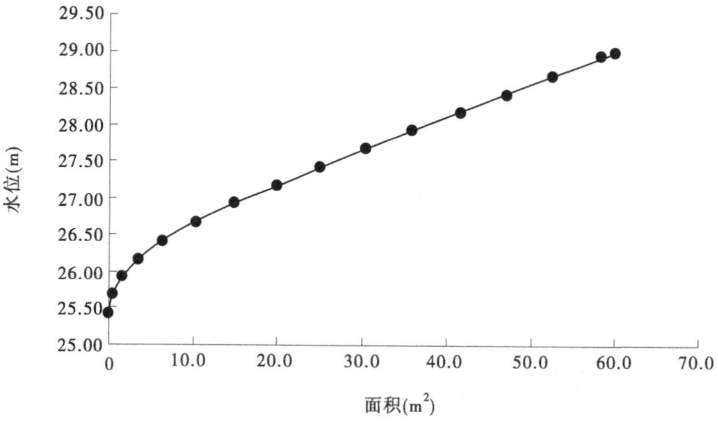

图 5-3　长清老王府入黄排污口断面水位—面积关系

2)实验室质量控制措施

(1)实验室分析严格采用国家标准分析方法,采取做平行双样、加带标准物质、加标回收、对曲线进行截距检验等质量控制措施。

(2)在水质监测过程中,若发现数据异常,立即进行复测,同时采取仪器比对、人员比对或者加带标样等质量措施加以控制。

(3)每批水样均带有现场试剂空白,现场试剂空白在实验室内用纯水充满空白样品瓶、密封,带到采样现场,并同现场采集的样品一同添加保护剂,带回实验室,以检查样品采集及运输过程中是否带来了污染,并且每个项目均进行平行双样试验。

表 5-3　监测方法

序号	监测项目	分析方法	标准代号
1	COD_{Cr}	重铬酸钾法	GB 11914—1989
2	氨氮	纳氏试剂比色法	HJ 535—2009
3	挥发酚	4-氨基安替比林分光光度法	HJ 503—2009
4	氰化物	异烟酸-吡唑啉酮比色法	GB 7487—1987
5	石油类	红外光度法	GB 16488—1996
6	总砷	原子荧光光度法	SL 327. 1—2005
7	总汞	原子荧光光度法	SL 327. 2—2005
8	六价铬	二苯碳酰二肼分光光度法	GB 7467—1987
9	总铜	原子吸收分光光度法	GB 7475—1987
10	总铅	原子吸收分光光度法	GB 7475—1987
11	总镉	原子吸收分光光度法	GB 7475—1987
12	pH	玻璃电极法	GB 6920—1986
13	BOD_5	稀释与接种法	HJ 505—2009
14	总氮	碱性过硫酸钾消解紫外分光光度法	GB 11894—1989
15	总磷	钼酸铵分光光度法	GB 11893—1989

(二)核查完成情况

本次黄河山东河段入河排污口的核查,是在前面几次调查的基础上进行的一次核查,实际上也是对 2005 年黄河山东河段入河排污口的一次复核调查,总结了以往排污口调查的经验和教训,根据当前的调查环境和各排污口的具体情况,分别详细制订了具体核查措施,针对性地开展工作。通过核查发现:黄河山东河段入河排污口数量与 2005 年调查时没有变化,仍然有 3 个入河排污口,分别是平阴翟庄闸入河排污口、长清老王府入河排污口和旧县粉条生产厂入河排污口。只是东平县旧县粉条生产厂加工区随着南水北调济平干渠工程的建设完成及地方政府治污力度的加大,旧县乡周围生产粉条的小作坊已基本消失,治污工作得到有效遏制,但目前仍有三家生产粉条的企业进行生产,所产生的废污水通过泵站排放到东平湖陈山口闸下。

1. 平阴翟庄闸入河排污口核查情况

平阴翟庄闸入河排污口位于济南市平阴县城关镇翟庄村,地理位置在东经 116°26′14″,北纬 36°19′16″,是以工业为主混合的综合排污口,2005 年以前,平阴县城所有工业废水及生活污水平时存放在县城西部洼地——城西洼,污水通过明渠输送到翟庄闸,然后通过田山一级泵站抽排进入黄河。2005 年 9 月,随着平阴翟庄闸污水处理厂的投入使用并运行,平阴翟庄闸的水质状况已得到明显改善,治污工作已初见成效。从近几年的实测监测资料可以明显发现，入河排污口各污染物浓度都有明显降低。同时在调查时得知：为适应城市长期综合发展需要，提高城市防洪度汛安全，平阴县政府于2005年在城西洼地规划建造了万亩湿地工程，为改善、治理城西大水环境发挥了重要作用。该入河排污口排入的水功能区为黄河山东开发利用区中的聊城工业农业用水区。

本次核查重点对平阴县城区内的工业园区（重点对工业园区内的部分工业污染源）和平阴县污水处理厂进行了调查，走访参观了污水处理厂，并与该厂负责人进行了座谈，基本弄清了目前该入河排污口所排放的废污水来源及污水排放情况。

2. 平阴工业园区及部分企业调查情况

通过调查发现，平阴县城主要的污染企业大都分布在平阴工业园区内，山东平阴工业园区规划于2001年，目前已基本建设完毕。平阴工业园区的范围为：东起县城青龙路，西至平阴镇堡子村，北起县城翠屏街，南至105国道。内辖6个行政村，分别为南土村、大佛寺、尹庄村、堡子、于庄村和葛庄村。规划期限为2001～2010年，总规划面积为56 km²，规划人口3万。山东平阴工业园区系省级开发区，开发性质是重点引进发展机械制造、食品加工、化工医药等支柱产业。

目前园区内的主要企业有济南市琦泉热电有限责任公司、山东齐发药业有限公司、济南裕腾制药有限公司、济南金银花味精有限责任公司、济南玛钢钢管有限公司、济南济锅华源有限公司、山东济南温泰食品添加剂有限公司、平阳鲁西化工第三化肥厂有限公司等。工业园区的污染源大都为工业污染源且属于点源污染，所排放废污水主要是工业废水和生活污水。主要污染物为有机污染（主要是COD、BOD_5）和氨氮等。

现将平阴县城区内的影响水污染的几个主要工业污染源介绍如下：

（1）济南市琦泉热电有限责任公司。

济南市琦泉热电有限责任公司始建于1989年，位于平阴县城青龙路99号，处于平阴工业园区内，是平阴县城唯一的公用热源单位，属非制造业，厂区占地面积8.9万m^2，承担着全县35家工业企业用气及329个单位160万m^2的办公、居民冬季取暖任务。目前现有机组装机容量为48 MW·h，锅炉容量560 t/h，年发电能力2.8亿kW·h时，供热能力180万t。截至2010年，城区热化率达到73.7%。供热半径辐射5 km，供热主管网里程85 km，形成了"一纵四横"的城区供热网络新格局。

污染源主要是大气污染，大气污染物主要来源于锅炉燃煤产生的污染物（烟尘、二氧化硫、氮氧化物等）。

（2）山东齐发药业有限公司。

山东齐发药业有限公司（原齐鲁制药厂平阴分厂）是1987年由齐鲁制药有限公司在平阴投资兴建的一座以生产兽、农用抗生素原料药为主的现代化制药企业，所属行业为医药制造业，具有独立的法人资格。公司占地面积300余亩，是目前农业部所属的最大的原料药生产企业，目前公司拥有固定资产4.5亿元，员工1 300余人，其中工程技术人员170余人，公司的效益呈现连年快速递增的态势。公司的主要产品有阿维菌素、伊维菌素等十几个品种，主要生产装置为发酵罐，其中主导产品阿维菌素、伊维菌素已经通过美国FDA

认证和欧洲 COS 认证，产品的生产技术水平与生产规模上均处于国内第一位。该企业也处在平阴公园区内。

其主导产品阿维菌素的生产工艺主要是经过生物发酵、提取精制而成，该产品的主要原材料是玉米淀粉，目前是世界上最为优良的类广谱、高效兽用和农用抗寄生虫药，但是生产阿维菌素所产生的废水是近年来出现的一种新型的抗生素废水，此类废水具有高有机物负荷，高氮、高磷的特点，并具有一定毒性，生物降解相当困难，属难处理工业废水。污染源为有机污染源，其主要污染物为 COD、BOD_5 等有机污染物。

(3)济南裕腾制药有限公司。

济南裕腾制药有限公司系中美合资企业，地处山东省济南市平阴县青龙路 54 号，是以生产化学原料药、口服溶液制剂、医药中间体等系列产品为主的综合性制药企业，2004 年通过国家食品药品监督管理 GMP 认证。公司厂区占地约 26 000 m^2，建筑面积 8 000 余 m^2，拥有国家药品 GMP 标准建设的原料药和制剂生产线及设施完备先进的质量检验中心。主打产品为异山梨醇原料药和异山梨醇口服溶液(商品名：易思清)，现年生产能力分别达到 300 t 和 200 万瓶。在该企业也处在平阴公园区内。污染源同样为有机污染源，其主要污染物为有机污染物(主要是 COD、BOD_5 等)。

(4)济南金银花味精有限责任公司

济南金银花味精有限责任公司的前身为济南平阴正大食品厂，成立于 1996 年，公司坐落在平阴工业园区内，公司占地面积 8 万 m^3，建筑面积 16 000 m^2，现有职工 300 余人，其中中高级以上的技术人员 30 多名，拥有固定资产 3 000 多万元，年产值 1.8 亿元。公司的主要产品有味精、特鲜味精、口服葡萄糖、液体葡萄糖等 10 大系列 132 个品种。

生产工艺与流程大体包括净化、加酸浸渍、胚芽分离、研磨、筛分、分离、洗涤制成蛋白含量在 0.5%以下的淀粉乳，供味精车间使用。其中，在玉米净化、加酸浸渍及脱浓缩、压滤等过程，有污水或固体废弃物的产生；谷氨酸提取采用等电点-离子交换工艺流程，工艺过程分为配料、发酵、提取、分离 4 个步骤。其中，污染的发生主要是产生的离子交换尾液与树脂洗涤及再生废水，先由谷氨酸发酵液中提取谷氨酸加水溶解，用纯碱中和后，先经颗粒状活性炭脱色、过滤，再经过交换除铁。活性炭柱脱色获得谷氨酸脱色液，然后脱色液依次通过蒸发结晶、分离洗涤后制得湿味精，湿味精经过干燥、粉碎、筛选后制得成品味精。

该工程实施后水污染源主要是生产工艺污水，包括来自于玉米清洗、味精精制、复合肥蒸发浓缩、设备清洗等工序排放的低浓度有机污水，以及玉米浸泡、谷氨酸发酵等工序排放的高浓度有机污水。主要污染物为 COD、BOD_5、氨氮和硫酸盐等。

大气污染源主要是淀粉车间粉碎筛分工序、污水处理厂厌氧发酵反应器、复合肥车间喷浆造粒工序的热风炉。排放的污染物主要有粉尘、恶臭污染物硫化氢(H_2S)及热风炉产生的烟尘和二氧化硫(SO_2)。

(5)平阴鲁西化工第三化肥厂有限公司。

平阴鲁西化工第三化肥厂有限公司其前身为平阴化肥厂，1997 年整体划归鲁西化工集团,是国家中型一级企业,现拥有固定资产3.74亿元,职工1 080人,其中35岁以下的494人,工程技术人员87人,大中专以上学历的515人,管理人员185人。其主导产品为合成氨和尿素。目前年产合成氨12万t,尿素18万t,年销售收入3.2亿元。污染源所产生的废污水主要是生产工艺污水,其主要污染物是氨氮等。

上述几个工业污染源是对入河排污口影响较大的水污染源,虽然各企业通过不断加大投入、改进生产工艺等措施对污水排放进行了治理,但离真正实现达标排放还有相当长的距离。

3. 平阴污水处理厂调查情况

平阴污水处理厂位于平阴县青龙路的北面,地理位置为东经116°26′15″,北纬36°19′15″,隶属平阴县水务局管理,于2002年经省计委以鲁计投资〔2002〕1020号文件批准立项,工程建设规模为日处理污水4万t,采用强化型倒伞表面曝气氧化沟工艺,具有脱氮除磷设施,采用紫外线消毒。规划敷设污水收集管网44.37 km。平阴县目前累计建成城市污水收集管网37 km,其中老城区污水收集管网23 km,西部新区污水收集管网14 km,目前平阴县的整个废污水(包括工业废水和生活污水)大都通过管网的方式汇集到污水处理厂集中处理,其中生活污水占污水处理的1/3左右,其余2/3均为工业废水,通过污水处理厂处理污水的企业30多家。目前县城日排放污水量2.5万t,污水处理厂日处理污水能力2.3万t,处理率为90%以上。另外,在与该厂负责人交流时,该厂负责人声明:平阴污水处理厂实施全天候(24 h)运行,但与实际看到的情况有些出入。因无法得到该处理厂的运行记录,因此无法判定污水处理厂的实际运行情况。另外,为了治理城西大水环境,污水处理厂对厂西侧500亩洼地(排污沟渠以西,济平干渠田山管理站以东,南至农用飞机场,北至城关镇翟庄村)进行了改造管理,目前成为与污水处理厂紧密相连的第二深度处理区,经处理后的中水直接排放到500亩湿地内。

为了更好地收集工业园区的废污水,平阴县于2008年初建设了工业园提水泵站1座,该泵站是平阴县的第一座污水提升工程,位于县城翠屏街西段路南,占地2.19亩,建设规模为日提水1万m^3,提水高度6 m。包括提水泵房1座、污水泵3台(套),总装机60 kW,管理房3间。架设输电线路350 m,安装50 kVA变压器1台,总投资150万元。该泵站主要收集县城西部工业园区内的所有工业废水和生活污每日水约0.3万m^3,经提升后通过翠屏街西段管网输入青龙路污水干管进入场内处理,实现了园区污水全部收集处理,不再流入万亩湿地,消除了对下游水体的污染,更好地改善了园区水环境。

4. 污染物浓度变化趋势分析

根据调查情况得知,平阴翟庄闸入河排污口的排放规律仍然是平均每隔3~5 d便通过泵站向黄河集中排放1次,只是污染物浓度有了很大的变化。通过2011年水质监测数据结果发现,平阴翟庄闸入河排污口主要污染物仍为化学需氧量、氨氮、石油类、挥发酚等,其中化学需氧量平均浓度为62.2 mg/L、氨氮平均浓度为5.46 mg/L、石油类平均浓度为0.06 mg/L。为了真实地反映污染物浓浓度的变化情况,对2005年、2010年和2011年的水质监测数据成果进行了统计、分析,统计结果见表5-4。

表 5-4　平阴翟庄闸入河排污口主要污染物浓度变化情况

主要污染物	污染物平均浓度(mg/L)		
	2005 年	2010 年	2011 年
化学需氧量	1010	87.8	46.4
氨氮	48.6	16.4	5.46
挥发酚	0.031	0.015	<检出限
氰化物	0.025	0.023	<检出限
石油类	1.25	0.13	0.06
砷	0.004 4	0.001 8	0.001 3
汞	0.000 02	0.000 04	0.000 01
铜	0.007	0.007	<检出限
铅	<检出限	<检出限	<检出限
镉	<检出限	<检出限	<检出限
六价铬	<检出限	<检出限	0.008

从表 5-4 可以明显看出，平阴翟庄闸入黄排污口主要污染物浓度有了不同程度的降低且变化趋势明显，尤以污染物化学需氧量、氨氮和石油类浓度变化最为明显，其中 2010 年和 2011 年化学需氧量浓度分别比 2005 年降低了 10.5 倍和 20.8 倍；氨氮浓度分别比 2005 年降低了 1.96 倍和 7.90 倍；石油类浓度分别比 2005 年降低了 8.62 倍和 19.8 倍。由此可以判断，平阴污水处理厂的投入、使用和运行对保护黄河下游的水质安全发挥了极其重要的作用。

5. 长清老王府入河排污口核查情况

长清老王府入黄排污口位于济南市长清区平安店镇老王府村附近，地理位置在东经 116°31′51″，北纬 36°22′56″，是以生活污水排放为主的综合排污口，主要排放长清区老城区内的生活工业废污水。长清区生活工业废污水 1996 年以前直接排入北沙河，由北沙河从老王府村自流进入黄河，主要污染物为化学需氧量、氨氮及其他有机污染物；2005 年前后，为了防止北沙河内废污水直接排入黄河，在长清区驻地与老王府村之间的北沙河河道内修建了溢洪坝，污水在平、枯水期，存积在河道内，丰水期溢流进入黄河。目前，该入河排污口通过明渠将废污水排入黄河。该排污口排入的水功能区为黄河山东开发利用区中的聊城工业农业用水区。

本次核查重点对长清老王府入河排污口明渠内的废污水来源（徒步跟踪调查和走访）和济南市（长清）西区污水处理厂进行了调查，并参观了济南市西区污水处理厂，与污水处理厂的负责人进行了沟通和交流，了解了该区污水处理状况。

通过调查知道，北沙河上游（长清区内）的水量非常少，目前长清老王府入河排污口接纳的废污水主要来源于三个地方：一是直接和间接排入长清北沙河中的废污水（包括济南市西区污水处理厂处理后的水质)；二是郭庄排水站不定期向北沙河排放的老城区内的废污水(包括雨水和老城区内大量生活污水)，郭庄排水站至入河排污口的距离全长约4.2 km；三是城关排水站不定期向北沙河排放的雨水，原因是长清区的地势是东南高、西北低，一旦发生强降雨，大量的雨水都囤积在地势较低的西北方向(靠近入河排污口)。

监测中心在调查污水来源的基础上，还走访参观了济南市(长清)西区污水处理厂，并对污水处理工艺及污水排放情况进行了深入的了解。长清西区污水处理厂是长清区唯一的污水处理厂，该污水处理厂坐落于长清区文昌办事处北沙河以南，紧邻长清区新建的滨河公园，位于叶庄村东，地理位置在东经116°44′29″，北纬36°34′17″，该厂设计总规模5万t/d，一期工程2.5万t/d，占地50亩，于2004年11月开工建设，2006年11月竣工并投入运行。一期工程总投入5 300万元，其中水厂建设3 800万元，管网建设1 500万元。2009年2月，按照国家、省市对黄河流域污染治理的要求，对工程进行了升级改造，并于2009年7月竣工完成，升级改造工程总投资2 100万元。该污水处理厂采用"A^2O法+混凝沉淀过滤消毒处理工艺"对污水进行处理。

在与济南市(长清)西区污水处理厂负责人交谈时得到如下信息：目前济南市西区(长清)污水处理厂主要处理长清老城区、长清开发区及大学城(部分大学有自己的污水处理设备，处理后的水大都用于灌溉树木、浇花等绿化)内的废污水，长清区的整个废污水(包括工业废水和生活污水)大都通过管网的方式汇集到污水处理厂集中处理，污水以生活污水为主，其中生活污水占废污水排放的90%，工业废水仅占10%，达标处理后的废污水直接排放到长清滨河公园内的湖中(与北沙河相连)，目前长清日排放污水量2.1万t左右，污水处理厂日处理污水能力1.5万t。为此，污水处理厂二期工程正在酝酿筹划中，预计在2013年污水处理厂日处理污水能力达到2.5万t，基本满足污水处理要求。

根据本次核查情况得知，长清老王府入河排污口全年向黄河排放废污水。依据2011年水质监测数据结果发现，长清老王府入河排污口主要污染物仍为化学需氧量、氨氮、石油类和六价铬等，其中化学需氧量平均浓度为68.8 mg/L、氨氮平均浓度为1.64 mg/L、石油类平均浓度为0.14 mg/L、六价铬平均浓度为0.044 mg/L。较2005年调查监测的污染物浓度有不同程度的上升，其中化学需氧量、石油类污染物浓度升幅较大，分别升高了1.84倍和8.3倍。

6. 东平县旧县乡粉条加工区排污口

东平县旧县粉条加工区排污口位于泰安市东平县旧县乡陈山口村附近，地理位置为东经116°12′51.04″，北纬36°07′06.9″。该排污口汇集了旧县乡220国道北侧所有粉条加工厂的污水排放，排污主要集中在冬春两季，其他时间亦有排放现象。该排污口通过泵站不定期抽排通过修筑的暗渠进入东平湖陈山口闸下，通过庞口闸进入黄河。该排污口排入的水功能区为大汶河干流东平保留区和黄河山东开发利用区中的黄河聊城、德州工业农业用水区。泵站内有2台电机，功率分别为132 kW和75 kW，水泵扬程3.5 m，最大排放量3 600 m^3/h。目前该粉条加工区仍有三家规模较大的粉条生产企业，分别是济南三利食品有限公司(东经116°11′51.67″，北纬36°07′09.71″)、山东东平永盛食品有限公司

(东经1161°4′13.01″,北纬36°07′47.29″)和一个叫不上名字的企业(东经116°14′04.46″,北纬36°07′31.43″)。同时对陈山口闸下右岸和清河门(西闸)左岸进行了现场调查,在陈山口闸下右岸发现2个排污点,在220国道北侧及东平县旧县青龙山以北所有的加工点(加工粉条的小作坊)产生的污水都集中于该2处排污口,由该排污口直接排入陈山口闸下,济平干渠与闸下湖堤之间没有排污现象;在清河门(西闸)左岸建有排灌站2处,皆用于防汛抗旱,从未用作排污。调查时发现,在济平干渠东面的沟渠内囤积了大量的废污水且发出刺鼻的味道,与济平干渠内清澈干净的水质形成了鲜明的对照。

7.入河排污口分布与排放方式

平阴翟庄闸入河排污口分布在黄河的右岸,目前平阴县城区的部分工业废水、生活污水及处理后的废污水全部集中在城西洼的明渠内,再由一条排污渠道经翟庄闸排入黄河。排放方式为明渠间断性泵站排放。

长清老王府入河排污口分布在黄河的右岸,与黄河紧密相连,河道内汇合了不同来源的废污水(主要是生活污水),通过明渠在老王府村附近汇入黄河。排放方式为明渠连续性排放。

旧县乡粉条废水入河排污口分布在黄河的右岸,将排放的废污水排放到沟壑纵横的明渠内,最终汇集到位于陈山口闸管所下的排水站前,经泵站抽排进入陈山口闸下,再经庞口闸进入黄河。排放方式为明渠间断性泵站排放。

1)入河排污口废污水入河量

入河排污口废污水入河量计算公式:

$$W_d = 1/n(\sum Q_i \times 8.64) \tag{5-10}$$

式中:W_d为排污口废污水日入河量,万 m^3/d;n为排污口废污水监测次数;Q_i为排污口第i次实测流量,m^3/s;8.64为换算系数。

(1)平阴县翟庄闸废污水入河量。

根据艾山水文站在平阴翟庄闸入河排污口的实测流量资料,经过计算得知,平阴翟庄闸入河排污口的平均流量为$Q=0.285\ m^3/s$,则排污口废污水日入河量为

$$W_d = 0.285 \times 86\,400 = 24\,624(m^3) = 2.4624(万\ m^3)$$

排污口废污水年排放量为

$$W_a = 24\,624 \times 345 = 8\,495\,280\ m^3 \approx 850(万\ m^3)$$

根据在平阴县自来水公司的调查可知:县城区年供水量为400万 m^3,但县城中的各大企业如平阴电厂、平阴化肥厂、齐鲁制药厂等都有自备井,自备井的年供水量占整个城区的2/3,也就是说,全城区年供水量大约为1 200万 m^3。按排供比70%计算,平阴县城区废污水排放量为840万 m^3。

另根据在平阴县污水处理厂的调查,按照平阴县污水处理厂废污水处理能力约为2.3万 t/d计算,可知平阴县全年废污水排放量约为839.5万 t,与上述调查情况完全吻合,其中生活污水约为279.8万 t,占废污水排放总量的1/3;工业废水约为559.7万 t,占废污水排放总量的2/3。由此可以判断:平阴县城区废污水年排放量约为840万 m^3,月平

均废污水排放量约为70.0万m^3。

实测的850万m^3废污水排放量经过一段明渠的下渗、蒸发等(目前大部分的废污水都已并入管网排放,下渗、蒸发的量相对很少)损耗后与840万m^3基本相吻合。因此,该调查数据是合理的、可信的。

(2)济南市长清区老王府废污水入河量。

在济南市长清区老王府入黄口处监测到的实测平均流量为$Q=0.123\ m^3/s$,则排污口废污水日入河量为

$$W_d = 0.123 \times 86\,400 = 10\,627.2(m^3)$$

排污口废污水年排放量为

$$W_a = 10\,627.2 \times 365 = 3\,878\,928\ m^3 \approx 388\ (万\ m^3)$$

根据在济南市长清区水务局水资源办公室的调查可知:全城区日平均供(取)水量3万m^3,按取水量的70%作为废污水排放量进行计算,可以得出长清区日排放废污水量为2.1万m^3,全年共排放各类废污水766万m^3左右。

另根据在济南市(长清)西区污水处理厂的调查,按照目前(长清)西区污水处理厂废污水处理能力约为1.5万t/d计算,可知长清区全年废污水排放量约为548万t,与上述调查情况虽然有一定的差距,但仍然是可信的。原因是长清区的管网建设还不是很完善,尤其是老城区,老城区大量的生活污水都囤积在郭庄排水站后面的沟渠内和临近村庄内的沟渠内,可谓是污水横流,因此可以确信该数据是合理的。

至于长清老王府入河排污量388万m^3,其原因是长清距离入河排污口相对较远,济南市(长清)西区污水处理厂处理的中水直接排放到滨湖公园内作为景观用水,在它的下游同样有一个较大的人工湖(据当地老百姓介绍,该湖形成是由长期无序挖沙所致),调查时发现,该水流速度非常缓慢,因此明渠内流动的废污水,基本大都为郭庄排水站排放的废污水,但由于郭庄排水站的排放方式为不定期排放,因此准确捕捉采样检测样品与郭庄排水站恰好排放废污水的概率相对不高,致使流量的监测有一定的误差,由此造成入河排污量的差距。

2)入河排污口污染物浓度及评价

(1)入河排污口浓度评价。

评价标准采用《污水综合排放标准》(GB 8978—1996)中的一级标准值,见表5-5。

根据《黄河入河排污口调查实施方案》要求,结合入河排污口实际情况,选取其中的pH、化学需氧量、氨氮、石油类、挥发酚、氰化物、六价铬、总铜、总铅、总镉、总砷、总汞等作为评价因子。

(2)评价方法。

统计、计算入河排污口废污水各评价因子的平均浓度,与评价标准值对照,看其是否符合评价标准。若排污口废污水有一项因子超过评价标准,该排污口即为超标。

表 5-5 《污水综合排放标准》(GB 8798—1996)一级标准值　(单位:mg/L)

序号	评价因子	标准值
1	COD_{Cr}	100
2	氨氮	15
3	挥发酚	0.5
4	氰化物	0.5
5	石油类	10
6	总砷	0.5
7	总汞	0.05
8	六价铬	0.5
9	总铜	0.5
10	总铅	1.0
11	总镉	0.1

按照评价方法要求,依据入河排污口评价标准,在黄河山东省区内的三个入河排污口中(旧县粉条加工区未进行检测),平阴翟庄闸和长清老王府两个入河排污口均实现达标排放,无一超标项目。

根据黄河流域及西北内陆河水功能区划标准可知,黄河山东辖区内的 3 个入河排污口均分布在黄河山东开发利用区中的聊城工业农业用水区内。按照评价方法要求,依据入河排污口评价标准,在聊城工业农业用水区中的 2 个入河排污口——平阴翟庄闸和长清老王府(旧县粉条加工区除外)均已实现达标排放,无一超标项目出现。

根据入河排污口的不同性质划分,在黄河山东辖区内的 3 个入河排污口中,以工业为主混合的入河排污口 2 个(平阴翟庄闸和旧县粉条加工区),生活为主混合的入河排污口 1 个(长清老王府),其中以工业为主混合的平阴翟庄闸入河排污口和以生活为主混合的长清老王府入河排污口均实现达标排放,无一超标项目。

(3)入河排污口废污水排放量及污染物入河量

入河排污口日排放废污水量为 2.43 万 m^3,年排放废污水量为 840 万 m^3。污染物 COD_{Cr} 年入河量为 522.5 t,五日生化需氧量 104.2 t,氨氮为 45.9 t,总氮 420 t,挥发酚为 0.008 t,氰化物为 0.017 t,石油类 0.50 t,总砷为 0.011 t,六价铬为 0.067 t。

济南长清区老王府入河排污口日排放废污水量为 1.06 万 m^3,年排放废污水量为 388 万 m^3。污染物 COD_{Cr} 年入河量为 266.9 t,五日生化需氧量为 55.9 t,氨氮为 6.36 t,总氮为 80.7 t,挥发酚为 0.008 t,氰化物为 0.017 t,石油类为 0.54 t,总砷为 0.014 t,六价铬为 0.171 t。

就水功能区而言,黄河山东开发利用区中的聊城工业农业用水区每年接纳排污口废污水量约 1 228 万 m^3,年接纳入河排污口各类污染物 1 503.8 t。其中平阴县翟庄入河闸排污口向聊城工业农业用水区年排放废污水量为 840 万 m^3,年排放各类污染物 1 093.2 t;长清区老王府入河排污口向聊城工业农业用水区年排放废污水量为 388 万 m^3,年排放各类污染物 410.6 t。

(三)山东黄河干流水污染监测分析与评价

1.入河排污口现状评价

1)评价标准

评价标准采用《污水综合排放标准》(GB 8978—1996)中的一级标准值。

2)评价因子的选取

根据黄河流域水资源保护局《黄河入河排污口核查实施方案》要求,结合辖区内入河排污口实际情况,选取 pH、化学需氧量、氨氮、石油类、挥发酚、氰化物、六价铬、总铜、总铅、总镉、总砷、总汞等作为评价因子。

3)评价方法

评价方法采用等标污染负荷法。

其评价方法公式如下:

$$P_i = (C_i/C_{oi}) \times Q_i \times 10^{-2} \tag{5-11}$$

$$P_n = \sum P_i \qquad (i = 1,2,\cdots,n) \tag{5-12}$$

$$P_m = \sum P_n \qquad (n = 1,2,\cdots,m) \tag{5-13}$$

$$P_s = \sum P_m \qquad (m = 1,2,\cdots,s) \tag{5-14}$$

$$K_n = P_n/P_m \times 100\% \tag{5-15}$$

式中:P_i 为某污染物 i 的等标污染负荷;C_i 为某污染物 i 的浓度,mg/L;C_{oi} 为污染物 i 的评价标准绝对值;Q_i 为含 i 污染物的废水排放量,万 m^3/a;P_n 为某排污口的等标污染负荷;P_m 为某水系、河段的等标污染负荷;K_n 为某排污口在水系、河段的等标污染负荷比。

4)评价结果及分析

(1)入河排污口总体评价,具体评价结果见表 5-6。

从表 5-6 中可以明显看出,山东黄河辖区内等标污染负荷最大的排污口仍然是平阴翟庄闸,其污染负荷比达 70.53%,其次是长清老王府排污口,其污染负荷比为 29.47%。由此看出,长平滩区(长清、平阴)内的平阴翟庄闸入河排污口仍然是山东黄河贡献量最大的污染源排污口;污染物化学需氧量(COD_{Cr})和氨氮的等标污染负荷比分别达 65.17% 和 28.77%,分列各污染物的前两位,仍然是影响山东黄河水污染的主要污染物。与 2005 年入河排污口评价结果相比,黄河山东河段内的主要污染源排列顺序基本未发生变化,只是 2 个入河排污口的等标污染负荷比发生了相应变化(平阴翟庄闸入河排污口呈下降趋势,长清老王府则呈明显上升);而主要污染物排列顺序也发生了较大的变化,尤其污染物六价铬变化最为明显,已由 2005 年的主要污染物的第 10 位上升到现在的第 3 位;化学需氧量仍然是黄河山东段贡献量最大的入河污染物。

表 5-6　各入河排污口等标污染负荷评价

排污口名称		2011 年				2005 年	
		翟庄闸	老王府	合计	污染物顺序	排污口合计	污染物顺序
主要污染物等标污染负荷(t)	COD_{Cr}	5.225	2.669	7.894	1	97.142 9	1
	氨氮	3.060	0.424	3.484	2	29.475 5	2
	挥发酚	0.016	0.016	0.032	7	0.660 1	4
	石油类	0.050	0.054	0.104	4	1.601 1	3
	总砷	0.022	0.028	0.050	6	0.088 8	7
	氰化物	0.034	0.034	0.068	5	0.040	5
	总汞	0.001 7	0.001 6	0.003 3	8	0.003 2	8
	六价铬	0.134	0.342	0.476	3	0	10
	总铜	0	0	0	9	0.159 6	6
	总铅	0	0	0	9	0.002 1	9
	总镉	0	0	0	9	0	10
等标污染负荷(t)		8.542 7	3.568 6	12.111 3		129.173 3	
污染负荷比(%)		70.53	29.47	100			
污染源顺序		1	2				

(2)按各水功能区入河排污口评价,具体评价结果见表 5-7。

表 5-7　各水功能区入河排污口评价结果

名称	排污口	等标污染负荷(t)	污染负荷比(%)	名次
聊城工业农业用水区	平阴翟庄闸	8.542 7	70.53	1
	长清老王府	3.568 6	29.47	2
合计		12.111 3	100	

从表 5-7 中可以看出,黄河山东开发利用区中的聊城工业农业用水区最大排污口是平阴县翟庄闸,其等标污染负荷占该功能区污染负荷的 70.53%;其次是长清老王府入河排污口,其污染负荷比为 29.47%。

(3)按不同性质入河排污口评价,具体评价结果见表 5-8。

从表 5-8 中可以发现,以工业为主混合的入河排污口是山东黄河辖区内最主要排污口,其等标污染负荷占总污染负荷的 70.53%(污染负荷比),以生活为主混合的入河排污口等标污染负荷比为 29.47%。

表 5-8　不同性质入河排污口评价结果

排污口性质	等标污染负荷(t)	污染负荷比(%)	名次
工业	—	—	—
生活	—	—	—
以工业为主混合	8.542 7	70.53	1
以生活为主混合	3.568 6	29.47	2
合计	12.111 3	100	

(4)按入河排污口主要污染物评价，具体评价结果见表 5-9。

表 5-9　入河排污口主要污染物评价结果

评价因子	等标污染负荷(t)	污染负荷比(%)	名次
COD_{Cr}	7.894	65.18	1
氨氮	3.484	28.77	2
挥发酚	0.032	0.26	7
石油类	0.104	0.86	4
总砷	0.050	0.41	6
氰化物	0.068	0.56	5
总汞	0.003 3	0.03	8
六价铬	0.476	3.93	3
总铜	0	0	9
总铅	0	0	9
总镉	0	0	9
合计	12.111 3	100	

从表 5-9 中可以看出，2 个入河排污口中，等标污染负荷最大的污染物是化学需氧量(COD_{Cr})，其次分别是氨氮、六价铬和石油类，其中污染物化学需氧量和氨氮累计的污染负荷比达到 93.95%，其他各类污染物的污染负荷比仅占 1.98%。

(5)与 1998 年和 2005 年入河排污口调查成果对照分析。

通过对 1998 年和 2005 年排污口调查成果比对分析可知，黄河山东河段内的入河排污量有明显减少。根据调查资料，1998 年山东黄河废污水年排放量为 2 017 万 m^3，2005 年入河废污水年排放量为 1 400 万 m^3，而 2011 年黄河山东河段废污水年排放量仅为 1 228 万 m^3；就 1998 年比较而言，经过 12 年(两个规划)一个轮回的治理和开发，黄河山东河段的废污水年排放量变化最为明显，废污水年排放量减少了 789 万 m^3；与 2005 年相比，虽然废污水年排放量变化不大，废污水年排放量仅减少了 172 万 m^3，但污染物输出量却变化相当明显。2005 年入河排污口年排放各类污染物 10 172.91 t，其中平阴翟庄闸和长清老王府两排污口年排放各类污染物 8 607. 25 t,占污染物总排放量的 84. 6%;2011 年平阴翟庄闸和长清老王府两排污口年排放各类污染物 1503. 8 t,比 2005 年两排污口各类污染物排放量减少了 7 103. 45 t,降低了 82. 5%。其中平阴翟庄闸入河排污口年污染物排放量由 2005 年的 8 479. 18 t 降到现在的 1 093. 2 t,减少了 7 385. 98 t,变化最为明显,其主要原因是,随着国家对环保工作重视程度的不断增强和政府对环保投资力度的不断加大,保证了平阴污水处理厂的生产运行工作真正落到实处,同时在很大程度上保证了废污水的达标排放,减少了污染物的入黄排放量,为黄河下游的供水安全起到了至关重要的作用,对实现山东黄河水功能区划目标,确保下游城市供水安全具有十分重要意义。

(四)支流入黄口监测与评价

1. 评价标准

支流入黄口水质评价标准采用《地表水环境质量标准》(GB 3838—2002)。各因子具体评价标准值见表 5-10。

表 5-10　地表水环境质量评价标准值　(单位:mg/L)

序号	项目	Ⅰ类	Ⅱ类	Ⅲ类	Ⅳ类	Ⅴ类
1	pH(无量钢)	6~9				
2	溶解氧 ≥	7. 5	6	5	3	2
3	高锰酸盐指数 ≤	2	4	6	10	15
4	化学需氧量 ≤	15	15	20	30	40
5	五日生化需氧量(BOD_5)≤	3	3	4	6	10
6	氨氮 ≤	0. 15	0. 5	1	1. 5	2
7	总铜 ≤	0. 01	1	1	1	1
8	总锌 ≤	0. 05	1	1	2	2
9	氟化物 ≤	1	1	1	1. 5	1. 5
10	总砷 ≤	0. 05	0. 05	0. 05	0. 1	0. 1
11	总汞 ≤	0. 000 05	0. 000 05	0. 000 1	0. 001	0. 001
12	总镉 ≤	0. 001	0. 005	0. 005	0. 005	0. 01
13	六价铬 ≤	0. 01	0. 05	0. 05	0. 05	0. 1
14	总铅 ≤	0. 01	0. 01	0. 05	0. 05	0. 1
15	氰化物 ≤	0. 005	0. 05	0. 2	0. 2	0. 2
16	挥发酚 ≤	0. 002	0. 002	0. 005	0. 01	0. 1
17	石油类 ≤	0. 05	0. 05	0. 05	0. 5	1

2. 评价因子的选择

根据黄河流域水资源保护局关于《关于开展黄河入河排污口核查工作的通知》精神,

依据目前监测中心开展的水质监测项目，结合黄河流域水质监测的实际情况，选择其中的pH、溶解氧、高锰酸盐指数、化学需氧量、五日生化需氧量、氨氮、铜、锌、氟化物、砷化物、总汞、镉、六价铬、铅、氰化物、挥发酚、石油类等项目进行评价。

3. 评价方法

入黄支流口水质评价采用单因子法，即计算各污染物的平均浓度，并确定其水质类别，各污染物的最高类别即为该入黄支流口的综合水质类别。

4. 评价结果

大汶河流域陈山口入黄支流口2011年综合水质类别及丰水期水质类别均为Ⅳ类水质（枯水期和平水期，陈山口出湖闸未开闸放水，没有进行水质监测，未进行类别评价），劣于地面水环境Ⅲ类水质标准。其主要超标项目为化学需氧量。此评价结果劣于2010年的综合水质类别（Ⅱ类），与2005～2008年的综合水质类别相一致（均为Ⅳ类）。大汶河流域入黄支流口水质评价结果（见表5-11）。

表5-11　大汶河流域入黄支流口水质评价结果（2004～2011年）

序号	评价因子	陈山口水质监测断面					
		2004年	2005年	2006年	2008年	2010年	2011年
1	pH	Ⅰ	Ⅰ	Ⅰ	Ⅰ	Ⅰ	Ⅰ
2	溶解氧	Ⅰ	Ⅰ	Ⅱ	Ⅱ	Ⅰ	Ⅰ
3	高锰酸盐指数	Ⅲ	Ⅲ	Ⅲ	Ⅳ	Ⅱ	Ⅲ
4	化学需氧量	Ⅴ	Ⅳ	Ⅳ	Ⅳ	Ⅰ	Ⅳ
5	五日生化需氧量	Ⅴ	Ⅲ	Ⅲ	Ⅰ	Ⅰ	Ⅰ
6	氨氮	Ⅲ	Ⅱ	Ⅱ	Ⅱ	Ⅱ	Ⅱ
7	总铜	Ⅰ	Ⅰ	Ⅰ	Ⅰ	Ⅰ	Ⅰ
8	总锌	Ⅰ	Ⅰ	Ⅰ	Ⅰ	Ⅰ	Ⅰ
9	氟化物	Ⅰ	Ⅰ	Ⅰ	Ⅳ	Ⅰ	Ⅰ
10	总砷	Ⅰ	Ⅰ	Ⅰ	Ⅰ	Ⅰ	Ⅰ
11	总汞	Ⅰ	Ⅰ	Ⅰ	Ⅰ	Ⅱ	Ⅱ
12	总镉	Ⅰ	Ⅰ	Ⅰ	Ⅰ	Ⅰ	Ⅰ
13	六价铬	Ⅰ	Ⅰ	Ⅰ	Ⅰ	Ⅰ	Ⅰ
14	总铅	Ⅰ	Ⅰ	Ⅰ	Ⅰ	Ⅰ	Ⅰ
15	氰化物	Ⅰ	Ⅰ	Ⅰ	Ⅰ	Ⅰ	Ⅰ
16	挥发酚	Ⅰ	Ⅰ	Ⅰ	Ⅰ	Ⅰ	Ⅰ
17	石油类	Ⅳ	Ⅳ	Ⅳ	Ⅰ	Ⅰ	Ⅰ
综合水质类别		Ⅴ	Ⅳ	Ⅳ	Ⅳ	Ⅱ	Ⅳ

金堤河流域张庄闸入黄支流口2011年综合水质类别、丰水期和平水期（枯水期，张庄闸均未开闸放水，无法进行水质评价）的水质类别均为Ⅳ类，劣于地表水环境Ⅲ类水质标

准,该入黄支流口的超标率为100%,其主要超标项目为化学需氧量。此评价结果优于2006年(Ⅴ类水质)的水质,劣于2008年(Ⅲ类水质)的水质,与2007年、2009年及2010年的综合水质类别相一致,同时满足水功能区目标水质要求。金堤河流域入黄支流口水质评价结果见表5-12。

表5-12 金堤河流域入黄支流口水质评价结果(2006~2011年)

序号	评价因子	曹堤口(原台前桥)水质监测断面					
		2006年	2007年	2008年	2009年	2010年	2011年
1	pH	Ⅰ	Ⅰ	Ⅰ	Ⅰ	Ⅰ	Ⅰ
2	溶解氧	Ⅳ	Ⅱ	Ⅰ	Ⅱ	Ⅳ	Ⅰ
3	高锰酸盐指数	Ⅴ	Ⅳ	Ⅲ	Ⅳ	Ⅳ	Ⅲ
4	化学需氧量	Ⅳ	Ⅳ	Ⅲ	Ⅳ	Ⅳ	Ⅳ
5	五日生化需氧量	Ⅲ	Ⅲ	Ⅰ	Ⅰ	Ⅳ	Ⅰ
6	氨氮	Ⅳ	Ⅱ	Ⅱ	Ⅱ	Ⅲ	Ⅱ
7	总铜	Ⅰ	Ⅰ	Ⅰ	Ⅰ	Ⅰ	Ⅰ
8	总锌	Ⅰ	Ⅰ	Ⅰ	Ⅰ	Ⅰ	Ⅰ
9	氟化物	Ⅰ	Ⅳ	Ⅰ	Ⅳ	Ⅰ	Ⅰ
10	总砷	Ⅰ	Ⅰ	Ⅰ	Ⅰ	Ⅰ	Ⅰ
11	总汞	Ⅰ	Ⅳ	Ⅰ	Ⅰ	Ⅲ	Ⅰ
12	总镉	Ⅰ	Ⅰ	Ⅰ	Ⅰ	Ⅰ	Ⅰ
13	六价铬	Ⅰ	Ⅰ	Ⅰ	Ⅰ	Ⅰ	Ⅰ
14	总铅	Ⅰ	Ⅰ	Ⅰ	Ⅰ	Ⅰ	Ⅰ
15	氰化物	Ⅰ	Ⅰ	Ⅰ	Ⅰ	Ⅰ	Ⅰ
16	挥发酚	Ⅰ	Ⅰ	Ⅰ	Ⅰ	Ⅰ	Ⅰ
17	石油类	Ⅰ	Ⅰ	Ⅰ	Ⅰ	Ⅰ	Ⅰ
综合水质类别		Ⅴ	Ⅳ	Ⅲ	Ⅳ	Ⅳ	Ⅳ

(五)山东黄河干流主要污染物接纳量

山东黄河干流全年共接纳各类污染物34 973.53 t,其中年接纳入河排污口各类污染物1 503.8 t,接纳支流口各类污染物33 469.73 t。另外,黄河干流全年共接纳主要污染物化学需氧量24 604.8 t,占山东黄河干流污染物总量的70.35%,其中两个入河排污口全年贡献了789.4 t,两个入黄支流口全年贡献了23 815.4 t。因此,污染物化学需氧量仍是对黄河干流"贡献量"最大的污染物。根据上述数据还知道，黄河山东开发利用区中的聊城工业农业用水区年接纳各类污染物为 34 973.53 t。山东黄河干流主要污染物接纳量统计见表 5-13。

表 5-13　山东黄河干流主要污染物接纳量统计　（单位：t/年）

污染物	入河排污口	陈山口 入黄支流口	张庄闸 入黄支流口	接纳总量
化学需氧量	789.4	20 593.6	3 221.8	24 604.8
高锰酸盐指数		4 810.8	610.8	5 421.6
五日生化需氧量	160.1	2 447.6	251.5	2 859.2
氨氮	52.26	354.5	33.54	440.3
挥发酚	0.016	1.01	0	1.026
氰化物	0	0	0	0
石油类	1.04	33.8	5.988 5	40.828 5
总砷	0.025	3.38	0.407 2	3.812 2
总铜	0	0	0	0
总铅	0	0	0	0
总汞	0	0	0.002 4	0.002 4
氟化物		573.9	103.0	676.9
总磷		0	1.077 9	1.077 9
总氮	500.7			500.7
总锌		405.12	11.977	417.097
六价铬	0.238	5.06	0.838 4	6.136 4
合计	1 503.779	29 228.77	4 240.931 4	34 973.480 4

山东省全年接纳各类污染物为 34 973.480 4 t，其中"贡献量"最大的污染物是化学需氧量，该污染物年贡献量为 24 604.8 t，占山东省年接纳污染物总量的 70.35%；其次分别是高锰酸盐指数和五日生化需氧量，年贡献量分别为 5421.6 t 和 2 859.2 t，占山东省年接纳污染物总量的 15.50%和 8.18%。这三项污染物累计年贡献量占到山东省年各类污染物总量的 94.03%，详见表 5-14。

表 5-14　山东省主要污染物贡献量成果　　（单位：t/年）

污染物	平阴翟庄闸	长清老王府	陈山口入黄支流口	张庄闸入黄支流口	合计	说明
化学需氧量	522.5	266.9	20 593.6	3 221.8	24 604.8	旧县粉条生产厂排污口未进行监测
高锰酸盐指数			4 810.8	610.8	5 421.6	
五日生化需氧量	104.2	55.9	2 447.6	251.5	2 859.2	
氨氮	45.9	6.36	354.5	33.54	440.3	
挥发酚	0.008	0.008	1.01	0	1.026	
氰化物	0.017	0.017	0	0	0	
石油类	0.50	0.54	33.8	5.988 5	40.828 5	
总砷	0.011	0.014	3.38	0.407 2	3.812 2	
总铜	0	0	0	0	0	
总铅	0	0	0	0	0	
总汞	0	0	0	0.002 4	0.002 4	
氟化物			573.9	103.0	676.9	
总磷			0	1.077 9	1.077 9	
总氮	420.0	80.7			500.7	
总锌			405.12	11.977	417.097	
六价铬	0.067	0.171	5.06	0.838 4	6.136 4	
合计	1 093.203	410.61	29 228.77	4 240.931 4	34 973.51	

（六）水功能区纳污量评价结果与分析

黄河干流各水功能区纳污量评价结果见表 5-15。

表 5-15　黄河干流各水功能区纳污量评价结果

一级水功能区名称	二级水功能区名称	纳污量（kg/d）		纳污能力（kg/d）		是否达标	削减量（kg/d）		削减率（%）	
		COD_{Cr}	氨氮	COD_{Cr}	氨氮		COD_{Cr}	氨氮	COD_{Cr}	氨氮
黄河山东开发利用区	聊城工业农业用水区	284 327	4 229	37 189	1 684	否	247 138	2 545	86.92	60.18
	济南饮用工业用水区			30 671	1 404					
	滨州饮用工业用水区			19 599	898					
	东营饮用工业用水区			19 809	909					
合计		284 327	4 229	107 628	4 895		247 138	2 545	86.92	60.18

从表5-15中可以明显看出，黄河聊城工业农业用水区日接纳主要污染物化学需氧量（COD_{Cr}）和氨氮分别约为284 327 kg/d和4 229 kg/d，远远超过其水功能区规定纳污能力要求，分别超标6.6倍和1.5倍。其中，COD_{Cr}的削减量为247 138 kg/d，削减率达到86.92%；氨氮的削减量为2 545 kg/d，削减率也达到60.18%。从表5-15中还发现：黄河聊城工业农业用水区中接纳的污染物COD_{Cr}已超过黄河山东开发利用区的整个纳污能力要求，超标倍数达到1.6倍；接纳的污染物氨氮也已接近黄河山东开发利用区的整个纳污能力要求。与2005年黄河干流水功能区纳污量评价结果相比，变化不明显，COD_{Cr}和氨氮两污染物的纳污能力仍未实现达标排放，相差较大，两污染物的消减量和消减率比2005年分别减少了1.15%和2.05%。

（七）结论和建议

1.排污口调查监测结论

（1）排污口分布及排放方式。

黄河山东河段入河排污口主要集中于黄河右岸的长（清）平（阴）滩区，本次调查的3个排污口均为明渠排放，其中平阴翟庄闸和旧县粉条生产区均为间断性泵站排放、长清老王府为常年连续性排放，3个排污口均没有采取任何防渗措施，平阴翟庄闸和旧县粉条生产区均是以工业为主的混合排污口，而长清老王府是以生活为主的混合排污口。

（2）排污口入河废污水量。

平阴县翟庄闸入河排污口日排放废污水量为2.30万m^3，年排放废污水量为840万m^3。济南市长清区老王府排污口日排放废污水量为1.06万m^3，年排放废污水量为388万m^3。旧县粉条生产区排污口因属于季节性入河排污口，在调查监测阶段根本没有生产，因此无监测数据。

2个排污口全年共向山东黄河干流排放废污水1 228.0 t，黄河山东开发利用区年接纳入河排污口废污水量共1 228.0 t。

（3）排污口污染物入河量。

2011年2个入河排污口向黄河干流年排放各类污染物1 503.8 t，其中，年排放主要污染物化学需氧量789.4 t、氨氮52.26 t、五日生化需氧量160.1 t、挥发酚0.016 t、总氮500.7 t、石油类1.04 t、总砷0.025 t和六价铬0.238 t。

黄河山东开发利用区中的聊城工业农业用水区共接纳入河排污口各类污染物总量1 503.8 t。

（4）排污口污染处理措施。

在调查的3个排污口中，平阴翟庄闸和长清老王府入河排污口均采取了污染处理措施，即在2个入河排污口的上游都建成了污水处理设施，该设施设备均已投入使用并运行，虽然目前还存在一些问题（如管网建设的不完善等），但它们“真正意义”上的使用运行在很大程度上对改善山东黄河的水污染状况发挥了积极的推动作用。目前只有旧县粉条生产区排污口，仍没有任何污染处理措施，所排废污水不经过任何处理便直接通过泵站排入东平湖陈山口闸下，再经庞口闸流入黄河。

（5）入黄支流污染物输送量。

陈山口出湖闸和张庄闸入黄支流口全年向黄河山东干流年排放各类污染物

33 469. 73 t,平均日输送量为 388. 9 t。其中主要污染物化学需氧量日输送量为 282. 2 t,年输送量约为 23 815. 4 t,占各类污染物总输出量的 71. 15%;氨氮日输出量为 4. 09 t,年输送量约为 388. 0 t,占各类污染物总输出量的 1. 16%;高锰酸盐指数年输送量约为 5 421. 6 t,占各类污染物总输出量的 16. 20%;五日生化需氧量年输送量约为 2 699. 1 t,占各类污染物总输出量的 8. 06%;氟化物年输送量约为 676. 9 t,占各类污染物总输出量的 2. 02%。因此,对山东黄河干流贡献最大的污染物仍然是化学需氧量(COD_{Cr})。

综上所述,2011 年黄河山东干流及聊城工业农业用水区共接纳各类污染物 34 973. 53 t,其中入河排污口排放各类污染物 1 503. 8 t,占山东黄河干流总污染物输出量的 4. 3%;入黄支流口排放 33 469. 73 t,占山东黄河干流总污染物输出量的 95. 7%。

2. 防治黄河干流山东段水污染的建议

(1)实施最严格的水资源管理制度,严格控制入河排污总量。

认真贯彻落实"中央一号"文件精神和实施最严格水资源管理制度,严格按照水功能区划要求对如何排污总量进行控制。从水量上,对水资源进行空间、时间的优化配置;从水质上,按水功能区划要求对入河污染物实施总量控制,根据水量大小科学计算纳污能力,合理分配污染物在时间、空间尺度上的入河量,对水资源承载能力和水环境承载能力进行统筹分配。

(2)继续建立健全有效的管理机制,使水资源保护各尽其责。

确定流域部门的管理与协调职能,加强上下游及部门间的协调和沟通机制,是实现水功能区划的有力保障。由于机构职能设定的不明确性,造成黄河污染源管理机制上的脱节,管理污染治理的有关部门不能及时掌握污染源入河水质、水量及黄河水环境承载能力状况,而掌握入河水质、水量和黄河水环境承载能力状况的流域管理部门又没有执法监督管理污染源的职能,使得污染物超标排放而不能得到有效的制止,因此应尽快确定流域部门的管理与协调职能,健全和完善管理机制,才能有效地治理污染,使山东省黄河水质达到水功能区划标准。

(3)坚强监测站网建设,适时开展自动监测、巡测工作。

加强水质站网建设,及时开展水质预警预报工作。黄河水污染事件的最主要特点是突发性,目前的监测及信息传输模式周期长、代表性差,无法满足预防污染、保障用水安全的需要。应尽快结合水量观测、水量预报工作,建设自动水质监测站网,对山东黄河水质状况进行适时观测,以便对水质污染进行及时预警预报,确保黄河下游取用水安全。

(4)充分发挥水利系统站网优势,实现水量水质统一监测。

近年来,由于黄河污径比的增加,黄河水污染事件时有发生,目前每月一次的水质监测已经不能满足,加强巡测能力建设,提高污染事件的快速反应能力,已经成为我们监测工作的迫切需要。低水期间,由于水环境容量低,每月的水质都随着来水量和排污口的变化而发生着较大变化,同时,因为水体承载能力低,极易发生突发性水污染事件,因此,应尽快实施水量水质同步监测,以满足水资源管理的需要。

三、2017 年入河排污口复核情况

(一)复核背景

为加强流域水资源保护,严格入河排污口监督管理,全面贯彻水利部《水功能区监督管理办法》(水资源〔2017〕101 号)及《关于进一步加强入河排污口监督管理工作的通知》(水资源〔2017〕138 号)等文件精神,黄河流域水资源保护局经研究决定对委管范围内入河排污口进行全面复核。根据《水资源保护局关于做好委管范围内入河排污口全面复核有关工作的通知》(黄护函〔2017〕64 号)相关要求,黄委山东水文水资源对黄委管辖范围内山东段的入河排污口展开了复核工作。

(二)复核意义

对委管范围内所有入河排污口进行全面复核,查清入河排污口整合、迁移、关闭及新建等变化情况,准确掌握入河排污口现状情况,为入河排污口监督管理提供技术支撑。

(三)复核概况

山东省黄河流域入河排污口调查监测主要包括黄河下游支流大汶河(戴村坝以下)入河排污口、黄河干流山东段入河排污口、金堤河入河排污口三部分(旧县粉条生产区排污口同时流入大汶河干流东平保留区和黄河山东开发利用区中的聊城工业农业用水区,下文中将其归为黄河干流入河排污口)。黄委山东水文水资源局工作人员于 2017 年 10 月 10 日至 13 日对山东辖区内的排污口进行了复核,结合历年监测资料,进行了数据的分析比较,形成了该报告。

(四)复核内容

1. 黄河干流山东段入河排污口

1)平阴翟庄闸

平阴翟庄闸入河排污口位于济南市平阴县城关镇翟庄村,地理位置为东经 116°26′14″,北纬 36°19′16″,系以工业为主混合的综合排污口,该入河排污口排入的水功能区为黄河山东开发利用区中的聊城工业农业用水区。

该排污口所排放污水主要来自平阴污水处理厂,平阴污水处理厂位于平阴县青龙路的北面,地理位置为东经 116°26′15″,北纬 36°19′15″,隶属平阴县水务局管理,于 2002 年经省计委以鲁计投资〔2002〕1010 号文批准立项,采用强化型倒伞表面曝气氧化沟工艺,具有脱磷除氮设施,采用紫外线消毒。目前平阴县整个废污水(包括工业废水和生活污水)大都通过管网的方式汇集到污水处理厂中处理。

平阴县政府于 2005 年在城西洼地规划建造了万亩湿地工程,在本次调查中,该湿地运行情况良好。

平阳翟庄闸入河排污口污水排示意图见图 5-4。

2)长清老王府

长清老王府入黄排污口位于济南市长清区平安店镇老王府村附近,地理位置为东经 116°31′51″,北纬 36°22′56″,系以生活污水排放为主的综合排污口,主要排放长清区老城区内的生活工业废污水。长清区生活工业废污水 1996 年以前直接排入北沙河,由北沙河从老王府村自流进入黄河,主要污染物为化学需氧量、氨氮及其他有机污染物。2005 年

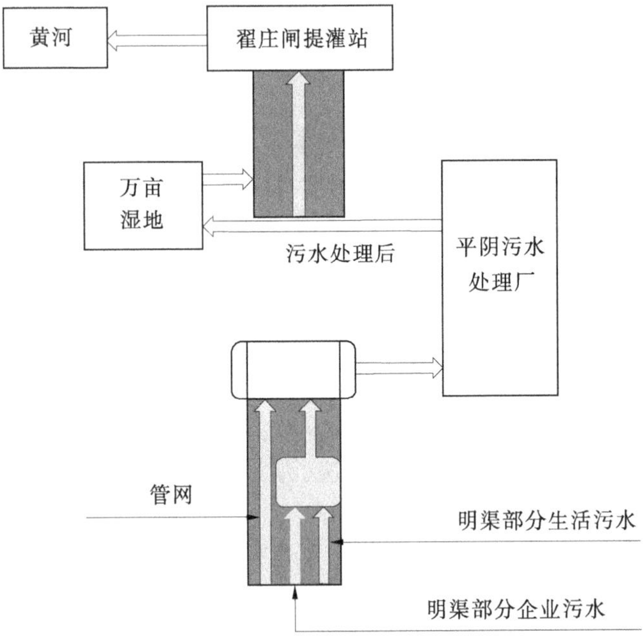

图 5-4　平阳翟庄闸入河排污口污水排示意图

前后，为防止北沙河内废污水直接进入黄河，在长清区驻地与老王府村之间的北沙河河道内修建了溢洪坝，污水在平、枯水期，存积在河道内，丰水期溢流进黄河。目前，该排污口通过明渠将废污水排入黄河，排污口排入的水功能区为黄河山东开发利用区中的聊城工业农业用水区。

目前长清老王府入河排污口接纳的废污水主要来源于三个地方：一是直接和间接排入长清北沙河中的废污水（包括济南市西区污水处理厂处理后的废水）；二是郭庄排水站不定期向北沙河排放的老城区内的废污水（包括雨水和老城区内大量生活污水），郭庄排水站至入河排污口的距离全长约 4.2 km；三是城关排水站不定期向北沙河排放的雨水，原因是长清区的地势是东南高、西北低，一旦发生强降雨，大量的雨水都囤积在地势较低的西北方向（靠近入河排污口）。

长清西区污水处理厂坐落于长清区文昌办事处北沙河以南，紧邻长清区滨海公园，位于叶庄村东，地理位置为东经 116°44′29″，北纬 36°34′17″，于 2004 年 11 月开工建设，2006 年 11 月竣工并投入运行。2009 年 2 月，按照国家、省、市对黄河流域污染治理的要求，对工程进行了升级改造，并于 2009 年 7 月竣工完成。改污水处理厂采用“A^2O 法+混凝沉淀过滤消毒处理工艺”对污水进行处理。

3）东平县旧县粉条加工区排污口

东平县旧县粉条加工区排污口位于泰安市东平县旧县陈山口村附近，地理位置为东经 116°12′51.04″，北纬 36°07′06.9″。污水大都存积在 220 国道附近的沟渠内，最后汇集在陈山口闸下右侧渠道内，平时由泵站不定期抽排通过修筑的暗渠进入东平湖陈山口闸下，通过庞口闸进入黄河。该排污口排入的水功能区为大汶河干流东平保留区和黄河山东开发利用区中的聊城工业农业用水区。在这次调查中,旧县粉条加工区粉条厂(东平县三利食品有限公司等)均已在 2017 年 8 月左右停工,现 220 国道附近沟渠内存有余水,颜色呈黑色,略有臭味。

2. 金堤河入河排污口

金堤河是山东和河南两省的“界河”,同时又是黄河下游左岸的一条较大支流。金堤河发源于新乡县荆张村,上游先后为大沙河、西柳青河、红旗总干渠,自滑县耿庄起始为金堤河干流,流经濮阳、范县及山东莘县、阳谷,于台前县吴坝乡东张庄汇入黄河。该河季节性泄洪、灌溉河流,流域面积 5 047 km^2,干流河长 158.6 km,其中河南段长 98.6 km,山东段长 60 km。该河地跨豫鲁两省的新乡、鹤壁、安阳、濮阳及聊城 5 市 12 个县。

金堤河流域张庄闸入黄支流口同时又是金堤河豫鲁缓冲区的终止断面,位于河南与山东两省黄河大堤交界处,是金堤河汇入黄河的口门,该入黄支流口位于黄河左岸,距离张庄闸出湖闸 1 km 左右,地理位置为东经 116°04′00″,北纬 36°06′00″。该入黄支流口水质监测代表断面目前为曹堤口(取代台前桥)省界监测断面。

1)河南省民通华瑞纸业有限公司

河南省民通华瑞纸业有限公司位于河南省台前县城东南面的孙口工业园开发区内,金堤河的右岸,地理位置为东经 115°51′42.6″,北纬 35°58′55.4″。该入河排污口距离金堤河仅 2 km 左右,排放的废污水通过明渠,经长刘村旁的沟渠,最后汇集输送到梁庙排涝站,经泵站抽排进入金堤河。为此,对梁庙排涝站进行了现场调查和查勘,该排涝站位于台前桥下游 5 km 处,地理位置为东经 115°53′18.2″,北纬 36°00′06.8″。据当地村民介绍,该排涝站不定期向金堤河排涝(且多为夜间)。

2)台前县城关入河排污口

台前县城关入河排污口位于台前县城东面的丁李村附近,地理位置为东经 115°51′46.5″,北纬 35°59′36.3″,该排污口在金堤河的左岸,距离台前桥北仅 1.5 km 左右,主要排放台前县城区的工业生活废污水。为了排放县城区的废污水,台前县城管局在丁李村南修建了一个占地 1.5 亩左右的圆形污水池,各种排污管道均埋设在地下,与污水池相连,污水池内进水口很多,分层布置。在污水池的南面修建了泵站,泵站直接与污水池相连,通过泵站抽排进入早已修筑好的明渠内,不定期向金堤河内排放废污水。在该次调查中发现,污水池已经干涸,排污口不远处正在兴建新的台前县老城区雨水提排站工程。

3. 大汶河(戴村坝以下)入河排污口

大汶河是黄河山东境内最大的一条支流,为黄河流域十二大水系之一,发源于泰沂山区的莱芜市崮山南麓沙崖子村,流经莱芜、新泰、泰安、宁阳、肥城、东平等 8 个县(市),注入东平湖,经东平湖陈山口出湖闸北流 10 km 汇入黄河。

大汶河全长 239 km,流域面积 9 069 km^2,属于季节性河流,多年平均流量 18.2 亿 m^3,多年平均输沙量 0.02 亿 t,大汶河大汶口以上分南、北两支,占流域面积的 65%,北支称牟汶河,南支为柴汶河。

旧县粉条加工区排污口同时流入大汶河干流东平保留区和黄河山东开发利用区中的聊城工业农业用水区。

大汶河流域入黄支流口的水质监测断面与陈山口流量监测断面相一致。该入黄支流口位于黄河的右岸,距陈山口出湖闸 10 km 左右,地理位置为东经 116°12′51.04″,北纬 36°07′06.9″,处于大汶河干流东平保留区。

(五)监测结果

1. 平阴翟庄闸

黄委山东水文水资源局于每年 3 月、6 月、8 月、10 月对翟庄闸进行监测。监测项目包括水温、pH、化学需氧量、氨氮、挥发酚、氰化物、砷、汞、铜、铅、镉等。

2016 年翟庄闸平均流量为 0.265 m^3/s,即日排放量 2.289 6 万 m^3,年排放污水量为 835.7 万 m^3。污染物 COD_{Cr} 年入河排污量为 387.1 t,氨氮为 50.98 t,挥发酚为 0.008 t。

2017 年翟庄闸平均流量为 0.252 m^3/s,即日排放量 2.177 3 万 m^3,年排放污水量为 794.7 万 m^3。污染物 COD_{Cr} 年入河排污量为 176.4 t,氨氮为 53.64 t,挥发酚为 0.008 t。

2. 长清老王府

黄委山东水文水资源局于每年 3 月、6 月、8 月、10 月对长清老王府断面进行监测,监测项目包括流量、pH、悬浮物、化学需氧量、氨氮、五日生化需氧量、挥发酚、总磷、总氮、阴离子洗涤剂等。

2016 年长清老王府平均流量为 0.277 m^3/s,即日排放量 2.393 3 万 m^3,年排放污水量为 873.6 万 m^3。污染物 COD_{Cr} 年入河排污量为 213.2 t,氨氮为 44.29 t,挥发酚为 0.009 t,总氮为 109.8 t。

2017 年长清老王府平均流量为 0.957 m^3/s,即日排放量 8.2685 万 m^3,年排放污水量为 3 018 万 m^3。污染物 COD_{Cr} 年入河排污量为 772.6 t,氨氮为 206.1 t,挥发酚为 0.03 t,总氮为 633.8 t,石油类为 34.10 t。

3. 河南省民通华瑞纸业有限公司

由于河南省民通华瑞纸业有限公司排污口并不属于黄委山东水文水资源局常规监测断面,故在这次排污口核查中进行了补充监测。在监测时梁庙排涝站并未排水,故取闸后较大死水域中的水进行分析监测。监测项目包括流量、化学需氧量、氨氮、挥发酚、石油类、总氮。

由于未监测到流量数据,故无法对河南省民通华瑞纸业有限公司进行废污水排放量及污染物入河量分析。

4. 旧县粉条厂

由于旧县众多粉条厂均已由于环保督察停工,至今仍未开工。故取提灌站前沟渠内的积水进行分析监测。监测项目包括流量、化学需氧量、氨氮、挥发酚、石油类、总氮。

由于未监测到流量数据,故无法对旧县粉条厂进行废污水排放量及污染物入河量分析。

(六)入河排污口污染物浓度评价

1. 评价标准

评价标准采用《污染物综合排放标准》(GB 9878—1996)一级标准值,见表 5-16。

2. 评价因子的选取

结合入河排污口实际情况,选取其中的 pH、化学需氧量、氨氮、石油类、挥发酚、氰化物、六价铬、总铜、总铅、总镉、总砷、总汞等作为评价因子；长清老王府选取其中 pH、化学需氧量、五日生化需氧量、氨氮、挥发酚、氰化物、石油类等作为评价因子。

3. 评价方法

统计、计算入河排污口废污水各评价因子的平均浓度，与评价标准值对照，看其是否符合评价标准。若排污口废污水有一项因子超过评价标准，该排污口即为超标。

表 5-16 《污染物综合排放标准》(GB 9878—1996) 中的一级标准值 (单位：mg/L)

序号	评价因子	标准值
1	COD_{Cr}	100
2	BOD_5	20
3	氨氮	15
4	挥发酚	0. 5
5	氰化物	0. 5
6	石油类	10
7	总砷	0. 5
8	总汞	0. 05
9	六价铬	0. 5
10	总铜	0. 5
11	总铅	1. 0
12	总镉	0. 1

4. 评价结果及分析

(1)按省入河排污口超标状况评价。

按照评价方法要求，依据入河排污口评价标准，在黄河山东省内两个长期监测的排污口(平阴翟庄闸及长清老王府，旧县粉条厂除外)均实现达标排放，无一超标项目。

(2)按水功能区入河排污口超标状况评价。

根据黄河流域及西北内陆河水功能区划标准可知，黄河山东辖区内的入河排污口均分布在黄河山东开发利用区中的黄河聊城、德州工业农业用水区内。按照评价方法要求，根据《污染物综合排放标准》(GB 9878——1996)中一级标准，在聊城工业农业用水区中的两个入河排污口——平阴翟庄闸和长清老王府(旧县粉条厂除外)均已实现达标排放，无一超标项目。

(3)按不同性质入河排污口超标状况评价。

根据入河排污口的不同性质划分，在黄河山东辖区内的三个入河排污内，以工业为主的混合入河排污口两个(平阴翟庄闸和旧县粉条厂)，生活为主的混合入河排污口一个(长清老王府)，其中以工业为主的混合平阴翟庄闸入河排污口和以生活为主的混合长清老王府入河排污口均已实现达标排放，无一超标项目。

第六章　黄河口地区补充监测与评价

黄河河口因其独特性、特殊性、重要性已成为国内外关注的焦点。新形势下，国家生态文明建设及实行最严格的水资源管理制度对黄河河口治理开发提出了新的更高的要求，以维持黄河健康生命为治黄的终极目标，对黄河河口三角洲生态保护提出了新的更高的要求，黄河河口水生态保护逐渐成为黄河治理开发与保护的重要工作，成为流域水资源保护局的重点工作。因此，建立长期的日常性的黄河河口三角洲水生态监测体系及效果评估机制，对优化黄河水量统计及调水调沙实践意义重大，是建设流域水生态文明、实施最严格水资源管理制度的重要内容，是新形势下流域水资源保护局履行职能、实现流域水资源保护事业跨越发展的迫切需求。

2015 年 5 月，黄河山东水环境监测中心对黄河口地区湿地水环境质量状况开展情况进行了补充性调查，同时对黄河口地区大汶流湿地和刁口河湿地进行了实地现场调查和查勘，按照黄河口地区水环境质量状况调查监测方案的要求，确定了 7 个代表性水质监测断面并对其位置进行了 GPS 定位，然后分别于 2015 年 6 月、7 月、11 月对 39 个监测断面(24 个地表水监测断面，15 个地下水监测点位)的水质进行了监测，并按照规范要求及时完成了水质监测资料的整理、分析和评价工作。

第一节　黄河口地区补充监测概述

黄河三角洲湿地保护区是以保护黄河口新生湿地生态系统和珍稀、濒危鸟类为主体的自然保护区，是我国暖温带最完整、最广阔、最年轻的湿地生态系统和全国最大的河口自然保护区。它地处黄河入海口，位于山东省东北部的渤海之滨，地理坐标为东经 118°33′~119°20′，北纬 37°35′~38°12′，包括黄河入海口和 1976 年以前引洪的黄河故道两部分，总面积 15.3 万亩。其中，核心区 7.9 万亩，占总面积的 51.63%；缓冲区 1.1 万亩，占总面积的 7.19%；试验区 6.3 万亩，占总面积的 41.18%(见图 6-1)。自然保护区的土地资源是黄河近百年来挟带大量泥沙填充渤海凹陷成陆地的海相沉积平原，地势平坦宽广，东西比降 1:10 000 左右，潜水位小于 2 m，矿化度 10~20 mg/L，土壤为隐域性潮土和盐土土类，降水量 551.6 mm，蒸发量 1 928.2 mm，气候为暖温带季风性大陆性气候。

黄河三角洲湿地类型丰富，景观类型多样，天然湿地面积较大，占整个自然保护区面积的 68.4%，其余为人工湿地。在天然湿地中淡水生态系统(河流、湖泊)占 6.51%，陆地生态系统(湿草甸、灌丛、疏林、芦苇、盐碱化湿地)占 48.1%。在人工湿地构成上，黄河三角洲以坑塘、水库为主，占该区人工湿地的 57.69%。黄河三角洲上河流纵横交错，形成明显的网状结构，各种湿地景观成斑块状分布。在湿地存在形态上，黄河三角洲湿地以常年积水湿地(河流、湖泊、河口水域、坑塘、水库、盐池和虾蟹池及滩涂)为主，占总面积的 63%，且滩涂湿地在其中占优势地位；季节性积水湿地(潮上带重盐碱化湿地、芦苇沼泽、其他沼泽、疏林沼泽、灌丛沼泽、湿草甸和水稻田）占湿地总面积的37%。

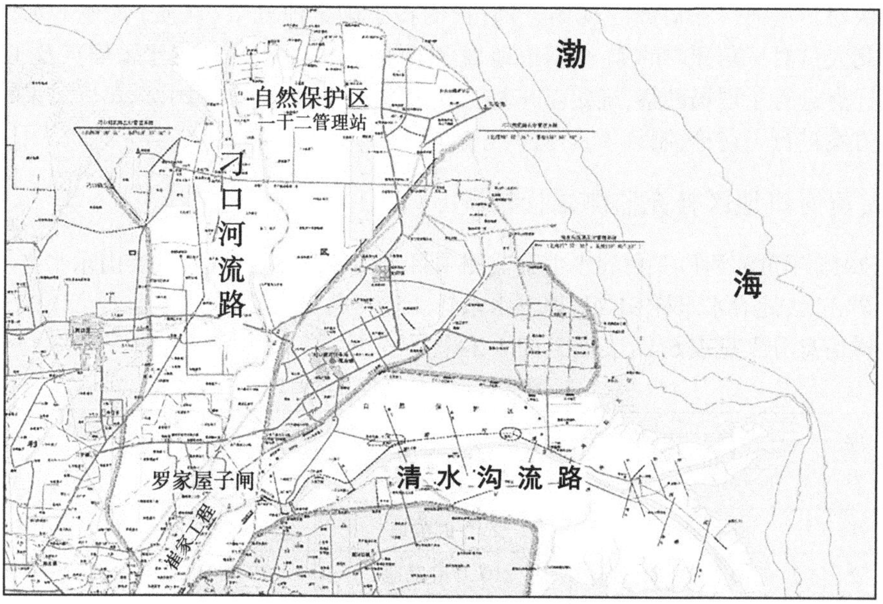

图6-1　黄河三角洲国家级自然保护区地形图

黄河口三角洲湿地自然保护区内目前有三处较大的湿地，分别是大汶流湿地、黄河口湿地和刁口河湿地，其中大汶流湿地和黄河口湿地位于黄河现行流路（清水沟流路）的南岸和北岸。目前南岸的15万亩大汶流淡水湿地生态补水需通过南岸布设的4处引黄涵闸来实现，其中1号闸为3孔闸，2号和3号闸均为2孔闸，闸门设计最大引水流量10.0 m^3/s。

刁口河湿地位于黄河的北岸，其生态补水需通过刁口河流路来实现。刁口河流路自罗家屋子引黄闸至入海口，全长52.74 km。刁口河湿地生态补水始于2011年6月，至今已连续两年。刁口河故道湿地是天鹅的重要越冬栖息地，是自然保护区生态完整性不可或缺的生态单元，其丰富的生物多样性、咸淡水交汇的多样生态景观在维持自然保护区生态功能发挥及生态系统稳定方面起着十分关键的作用。

本项目以黄河三角洲（渔洼以下）为重点，围绕黄河河口水沙、水文过程、水生态应相互关系，立足于流域水生态文明建设，着立于河口开发治理与水资源保护，系统开展黄河河口水环境监测和调查，构建黄河河口三角洲水环境监测网络体系，配合建立黄河河口三角洲水生态评估指标与反馈体系中的水环境部分，为黄河水量统一调度和调水调沙及生态调度和黄河河口综合治理开发提供全面、系统技术支撑和决策支持。

第二节　黄河口地区补充监测项目实施情况

一、黄河口地区补充监测查勘情况

2015年5月17日至21日，由流域中心带队，在黄河口水文水资源勘测局的协助下，监测中心人员对黄河河口三角洲水生态环境监测项目进行了现场查勘。

此次对黄河河口三角洲的现场查勘,目的在于确定地表水(底质)及地下水监测点位。监测人员对三角洲内的11个河道地表水采样点、19个湿地地表水采样点及15个地下水采样点进行了现场勘察,确定了采样点位置。22日上午,监测中心人员对采样的具体实施方案进行了讨论,制订了具体的实施方案。

二、黄河口地区补充监测采样情况

在2015年黄河河口三角洲水生态监测项目水环境监测过程中,黄委山东水文水资源局共采样3次,地表水水样81组,地下水水样44组,底质30组。

采样信息分别见表6-1~表6-5、图6-2~图6-6。

表6-1　南岸湿地采样点位基本信息

	序号	点位名称	点位描述	地理坐标	
				北纬	东经
南岸湿地	1	南岸湿地1	5万亩湿地	37°44′01.83″	119°01′05.73″
	2	南岸湿地2	10万亩湿地	37°44′01.83″	119°01′05.73″
	3	南岸湿地3	5万亩湿地	37°44′24.21″	119°02′23.23″
	4	南岸湿地4	10万亩湿地	37°44′49.11″	119°04′32.10″
	5	南岸湿地5	5万亩湿地	37°44′40.00″	119°07′37.77″
	6	南岸湿地6	10万亩湿地	37°43′29.51″	119°07′25.99″
	7	南岸湿地7	10万亩湿地退水入海闸	37°43′16.48″	119°07′08.14″
	8	南岸湿地8	10万亩湿地退水入海闸	37°43′25.37″	119°01′34.05″
	9	南岸1号黄河引水闸		37°45′42.86″	119°00′42.32″
	10	南岸2号黄河引水闸		37°45′52.71″	119°04′04.61″

表6-2　北岸湿地采样点位基本信息

	序号	点位名称	点位描述	地理坐标	
				北纬	东经
北岸湿地	11	北岸湿地1	北部湿地内部①(东池)	37°46′16.37″	119°09′17.34″
	12	北岸湿地2	湿地内部①退水闸(东池)	37°46′24.36″	119°08′44.87″
	13	北岸湿地3	湿地内部②(西池)	37°46′39.12″	119°07′17.06″
	14	北岸湿地4	湿地内部②退水闸(西池)	37°47′00.95″	119°07′12.64″
	15	北岸湿地5	湿地内部②引水闸(西池)	37°46′10.04″	119°06′41.06″
	16	北岸湿地6	3号引黄闸(东池)	37°45′55.62″	119°08′00.38″

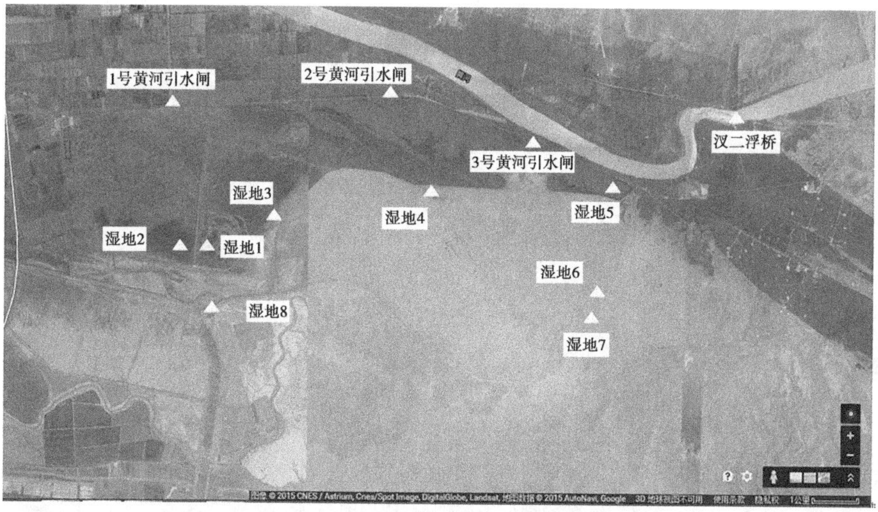

图 6-2　南岸湿地采样点位置图

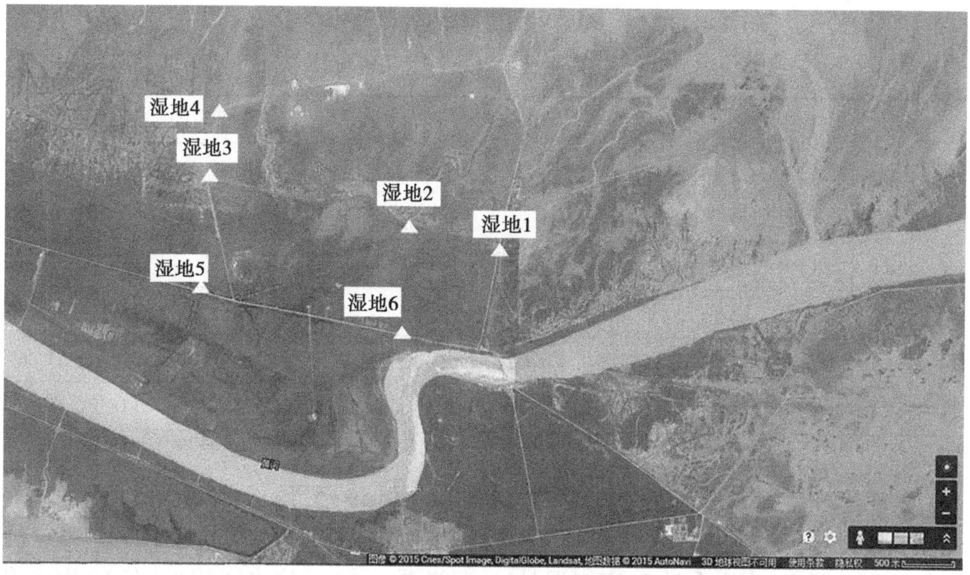

图 6-3　北岸湿地采样点位置图

表 6-3　刁口河湿地采样点位基本信息

	序号	点位名称	点位描述	地理坐标	
				北纬	东经
刁口河湿地	17	刁口河湿地 1	刁口河引水渠桥	38°02′59.98″	118°44′41.49″
	18	刁口河湿地 2	湿地(管理站附近 1 号池)	38°03′25.20″	118°22′28.86″
	19	刁口河湿地 3	湿地退水闸(入海)	38°04′31.68″	118°45′31.86″

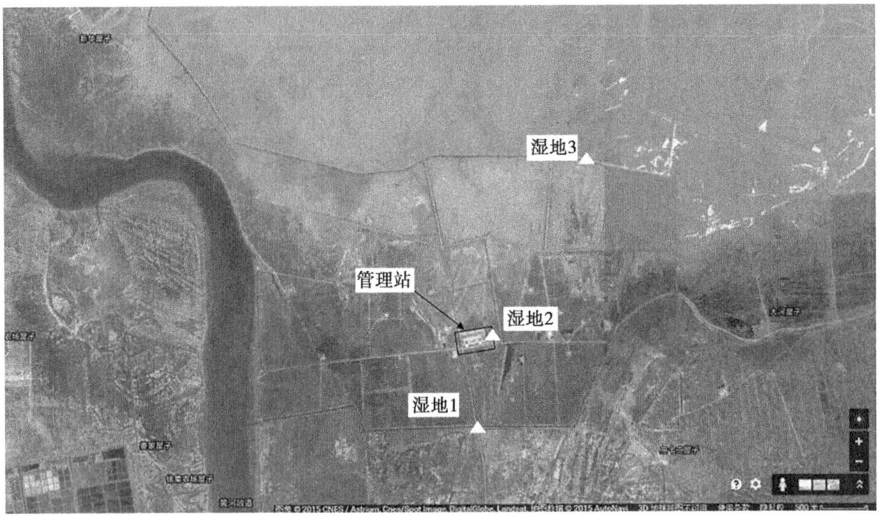

图 6-4 刁口河湿地采样点位置图

表 6-4 河道采样点位基本信息

	序号	点位名称	点位描述	地理坐标	
				北纬	东经
河道	20	桩埕路桥		38°01′10.61″	118°43′12.88″
	21	刁口河故道入海口		38°06′10.49″	118°40′32.43″
	22	汉二浮桥		37°45′43.99″	119°09′40.52″
	23	建林浮桥	在罗家屋子断面下游约 7 km	37°44′13.60″	118°45′51.53″
	24	胜利浮桥	在渔洼断面上游约 15 km	37°36′10.59″	118°32′13.85″

第一次采样于 6 月 18 日进行，共采集地表水水样 29 组，地下水水样 15 组。

在采样过程中发现，南岸湿地中，5 万亩（南岸湿地 1、南岸湿地 3、南岸湿地 5）点位水面较大，而 10 万亩（南岸湿地 2、南岸湿地 4、南岸湿地 6）点位水面较小，在 10 万亩和 5 万亩联通闸位置，有少量鱼类尸体；南岸湿地 7 点位水面面积约 200 m^2，水深约为 20 cm，水体略微发红；南岸湿地 8 处于干涸状态。南岸湿地内部水样（除南岸湿地 7 水体略微发红外），都呈淡绿色，有少量悬浮物。南岸湿地 1 号引水闸及南岸湿地 2 号引水闸水面均处于隔断状态，水体呈淡绿色。

北岸湿地中，北岸湿地 1 点位存在有少量泡沫，北岸湿地 1 和北岸湿地 2 点位呈淡绿色，有少量絮状物；北岸湿地 3 和北岸湿地 4 水体呈黄绿色；北岸湿地 5 及北岸湿地 6 点位水面均处于隔断状态，水体呈淡绿色。

刁口河湿地中，刁口河湿地 1 点位水面面积较小，水深较浅，有大量蚊虫，水体呈黄绿色；刁口河湿地 2 点位附近有少量生活垃圾，水体略微发红；刁口河湿地 3 点位水面面积较小，有少量蚊虫，水体呈黄色。

图 6-5　建林浮桥采样点位置图

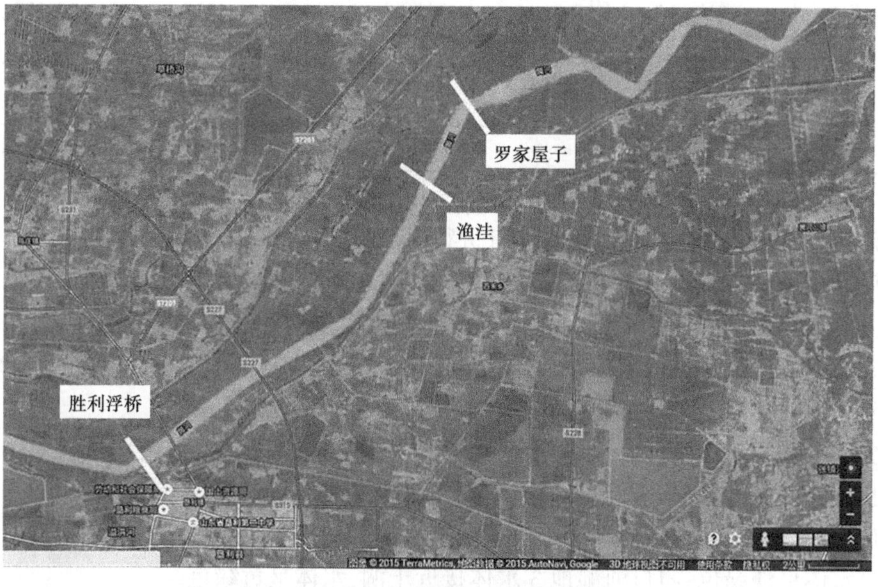

图 6-6　胜利浮桥采样点位置图

河道采样中，汉二浮桥、建林浮桥、胜利浮桥水体呈黄色，含沙量较小；桩埕路桥、刁口河故道入海口水体呈蓝绿色，无明显异常。

地下水采集中，黄河北、新域林业水样呈暗黄色，无气味；孤岛水样呈黑灰色，内有大量悬浮物，有恶臭味；故道二水样呈微黄色，无气味；渤海农场水样呈淡绿色，无气味；肖圣庙水样呈黑灰色，有浓烈的恶臭味；渔洼水样呈微白，无气味；红光老十五村水样呈土黄色，有微腥味；四合村水样无色无味；灌溉所水样呈灰色，无气味；横店草业水样呈微黄色，无气味；黄河①、黄河②、黄色③水样无色无味。

表 6-5 地下水点位基本信息

	序号	点位名称	点位描述	地理坐标	
				北纬	东经
地下水	25	黄河北		37°47′24.66″	118°51′09.42″
	26	新域林业		37°46′47.82″	118°46′39.40″
	27	孤岛		37°53′34.92″	118°42′04.71″
	28	刁口		38°01′06.70″	118°40′13.99″
	29	故道二		38°02′58.60″	118°44′43.66″
	30	渤海农场		37°47′07′03″	118°37′53.68″
	31	肖圣庙		37°42′03.75″	118°36′21.14″
	32	渔洼		37°35′24.33″	118°35′47.03″
	33	红光老十五村		37°31′39.40″	118°50′05.91″
	34	四合村		37°38′53.03″	118°48′44.15″
	35	灌溉所		37°42′35.94″	118°44′42.01″
	36	横店草业		37°46′15.23″	118°57′24.19″
	37	黄河①		37°45′59.22″	119°09′14.59″
	38	黄河②		37°46′08.84″	119°06′09.17″
	39	黄河③		37°48′38.11″	119°00′47.98″

第二次采样于7月9日、10日、11日进行,采集地表水水样28组。

南岸湿地中,5万亩(南岸湿地1、南岸湿地3、南岸湿地5)有明显引水,水体呈绿色,有大量悬浮物;10万亩(南岸湿地2、南岸湿地4、南岸湿地6)未引水,水位与6月相比略有下降,水中绿色悬浮物增多;南岸湿地7接近干涸;南岸湿地8干涸。南岸湿地1号引水闸、南岸湿地2号引水闸正常运作,水体呈黄色,含沙量较大。

北岸湿地中,除北岸湿地5、北岸湿地6有少量黄河水外,其他点位均未引水;北岸湿地1、北岸湿地2水体较6月更绿,北岸湿地3和北岸湿地4水体呈淡绿色。

刁口河湿地中,刁口河湿地1点位水面干涸;刁口河湿地2点位附近依然存在少量生活垃圾,水体呈淡绿色;刁口河湿地3水体接近干涸,水体呈黄绿色。

河道采样中,由于汉二浮桥、建林浮桥、胜利浮桥调水调沙期间拆除,故选择有明显水流较大一侧的岸边(胜利浮桥右岸、建林浮桥左岸、汉二浮桥右岸)进行采样,水体呈黄色,含沙量较大;桩埕路桥、刁口河故道入海口水体呈蓝绿色,无明显异常。

第三次采样于11月21日、22日(雨夹雪)进行,共采集地表水水样30组,地下水水样14组,底质样品30组。

南岸湿地中,湿地内点位水体水位明显上升。南岸湿地1至南岸湿地6水体均呈淡绿色;南岸湿地7水体较6月、7月面积明显增加,但依旧与大面积水体不流通,水体呈黄绿色;南岸湿地8有少量积水,水体呈黄色。南岸湿地1号引水闸、南岸湿地2号引水闸水体被人为阻断，呈淡绿色。

北岸湿地中，北岸湿地 1 至北岸湿地 4 均无异常，水体呈淡绿色；北岸湿地 5、北岸湿地 6 水体被人为阻断，水体成淡绿色。

刁口河湿地中，刁口河湿地 1 水体面积明显增加，水体中存在有生活垃圾，呈淡黄色；刁口河湿地 2 点位附近存在生活垃圾，水体呈淡绿色；刁口河湿地 3 点位水体面积较 7 月明显增大，水体呈黄绿色。

河道采样中，汊二浮桥、建林浮桥、胜利浮桥水体呈黄色，含沙量较小；桩埕路桥、刁口河故道入海口水体呈蓝绿色，无明显异常。

此次地下水采集前，先将井内的水抽至近干，待其自然补水后再进行采样（黄河①、黄河③由于交涉问题，未抽干直接取样；渤海农场井口面积较大，水量较大，未抽干直接取水）。由于中国科学院该地下水项目停止，故部分点位（黄河②四周已经被挖开了深沟，无法到达）已无法采样。黄河北、新域林业水样呈黄色，无气味；孤岛水样呈灰色，有恶臭味；故道二水样呈微黄色，无气味；渤海农场水样无色，无气味；肖圣庙水样呈黑灰色，有浓烈的恶臭味；渔洼水样呈微白，无气味；红光老十五村水样呈黄色，无气味；四合村水样呈微黄色，有淡淡的臭味；灌溉所水样呈灰色，无气味；横店草业水样呈微黄色，无气味；黄河①、黄河②、黄河③水样无色无味。

第三节　黄河口地区补充监测试验情况

黄委山东水文水资源局于 6 月 18 日至 25 日对第一次采集的样品进行了分析，7 月 11 日至 14 日对第二次采集的水样进行了分析，12 月 22 日至 25 日对第三次采集的水样进行了分析。

在氨氮的测定中，由于水样中钙、镁等金属离子或有机物含量过高，将对试验产生一定的影响。黄委山东水文水资源局试验人员先对样品进行了试验，对样品进行了絮凝沉淀、过滤处理，保证试验的准确性。

在氟化物、氯化物、硫酸盐等项目的测定中，试验人员根据电导率的数值，对样品进行了不同程度的稀释，确保其浓度在有效的测量范围之内。

在石油的测定中，部分点位尤其是靠近海边和道路的点位，石油含量过高，试验人员对特殊点位进行了加测，并分别对加保护剂后的样品及原装水进行了测定。

在测定化学需氧量、高锰酸盐指数时，试验人员根据电导率的数据，对样品中氯的含量进行了预试验，根据预试验结果，对样品进行了稀释和除氯。

在测定铜、铅、镉时，11 月采用火焰法测定。

第四节　黄河口地区补充监测水文监测情况

黄河干流调水调沙期间，利津水文（三）站最大流量为 2 700 m^3/s（2015 年 7 月 9 日），最大含沙量为 9.09 kg/m^3（2015 年 7 月 4 日）。

黄河三角洲大汶流湿地（南岸湿地）生态保护区主要启用 1 号和 2 号引水闸。黄河口水文水资源勘测局在 1 号、2 号引水渠渠首分别布设了水尺各 1 组，1 号、2 号引水闸流量测验断面和基本水尺断面一致，垂直于河道。

大汶流湿地 1 号引水闸 7 月 4 日 8 时提闸引水，7 月 16 日 8 时引水闸关闭，历时 13 d，测流断面共观测水位 65 次，流量测验 12 次，引水量 257.6 万 m^3，渠首共观测水位 55 次。2 号引水闸 7 月 4 日 6 时提闸引水，于 7 月 16 日 8 时关闭，历时 13 d，测流断面共观测水位 89 次，流量测验 12 次，引水量 313.7 万 m^3，渠首共观测水位 63 次。

黄河口湿地（北岸湿地）1 号引水闸 7 月 3 日 16 时提闸引水，7 月 17 日 20 时引水闸关闭，历时 15 d，测流断面共观测水位 78 次，流量测验 14 次，引水量 322.6 万 m^3，渠首共观测水位 45 次。黄河口湿地 2 号引水闸（北岸湿地 5）7 月 4 日 11 时提闸引水，7 月 10 日 11 时引水闸关闭，历时 8 d，测流断面共观测水位 48 次，流量测验 6 次，引水量 190.9 万 m^3，渠首共观测水位 36 次。黄河口湿地 3 号引水闸（北岸湿地 6）3 日 19 时提闸引水，7 月 12 日 8 时引水闸关闭，历时 10 d，测流断面共观测水位 52 次，流量测验 8 次，引水量 274.4 万 m^3，渠首共观测水位 46 次。

右岸大汶流湿地生态保护区 1 号引水闸共引水 257.6 万 m^3，最大流量 5.44 m^3/s（7 月 10 日）；2 号闸引水 313.7 万 m^3，最大流量 6.60 m^3/s（7 月 9 日），两闸累计引水 571.3 万 m^3。

左岸黄河口生态保护区 1 号引水闸共引水 322.6 万 m^3，最大流量 5.22 m^3/s（7 月 9 日）；2 号引水闸共引水 190.9 万 m^3，最大流量 7.33 m^3/s（7 月 5 日）；3 号引水闸共引水 274.4 万 m^3，最大流量 7.73 m^3/s（7 月 5 日）。三闸累计引水 787.9 万 m^3。

第五节　黄河口地区补充监测项目

地表水监测项目：流量、悬浮物、水温、pH、电导率、溶解氧、高锰酸盐指数、化学需氧量、五日生化需氧量、氨氮、总氮、总磷、挥发酚、氰化物、砷、汞、六价铬、氟化物、铜、铅、锌、镉、石油类等 23 项；

地下水监测项目：pH、电导率、氨氮、硝酸盐、亚硝酸盐、挥发性酚、氰化物、砷、汞、六价铬、总硬度、铅、氟化物、镉、铁、锰、溶解性总固体、高锰酸盐指数、硫酸盐、氯化物、总大肠菌群等 21 项。

底质监测项目：有机质、砷、汞、铜、铅、镉等 6 项。

第六节　黄河口地区补充监测样品采集及分析方法

（1）样品采集和保存。地表水、地下水、底质监测样品采集和保存按《水环境监测规范》（SL 219—2013）有关规定执行。

（2）分析方法。

《地表水环境质量标准》（GB 3838—2002）和《地下水环境质量标准》（GB 14848—93）中有规定的项目按规定执行，地表水断面水温、pH 可只测中泓水样，现场测定。

其他项目首先选用国家标准分析方法或行业标准方法，见表 6-6。

表 6-6　地表水及地下水监测方法

序号	项目	分析方法及标准代号		分析方法及标准代号	
		地表水		地下水	
1	水温	温度计法	GB 13195—1991		
2	悬浮物	重量法	GB 11901—1989		
3	电导率	电导仪法	SL 78—1994	电导仪法	SL 78—1994
4	pH	玻璃电极法	GB 6920—1986	玻璃电极法	GB 6920—1986
5	溶解氧	电化学探头法	GB 11913—1989		
6	高锰酸盐指数	酸性高锰酸钾法	GB 11892—1989	酸性高锰酸钾法	GB 11892—1989
7	化学需氧量	重铬酸盐法	GB 11914—1989		
8	五日生化需氧量	稀释与接种法	HJ 506—2009		
9	氨氮	纳氏试剂比色法	GB 7479—1987	纳氏试剂比色法	GB 7479—1987
10	总磷	钼酸铵分光光度法	GB 11893—1989		
11	总氮	过硫酸钾氧化紫外分光光度法	GB 11894—1989	过硫酸钾氧化紫外分光光度法	GB 11894—89
12	铜	原子吸收分光光度法	GB 7475—1987		
13	锌	原子吸收分光光度法	GB 7475—1987		
14	氟	离子色谱法	HJ/T 84—2001	离子色谱法	HJ/T 84—2001
15	砷	原子荧光法	SL 327. 1—2005	原子荧光法	SL 327. 1—2005
16	汞	原子荧光法	SL 327. 2—2005	原子荧光法	SL 327. 2—2005
17	铅	原子吸收分光光度法	GB 7475—1987	原子吸收分光光度法	GB 7475—1987
18	镉	原子吸收分光光度法	GB 7475—1987	原子吸收分光光度法	GB 7475—1987
19	六价铬	二苯碳酰二肼分光光度法	GB 7467—1987	二苯碳酰二肼分光光度法	GB 7467—1987
20	氰化物	流动注射在线蒸馏法	GB/T 8538—2008	流动注射在线蒸馏法	GB/T 8538—2008
21	挥发酚	流动注射在线蒸馏法	GB/T 8538—2008	流动注射在线蒸馏法	GB/T 8538—2008
22	石油类	红外光度法	GB/T 16488—1996		
23	总大肠菌群			多管发酵法	SL 355—2006
24	硫酸盐			离子色谱法	HJ/T 84—2001
25	氯化物			离子色谱法	HJ/T 84—2001
26	亚硝酸盐			分光光度法	GB/T 7493—1987
27	铁			原子吸收分光光度法	GB 11911—1989
28	锰			原子吸收分光光度法	GB 11911—1989
29	溶解性总固体			重量法	DZ/T 0064. 9—1993
30	总硬度			乙二胺四乙酸二钠滴定法	GB/T 7477—1987

第七节 黄河口地区补充监测质量控制措施

黄河山东水环境监测中心目前采取的质量控制措施主要包括两个方面：一是不断加强外业采样的代表性、时效性，严格按照操作规范的要求实施采样；二是加强实验室内质量控制措施的实施，保证监测数据的准确、可靠。

一、采样垂线布设及样品处理

水质采样是水质监测的基础性工作，科学合理的采样是保证检测结果具有真实代表性的首要条件，中心严格按照《水环境监测规范》(SL 219—2017)和《地表水环境质量标准》(GB 3838—2002)的要求合理布设采样垂线并现场采样，现场采样后及时添加保护剂，并在规定时间内安全运输到实验室进行处理，及时分析，需要低温保存的样品到达实验室后均存放在冷藏柜中。

二、实验室内质量控制措施的落实

黄河山东水文水资源局严格按照计量认证新标准要求，依据国家认证认可监督管理委员会批准的质量标准和检测分析方法开展水质监测工作。在质量控制措施的实施过程中，监测中心目前采取的质量控制措施主要有：

(1)外部质量控制措施。采样人员按照质量控制计划的要求，通过每月对不同断面的不同监测参数采集现场平行样、全程序空白等方式达到对现场采样进行控制的目的。

(2)内部质量控制措施。主要通过内部质量控制的常规程序[包括空白试验、平行双样测定、加带标准物质、加标回收率测定、对曲线进行截距检验标准样品(盲样)质量考核等质量控制措施来加强内部质量控制；对在水质监测过程中发现的异常数据，监测中心采取立即复测、仪器比对、人员比对或者加带标样等质量措施加以控制，以保证监测数据的科学性、准确性和可靠性。

总之，通过不断加强质量控制措施的落实和实施，保证了水质监测质量，确保了监测数据的准确、可靠。

第八节 黄河口地区补充监测水质分析结果

一、地表水

从整体来看，除黄河干流外，总氮和石油类的含量整体偏高，化学需氧量、高锰酸盐指数、氟化物的整体含量也较高。

pH、溶解氧、挥发酚、氰化物、砷、汞、铜、锌、总磷指标整体表现良好，除个别点位有超标现象外，其他均符合Ⅲ类水指标。

靠近海边及小范围不流动水域水质明显较差，石油、化学需氧量、高锰酸盐指数、氟化物指标明显变高。

黄河干流水体水质良好，符合Ⅲ类水标准。

11月整体水质较6月、7月水质有明显好转。南岸湿地、北岸湿地除排海闸外，总氮、化学需氧量、五日生化需氧量、石油、高锰酸盐指数显著下降。

二、地下水

此次监测的15个地下水点位其水质多为盐卤水，电导率、总硬度、溶解性固体、硫酸盐、氯化物偏高，氨氮、高锰酸盐指数、总大肠菌群也整体偏高。

第七章　突发性水污染应急监测能力建设

第一节　突发水污染监测能力建设

一、应急监测的原则

应急监测是指在突发重大公共水事件，如水污染事件、水生态破坏事件、特大水旱等自然灾害危及饮用水源安全的紧急情况下，为发现或查明污染物种类、浓度、危害程度和水生态环境恶化范围而对敏感水域进行的动态监测。

应急监测实行属地管理为主、分级响应和跨区域联动机制。

突发重大公共水事件实行逐级报告制度。报告的内容包括发生地点、污染类型、可能的影响和已采取的措施等，并要继续关注事件发展动态，及时续报。有条件的，应同时采集现场的音像等资料；报告可采用电话、电子邮件、传真、文件等方式，但应确保信息及时，内容准确，并符合国家保密规定。同时以各种方式传递的突发事件信息均应按规定备份存档，并应记录传递方式、时间、传递人、接收的单位、接收的时间和人员等。

二、水污染事件调查及调查内容

当发生突发性水污染事件时，应按照《黄河水利委员会山东水资源保护局重大水污染事件、应急调查处置预案》要求及时进行调查，并开展水质检测工作。调查的内容包括：

(1)对一般水污染事件和水生态环境破坏事件，调查发生的时间、水域、污染物类型和数量或藻类暴发、各类损失等情况。

(2)对重大和特别重大水污染事件或水生态环境破坏事件，调查发生的原因、过程、采取的应急措施、处理结果、直接、潜在或间接的危害、遗留问题、社会影响、生态恢复等。

(3)对固定源引发的突发性水污染事件，调查事故发生位置、设备、材料、产品、主要污染物种类、理化性质和数量等。

(4)对流动源引发的突发性水污染事件，调查运送危险品或危险废物的外包装、准运证、押运证、危险品的名称、数量、来源、生产单位等。

三、水污染应急监测能力建设

(一)应急监测能力建设的现状

目前，水环境监测仍以定时、定点方式为主，对于突发性和随机性很强的水污染事故、应急监测水质信息、污染源水质信息、洪峰过程水质信息、断流后复流的水质信息、闸坝和水库调度过程的水质信息等，相对掌握较少。缺乏现场采样和监测手段，使水资源保护工作常常处于被动地位。为解决水量调度期间部分河段或引黄济津济淀及其他不确定情况下发生的水污染突发事故的应急监测，必须加块现场快速测试能力建设。加速快速响应能力建设，不仅能及时、快速到达水污染现场，并能及时开展现场监测工作，而且其移动更加方便、快捷，克服了过去先取样，再送回实验室进行分析，无法及时推出监测数据的缺陷，提升了应急监测工作的水平，为处理突发性水污染事件提供了更加及时的监测数据，同时为管理部门快速决策提供技术依据。

目前应对突发性水污染应急监测的方式是现场检测或将采集后的水样及时送达实验室进行检测。现场检测手段主要通过自动监测站、移动实验室或携带便携的现场测定仪器奔赴始发地，以达到现场检测的目的。

水质自动监测站作为快速获取水质信息的重要手段，不仅能够及时提供水体中各种污染物的实时浓度，而且监测频率高，监测数据连续，同时可以监督控制水体水质的变化，迅速发现突发性污染事故，及时判断水体污染变化的趋势，具有加强区域河流水资源保护与管理，监督入河污染物的达标排放，预警预报突发性水污染事故等特点，尤其在水质预警预报方面具有人工监测不可替代的作用。

移动实验室作为固定实验室监测和自动定点监测之外的应急监测形式，可提供及时、可靠、定点或非定点的连续水质信息，从不同的时空角度及时发现污染问题。移动实验室在现场掌握水质信息、对水污染事件进行追踪调查、实施水质动态连续监测方面具有其他监测手段所不能替代的作用。正是这种不可替代的检测手段为大多实验室所推崇，移动实验室建设大势所趋，但由于价格昂贵、使用率低、维护麻烦等诸多方面的原因，好多实验室只能望“车”兴叹。

现场测定仪是一种能够在现场快速测定多项常规参数的仪器，它能够在较短的时间内将测定的各种数据传输到计算机中，由计算机对测定的数据进行分析、计算，输出需要的结果。它节约了大量的试验时间，为更好地完成水质巡测任务提供了新的检测手段。其特点是操作简单、便于携带、快速，适合排污口监测和污染事故的监测，在国际上已得到广泛应用。

（二）中心实验室监测能力建设状况

目前，监测中心在利津、高村已陆续建成两座自动监测站，利津自动监测站现已投入使用，运行正常；移动实验室还未配备；配备了现场快速测定仪，以应对突发水污染事件的发生。现已配备的现场快速测定仪器主要包括：

（1）美国 YSI6920 多参数现场测定仪 2 台（监测参数为水温、pH、溶解氧、电导率、浊度、叶绿素等）。

（2）意大利 HANNA 溶解氧测定仪、pH 计、电导率仪。

（3）意大利 HANNA HI9804D 多参数水质现场快速分析测量仪，该仪器由 checktemp CHI98501 温度计、HI92240 便携式 pH 计、HI933300 便携式电导率仪、HI91410 便携式溶氧仪、HI93703-11 浊度仪、C200 多参数台式离子浓度分析仪等 6 部分组成，可测量温度、pH、电导率、溶解氧、氨氮、氰化物、亚硝酸盐氮等 40 余项参数。

（4）美国 HYDROLAB 现场测定仪，测定项目为水温、pH、溶解氧、电导率、氨氮等。

（5）美国 HACH reactor COD 快速测定仪，包括 DR2400 分光光度计 3 台、DR U/

V4000 紫外可见分光光度计 2 台和 HACH DRB200 消解器 3 台。该仪器的配置为现场测定 COD、氨氮等提供了物质保障。

快速测定仪的配备为污染应急调查提供了强有力的技术支持,使监测中心处理各类重大水污染事故的现场监测能力和快速反应能力得到进一步提升,应急监测能力大大提高。在引黄济津和引黄济淀应急调查、黄河干流水量调度水污染应急调查、黄河干支流入河排污口及污染事件调查中发挥了重要作用,功不可没。

第二节 突发水污染应急监测管理建设

面对日益严重的水污染形式,如何快速、有效地应对突发性水污染事件,上级决策提供及时、准确的水质数据,是污染危害程度尽量减少到最低,成为山东黄河水资源保护所面临的又一难题。在黄河流域水资源保护局颁布的《黄河流域水资源保护局重大水污染事件调查处理预案》的基础上,水质监测中心针对中心辖区内发生的水污染事件处理工作中出现的问题,实际状况,组织有关人员在充分讨论研究的基础上,结合工作实际,编制完成了《黄河水利委员会山东水资源保护局重大水污染事件应急调查处置预案》(以下简称《预案》)。该预案一直执行到 2012 年,通过 10 年的实践,该预案在水量调度、引黄济津(淀)、突发水污染事件等保障供水安全方面发挥了重要作用。2017 年底,结合水资源项目,监测中心对《预案》进行了补充、修订和完善。新制订的《预案》内容主要包括:适用范围、应急原则、组织机构与职责、运行程序和运行步骤、时间要求和工作内容等。在早发现、早报告,及时调查、及时监测、信息快速处理和快速上报等方面的准确快速反应能力得到充分体现,为应急监测的及时开展、及时处理、快速上报提供了重要保证,同时为水污染事件的调查处理赢得了宝贵的时间。

第三节 重大水污染事件应急处置预案

为快速、有效应对黄河山东河段重大水污染事件,避免或减少水污染事件造成的损失,提高应对黄河突发水污染事件能力,确保黄河下游公众生命健康和用水安全,维护社会稳定,促进社会全面、协调、可持续发展。根据《中华人民共和国水法》《中华人民共和国水污染防治法》、水利部《重大水污染事件报告与应急处置办法》和《黄河水利委员会突发水污染事件报告与应急处置规定》,结合黄委山东水文水资源局实际情况,特制订《预案》。

《预案》范围:黄河山东段高村至入海口及辖区内的支流、水库、湖泊及入河排污口发生《黄河水利委员会突发水污染事件报告与应急处置规定》中所列重大水污染事件情形的;跨省支流发生影响重大的严重污染事件,根据上级要求需要启用的。

一、应急原则

按照统一指挥、属地管理、分级负责、职责明确的工作原则。做到常备不懈、相应迅速,出动快捷,监测及时、数据准确、及时上报。

(1)严格履行职责,积极完成上级交办的应急任务。

(2)加强对入河排污口的监测及管理,尽可能地避免或减少突发水污染事件的发生,最大限度地保障公众健康,保护人民群众的生命财产安全。

(3)统一领导、分级管理,职责明确、责任具体。在黄委山东水文水资源局党组的统一领导下,各单位与部门各负其责,加强单位、部门之间的协调与沟通,服从对人员和物资的统一调配。

(4)严格按程序办事,强化组织纪律,提高工作效率,提高快速反应能力,确保处置工作有序、合理、安全。

(5)积极做好应对突发水污染事件的思想准备、物资准备、技术准备、工作准备,加强应对重大突发性水污染事件的培训与应急监测实地演练,不断提高应急监测能力。

二、组织机构与职责

(一)组织机构

成立了黄委山东水文水资源局突发性水污染事件应急监测工作领导小组,全面负责水污染事件应急监测工作;研究决定突发性水污染事件应急监测工作的重要事项和重大决策;分析污染进展情况,下达应急监测任务;及时向上级部门报告重大水污染事件调查结果、应急监测结果、事态进展、发展趋势分析、事件处理建议及事件影响后评估。

领导小组下设水质检测组、后勤组。水质监测组由水质监测中心全体人员组成,负责水质检测、成果的上报、合理性分析等工作,持证上岗的检测人员负责承担项目的检测工作;后勤组由办公室、计划财务科等组成,负责采样车辆、通信、物资供应等,确保应急监测工作的需要。

(二)职能部门职责

组长是应急处置的总体负责人,负责预案中的全面组织协调等工作,组长、副组长负责重大水污染事件应急处置的领导工作,负责应急处置工作中督察各相关责任人,负责协调各成员单位。

(1)水质监测中心。负责应急监测仪器设备的日常维护及保养,使仪器设备始终处于受控状态,及时购置所需试剂、耗材和防护用品;负责与各单位的联系与沟通,对污染时间进行调查与分析;负责样品采集及分析检测工作,及时将检测结果和污染情况上报应急处置领导小组,协调应急监测全面工作。

(2)局属各单位。负责水环境状况的监测,发现异常,要在10 min内上报,同时监视事态的发展,按照领导小组的决策要求,现场采集水样并及时送到水质监测中心,协助开展水污染事件调查工作。

(3)办公室。负责应急监测人员现场摄影、录像和信息编报及有关宣传工作;负责应急监测车辆的日常维护和保养工作;负责应急监测期间的车辆运输及后勤保障工作。

(4)计划财务科。负责及时拨付应急监测经费;负责有关应急监测设备的购置及供应。

重大水污染事件调查、处理工作中,需要单位、部门合作实施的,相关单位、部门应积极配合,不得拖延、推诿。

三、应急监测工作安排

(1)各水文测站要在日常观测水位、测流的同时,加强水环境状况的观测,发现水体出现异常情况(包括水质变色发黑、死鱼、大量泡沫等)或得知某河段发生水污染事故,经初步确定后,要在10 min内上报,同时监视事态的发展。

(2)河道测量部门在河道测量的同时,要加强河道内及两岸的观察,注意了解山东黄河的污染源情况(重点是入河排污口),记录排污情况和排污口具体位置及其他相关情况,将发现的情况及时上报水环境监测中心。

(3)水质监测中心在接到报告后,要立即上报领导小组,按照相关要求及时上报。按上级要求进行调查和采集样品,或根据实际情况,委托有关基层站进行采、送样品,及时开展应急监测工作,各单位应密切配合,确保采样、调查工作的顺利完成。

(4)水质监测中心全体人员,要在接到报告后,及时到岗并坚守岗位,服从统一安排,做好分析前的一切准备工作,及时开展水质检测工作,并将检测结果上报委局,确保应急监测及时,监测结果准确。

(5)办公室、计划财务科,要在接到通知后及时将车辆及其他相关设备物资准备妥当,保证采样、调查工作及时开展。

(6)水质监测中心要在日常工作中注意发现了解辖区内各排污口的情况,随时掌握各排污口的动态,以便在辖区内发现重大水污染事件时,能及时准确地查找到污染源,开展调查工作。

(7)为确保采集样品的代表性,各基层单位应明确两名有一定知识水平、工作认真细致、责任心强的年轻业务骨干为水质采样人员,负责应急监测样品的采集、保存和运输,水质监测中心定期对这部分人员进行采样知识和技术培训。

(8)水质监测中心应给基层站配备应急采样设备和试剂一套,各单位应妥善保存,确保安全,水质监测中心负责监督和试剂的及时更新。

(9)各单位和部门一把手为主要负责人,加强领导,提高全员责任心,发现问题及时上报,不出现迟报、漏报现象,该项工作将纳入各单位年终工作考核。

四、应急监测工作程序

(一)应急监测预警值班制度

水质监测中心实行应急监测日常值班制度,公告应急监测值班电话。值班人员应坚守岗位,及时接转电话,认真做好接转值班电话工作,遇到应急监测任务时要及时上报局领导小组。

节假日期间仍执行值班制度,每天按时上报突发性水污染事件报告。突发性水污染事件发生期间,实行24 h值班制度。

(二)应急监测启动

获知突发性水污染事件后,领导小组立即按《预案》要求启动应急监测工作程序,下达应急监测命令,各小组按《预案》要求开展工作,领导小组将有关情况应及时上报上级应对突发性水污染事件领导小组。

（三）应急监测准备

在接到应急监测命令后，各小组根据情况必须在 1 h 内做好出发前的一切准备工作，并迅速赶赴事故现场。

局办公室做好应急交通工具的调度工作。

水质监测组根据水文站或通过其他渠道提供的相关信息，确定应急监测方案和现场监测质量保证措施，并提出隔离警示区域范围及应急处置建议。

水质监测中心完成现场监测仪器、试剂即实验室耗材、通信照明器材和防护措施的准备工作。实验室留守人员应随时待命，完成样品的分析检测工作。

在应急监测过程中，各部门、单位应顾全大局，密切配合，相互支持。

（四）现场采样与监测

（1）水质监测组达到现场后，根据现场情况对确定的应急监测方案进行审核，根据应急监测相关技术要求确认监测点位、监测项目、监测频次等，并将应急监测方案报领导小组批准实施。当事故现场污染物不明或难以查清时，水质监测组要在进行现场调查的同时，通过技术分析尽快确定应急监测方案，必要时进行专家咨询。

（2）采样监测人员进入污染事故现场后，按应急方案和相关技术规范要求对可能被污染的水体进行应急监测和全过程水量、水质动态监控，随时掌握污染事故的变化情况，并将监测结果上报水质监测组进行分析。

无法进行现场监测的污染物，应将现场采集的样品尽快送到实验室进行分析。样品送交样品室后，样品管理员应及时进行验收、登记、分发流转，采样人员应对现场采样情况进行说明，分析人员应尽快对样品进行分析，并将分析测定结果上报水质监测组。对采集的样品应留样保存，以备重复监测，便于追溯。

（3）现场采集的样品应建立唯一性标识，采样原始记录表应现场填写。

（4）采样人员进入污染事故现场时，应根据现场情况做好自身的防护工作，以免影响自己的身心健康或生命危险。

（五）应急监测报告

（1）对重大突发性水污染事故应编制应急监测快报。快报采用文字型（可适当附图表说明）一事一报的方式，分为速报、确报、动态报告和处理结果报告 4 类。速报是指获知事件发生信息、发现异常情况或重大隐患后 40 min 内上报（电话报告、快报电传或送达）；确报是指在查清有关基本情况后立即上报；动态报告是指在水污染事件影响期间内连续编制各期快报；处理结果报告是指在事故处理后立即上报。

（2）应急监测快报应包括以下内容：事件基本情况（包括发生的时间、地点、过程等），事件发生的原因，上下游监测断面（点）位置说明和位置图，主要污染物（物质、数量、装载情况等），监测项目、监测频次，水位、流量、流速，污染物影响范围，损失和影响情况，已经采取的措施和效果，消除或减轻污染物危害的措施和建议，必要时进行污染影响程度及范围预测分析。

（3）水质监测中心负责对监测信息、监测数据进行汇总和审核，编写应急监测快报。

（4）应急监测快报应报经领导小组组长或副组长审查批准后，上报上级突发性水污染事件工作领导小组。

(五)跟踪监测

(1)应急监测工作期间,监测频次视污染程度、影响范围而定,通常不应低于每日 4 次,必要时应实行连续监测,并根据水流流速情况实施跟踪监测,并及时编写应急监测(调查)快报。

(2)对事故发生后滞留在水体中短期内不能消除、降解的污染物要进行跟踪监测。

五、应急保障

(一)资金与物质保障

(1)水质监测中心做好监测仪器设备的管理和维护工作,购置充足的试剂和其他消耗材料,满足实验室和现场检测分析的需要。

(2)应急物资装备应按应急所需由各部门分别保管和存放。

(二)通信与网络保障

各单位、部门应明确规定应急期间信息收发单位、负责人和电话、传真、电子邮件等。应急期间,黄委山东水文水资源局局属相关单位和部门职工手机 24 h 开机。

黄委山东水文水资源局办公室负责收集整理应急处置所需要的相关通信联系方式,并按照需要分别提供给水质监测中心、后期组和各水文站。

各单位、部门应加强计算机管理,应对本单位(部门)计算机故障及时排除。

(三)应急队伍保障

各部门按照应急所需,建立若干应急梯队。应急梯队建设根据自身人员情况,做到既能保质保量完成任务,又能保证在较长应急监测期间的工作效率。

(四)后勤保障

(1)应急监测期间,全局所有车辆、驾驶员服从统一调配。车辆在应急监测期间外出,必须经黄委山东水文水资源局办公室批准。

(2)因水污染事件处置需要调配车辆,由黄委山东水文水资源局办公室书面通知相关单位、部门,车辆及驾驶员在接到通知后按要求时间报道。

(3)各单位、部门应保证本单位车况良好。

六、总结与上报

水污染事件结束后,水质监测中心在完成应急监测工作后 24 h 内编制总结报告,包括现场图像(片)资料等,以正式文件的形式及时上报黄委水文局和黄河流域水资源保护局。

黄河重大水污染事件信息由黄委统一发布。未经上级领导同意,各单位、部门不得向外提供黄河重大水污染事件的材料。

第四节　发生的水污染事件概述

随着《中华人民共和国水法》《中华人民共和国水污染防治法》《黄河入河排污口管理办法(试行)》等法律、法规的颁布实施,为黄河污染源的控制与管理提供了有力的法律保障。

一、1995 年 6 月黄河山东段发生的水污染事故

1995 年 6 月，北沙河老王府入黄口至济南 25 km 范围内黄河水被严重污染，黄河变成了黑河，水面漂浮着大片死鱼，形成一次严重水污染事故。黄河山东水环境监测中心得知消息后，立即组织调查。调查结果表明：山东省长清区城区工业废水、生活污水及长清造纸厂污水排入北沙河，通过北沙河排入黄河。由于 1995 年枯水期黄河济南段经常发生断流，污水在河道内积存，黄河恢复过流后，济南附近河段便发生了此次突发性水污染事故。进一步查明主要是由长清区恒利造纸有限责任公司造纸废水未经任何处理，便通过北沙河排入黄河所致。事故原因查明后，山东省环保局、山东黄河河务局会同黄河山东水环境监测中心到事故现场进行处理，依法关停了长清区恒利造纸有限责任公司的生产，有效地保护了黄河水资源。

二、1996 年 6 月黄河山东段发生的水污染事故

1996 年 6 月，山东省平阴县滦湾镇附近河段十几千米范围内黄河水被严重污染。经过调查污染的主要原因是山东鲁雅制药厂设在滦湾镇，该厂废水通过暗管直接排入黄河造成。此次污染事故山东卫视台报道调查结果后，该厂改进了污水处理工艺。

三、1999 年 1 月黄河山东段发生的水污染事故

1999 年 1 月下旬，黄河潼关以下 895 km 河段发生严重污染，1 月 25 日黄河流域水资源保护局紧急通知下达后，黄河山东水环境监测中心立即组织进行监测；1 月 25 日，对泺口、高村两个监测断面取样监测，结果表明，氨氮超过Ⅲ类水质标准；COD_{Cr} 超过Ⅴ类水质标准；1 月 30 日对泺口、高村 2 个断面监测结果为，高村断面石油类、氨氮、高锰酸盐指数 3 项超过Ⅲ类水质标准，COD_{Cr} 超过Ⅴ类水质标准 1 倍；泺口断面石油类氨氮超过Ⅲ类水质标准，COD_{Cr} 超过Ⅴ类水质标准。2 月 5 日监测结果表明，COD_{Cr} 超过Ⅴ类水质标准，污染一直持续到 2 月底。此次黄河的水质污染，山东省境内黄河干流 600 km 的河道全部受到污染。沿黄引水闸全部关闭，给济南、德州、滨州、淄博等 11 个县（市）带来用水压力，并造成一定危害损失，粗略估算，此次水污染造成损失为 4.484 亿元。

四、第七次引黄济津应急调水因水质问题停止供水

随着流域经济的快速发展，水资源供需矛盾日益尖锐，目前黄河入河污染物总量已大大超出黄河的承载能力，水体稀释和自净能力明显下降，污径比增大，水质污染逐年加重，尤其在平、枯水期表现尤为突出，突发性水污染事件时有发生，其间发生的第七次引黄济津应急调水因水质问题停止供水。

第七次引黄济津应急调水从 2002 年 10 月 31 日开始送水，原计划向天津九宣闸引水 3.5 亿 m^3，因黄河水质污染超标严重，引黄济津渠首的位山闸于 2003 年 1 月 23 日提前停止供水，第七次引黄济津应急调水被迫提前结束，被迫停止引水。应急调水历时 85 d，位山闸累计放水 6.03 亿 m^3，天津市九宣闸累计实际收水 2.47 亿 m^3，比原计划少了 1.03 亿

m^3,造成了较大的经济损失和社会影响。

2003年上旬,花园口至孙口断面水质均为劣Ⅴ类,位山闸断面水质也降到劣Ⅴ类,污染呈明显加重。黄河山东水环境监测中心接黄河流域水资源保护局通知,立即组织职工于1月16~22日对引黄济津三个监测断面的水质进行了加测加报。其中,对高村、孙口断面每天监测1次;对位山闸断面进行现场取样监测,每天3次现场监测,同时进行实验室比测,及时上报监测数据。据1月18~22日监测结果,黄河潼关至孙口断面水质均为劣Ⅴ类,位山闸水质仍为劣Ⅴ类,水质质量不能满足饮水水质要求。23日,国家防办正式下令停止引黄济津调水。最后经查证,该事故发生的主要原因是:由于黄河正逢平水期,相应水量较小,黄河上、中游地区"三小"企业死灰复燃,向黄河排放废污水,致使黄河水质严重超标,潼关至花园口河段污染尤为严重,严重的水质恶化是第七次引黄济津应急调水被迫中断的主要原因。由此可见,保障饮水安全是水资源保护首要的重点工作之一,水质监测更是首当其冲,取用水水质安全问题已引起各级领导高度重视。

五、黄河支流洛河柴油泄漏事件

2006年1月5日11时,巩义市环保局例行公务检查,发现黄河支流洛河河面有油污漂浮,溯源而上,发现位于芝田镇的巩义市第二发电厂管道发生柴油泄漏。17时,河南省环保局向黄委报告洛河水污染事件情况,河南省人民政府也将该情况通报黄委。黄委立即启动重大水污染事件应急预案,并组成调查组,派移动监测车赶赴现场监测、调查。

六、长清死鸡事件

2013年4月14日17时45分山东水资源保护局得到电话通知,黄河山东段长清区姚河门控导断面附近河滩内出现大量死鸡。黄委山东水文水资源局立即启动应急处置预案:由黄河山东水环境监测中心立刻进行应急监测采样工作,事发地具体情况与济南市河务局联系,采样断面根据具体情况确定。

18时40分黄河山东水环境监测中心准备完毕,携带现场测定仪及采样设备等出发奔赴现场。途中联系济南市河务局,得知事发河段已经采取措施将河滩内所有死鸡打捞。经商议,此时再到事发河段采样意义不大,因此决定在事发河段下游浮桥进行采样,以捕捉到可能被污染的水源。与此同时,向济南勘测局进行咨询,了解事发地到济南泺口等断面的距离及浮桥情况,得知姚河门控导距离下游泺口断面约70 km,距离济齐浮桥约50 km,距离阴河浮桥约28 km。为了水质监测样品的代表性,决定在阴河浮桥和济齐浮桥进行采样。

20时40分应急调查人员到达阴河浮桥,根据采样规范布设左、中、右3条垂线分别采样,并对溶解氧、pH、电导率、水温等参数进行现场测定,所测结果正常。

21时32分到达济齐浮桥,根据采样规范布设左、中、右3条垂线分别采样,并对溶解氧、pH、电导率、水温等参数进行现场测定,所测结果正常。

本次采样共在两个断面采集6个水样,所测结果正常。

七、黄河平阴段突发水污染事件

2013年8月21日接上级通知，黄河山东辖区平阴段平阴污水处理厂发生向黄河排污事件。黄委山东水文水资源局立即启动应急处置预案：由黄河山东水环境监测中心立刻进行应急监测采样工作，并对排污情况进行调查，采样断面根据具体情况确定。

8月21日下午黄河山东水环境监测中心准备完毕，携带现场测定仪及采样设备等出发奔赴现场。

到现场后发现，平阴县污水处理厂正在进行正常废污水处理，排污情况已经停止。经附近现场查勘发现，由于近期降雨量较大，平阴污水处理厂处理后中水排入附近湿地水位较高，可能是造成此次排污事件的部分原因。

与此同时，应急调查人员在平阴污水处理厂排水口下游约50 m设断面进行采样，根据采样规范，在中泓位置采样，并对溶解氧、pH、电导率、水温等参数进行现场测定，所测结果无明显异常。

其他监测数据也未发现明显异常。

八、河南长垣甲醇泄漏事件

2014年1月31日8时，一辆载有约30 t工业甲醇的运输罐车，侧翻在河南省长垣县（其对岸为山东省东明县）周营上延工程下首黄河浅滩死水区，有8～10 t甲醇泄露，部分泄露甲醇经浅滩流入黄河水体中。

1月31日10时50分由山东水资源保护局得到消息，长垣县黄河左岸滩区内发生甲醇罐车侧翻事故，部分甲醇渗透到黄河水体。黄委山东水文水资源局立即启动应急处置预案：由黄河山东水环境监测中心负责应急监测工作；由事发断面下游高村、孙口、艾山、泺口等水文站负责应急采样工作，并且密切监视黄河干流水质变化情况；由技术科负责水文信息汇总分析工作；办公室和机关服务中心等负责车辆等保障工作。

山东水资源保护局司毅铭局长高度重视，31日下午亲自赶到黄委山东水文水资源局指导工作，听取了本次应急处置安排的汇报，并做出重要指示，要求一定要做好此次应急监测工作，保证春节期间黄河供水安全。

高村水文站是距离事发地点最近的站点，接到任务后干部职工高度重视，立即放弃休假全力投入到应急监测工作中，一方面按要求每隔1 h组织采样一次，另一方面立即与当地河务局等部门联系获取事发现场最新处置情况。当时高村水文站附近雾气非常大，河面上雾气更重，能见度很差，给采样工作带来很大的困难，站上干部职工为保证作业安全，经反复商量确定出船方案，最终凭借对河道河势的准确把握和过硬的驾驶技术顺利完成了一次次采样任务。

孙口、艾山、泺口水文站接到任务后迅速做好各项采样准备工作，召集职工、测船和车辆随时待命。根据事发时间、事发断面与各水文站距离及黄河相关河段流速，决定孙口水文站每2 h采样一次，艾山水文站和泺口水文站每6 h采样一次。为了做好采样工作，各站职工放弃春节与亲人团聚，吃住在站上，昼夜加班，克服夜间能见度低和刺骨寒风，保质保量地完成了采样工作。

各水文站采集水样后，均安排车辆尽快送往监测中心。由于高村、孙口水文站距离较远，加上大雾天气影响，平时 3 个小时的路程这次要 5~6 个小时才能到达，并且由于处在春节期间，在路上甚至找不到吃饭的地方，他们只能忍着饥饿和疲惫赶路。送完水样后，为了不耽误下一次送样，他们放弃了到已经预定的宾馆休息，稍做休整后便马不停蹄地赶回站上。正是由于他们不辞辛劳的工作，才保证了所有水样的及时送达。

监测中心接到任务后，迅速通知相关人员结束休假，到办公室集合，按照明传电报要求制订试验方案，准备试验物品，调试仪器设备，做好各项准备工作，在实验室随时待命，保证应急监测工作随时可以进行。接收水样后，坚持送到一批检测一批的原则，绝不在试验环节耽误时间，最大程度保证样品代表性和监测质量，确保数据准确。其中针对甲醇项目，监测中心缺少检测经验，于是马上组织人员查阅相关监测规范和分析方法，并向黄河流域水环境监测中心取经求教，最终确定使用具有较高灵敏度的吹扫捕集气相色谱法。为保证该方法的准确性，在正式开展试验前监测中心连夜进行多次空白试验和样品试验，熟悉方法，优化条件，得到仪器检出限，确保监测数据真实可信。

本次应急监测共采集水样 89 个，取得监测数据 99 个，所有水样甲醇均未检出，COD 和氨氮含量无明显异常。

在此次应急监测工作中，黄委山东水文水资源局随时与山东水资源保护局和事发地相关单位等保持联系，根据情况优化应急监测方案，保证了水质样品的代表性、应急监测的时效性和监测数据的准确性，并着重向各单位强调了大雾天气作业安全问题。监测中心和各相关水文站等人员，放弃春节与亲人团聚的时间，接到通知后立即赶回工作岗位，兢兢业业，各司其职，昼夜加班，克服大雾天气影响，一丝不苟保质保量地完成了各项工作，用辛勤的劳动换来了此次任务的圆满完成，保证了黄河沿线供水安全，充分彰显了黄河水文精神。

第八章　黄河山东水环境监测中心质量控制

第一节　水质外业采样质量控制

众所周知,水质监测数据的“五性”原则,即代表性、准确性、精密性、可比性和完整性,是水环境监测工作的核心内容。其中精密性和准确性主要体现在实验室分析测试方面;代表性和完整性主要体现在优化布点、样品采集、保存、运输和处理等方面;而可比性又是精密性、准确性、代表性、完整性的综合体现,只有前四者都具备了,才有可比性而言。因此,监测断面和点位的优化布设、采集的样品是否具有代表性,成为能否真实地反映水环境质量现状及污染发展趋势的关键问题。

采样是水环境监测工作的一道重要程序,也是最容易被忽视的一个环节,采样程序直接关系到样品的代表性,关系到监测成果能否客观、真实地反映水体的质量状况。只有当采集的样本确实能够代表背景总体时,分析结果的最终结论才有意义。对于数据而言,没有代表性的监测数据比没有数据更可怕。因此,对采样过程务必予以充分的重视,加强质量管理。

一、采样垂线及采样点布设

(一)地表水采样垂线的布设方法

(1)河流断面应根据水面宽度布设采样垂线,水面宽小于 50 m,只设 1 条中泓垂线(当一边有污染带时,增设 1 条垂线);水面宽 50~100 m,设左、中、右 3 条垂线(1 条中泓垂线,左、右两岸有明显水流处各设 1 条垂线);水面宽 100~1 000 m,应设左、中、右 3 条垂线(当岸边有污染带时,增加岸边 2 条垂线);水面宽大于 1 000 m,应设 3~5 条采样垂线(当岸边有污染带时,增加岸边 2 条垂线)。

(2)湖泊、水库出入口断面采样垂线的布设方法与一般河流相同。中心区、滞水区及鱼类洄游产卵区等各断面可布设 1~5 条采样垂线,如无明显功能分区,可采取网格法均匀布设采样垂线(网格大小依湖、库面积而定)。

(3)潮汐河流断面采样垂线的布设方法与一般河流相同。

(二)地表水采样点的布设方法

(1)河流断面垂线上采样点的设置,应按河流水深布设。当水深小于 5 m 时,只采表层(水面下 0.5 m)水样,当水深不足 1 m 时,在 1/2 水深处取样;水深 5~10 m,采表层、底层(河底上 0.5 m)两层水样;水深大于 10 m,采表层、中层(1/2 水深处)、底层三层水样。河流封冻时,在冰下 0.5m 处采样。

(2)湖泊、水库断面垂线上采样点的布设方法与一般河流相同,但对温度分层的水体,应分别在表温层、斜温层和亚温层布设采样点。

(3)潮汐河流断面垂线上采样点的布设方法与一般河流相同。

二、采样时间与频率

(1)长江、黄河干流和全国重点基本站等,采样频次每年不得少于12次,每月中旬采样。

(2)一般中小河流基本站采样频次每年不得少于6次,丰、平、枯水期各2次。

(3)流经城市或工业区污染较为严重的河段,采样频次每年不得少于12次,每月采样1次。在污染河段有季节差异时,采样频次和时间可按污染季节和非污染季节适当调整,但全年不得少于12次。

(4)供水水源地等重要水域采样频次每年不得少于12次,采样时间根据具体要求确定。

(5)潮汐河段和河口采样频次每年不得少于3次,按丰、平、枯三期进行,每次采样应在当月大汛或小汛日采高平潮与低平潮水样各1个;全潮分析的水样采集时间可从第1个落憩到出现涨憩,每隔1~2 h采1个水样,周而复始,直到全潮结束。

(6)河流水系的背景断面每年采样3次,丰、平、枯水期各1次,交通不便处可酌情减少,但不得少于每年1次。

三、外业工作准备

(一)一般准备

(1)按采样方法准备专用的采样设备及所需器材。

(2)贮样容器编号,并按贮样容器清洗方法清洗。

(3)配制现场测定参数所需化学试剂。

(4)校准与调整各种现场测定仪(pH、电导率、溶解氧、浊度、透明度)与温度计,使其处于有效工作状态。

(5)保证采样人员必要的救生器材和生活物资。

(6)采样前应对外业准备工作进行一次全面检查,必要时应在附近河流进行试采样检查。

(7)现场测定参数所需要的缓冲溶液、标准溶液、蒸馏水、化学试剂及移液管等玻璃器皿。

(8)现场过滤设备及滤膜。

(9)细菌采样设备及无菌广口瓶、保护纸等。

(10)测站位置图、现场采样记录表、采样瓶、标签、采样器、保存剂、绳索和工具箱等。

(11)采样救生设备及器材。

(12) pH、电导率、溶解氧、水温、透明度及浊度等水质参数所需的现场测试仪器。

(二)采样器

1. 采样器选用原则

(1)凡采样器直接与水样有接触的部件,其材质不应对原状水样产生影响。

(2)采样器应有足够的强度,且启动灵活、操作简单、密封性能好,一次最大采水量不应小于 1.0~5.0 L。

(3)采样器应具有设计简单、表面光滑、容易清洗和没有流量干扰等特点,以免样品被采样器玷污,失去真实性。

(4)采样器的选择应考虑河流(湖泊、水库)的宽窄、深浅、急缓程度,并与所采集水样的类型及对象相适应。

2. 采样器清洗方法

(1)一般采样器的清洗方法应符合以下要求:①清洗前预先用软布擦拭去除较厚油层,再用洗涤剂清洗油污;②用自来水冲净采样器上残存的洗涤剂;③用 10%硝酸或盐酸仔细刷洗采样器;④用自来水冲净采样器上的残酸,再用纯水冲洗数次,沥干备用。

(2)用贮样容器做采样器时,应按贮样容器清洗方法进行清洗。

(3)特殊采样器的清洗方法应按说明书要求进行。

3. 采样器类型选择

(1)表层采样器是一种普通的敞开式开口容器,适用于采集水面或靠近水面除溶解氧、油类、细菌学指标等有特殊要求外的大部分水质和水生生物监测项目的水样。

(2)单层采样器的特点是从表层水到深层水都可以由样品瓶直接在水体中采样,它适用于大部分监测项目的水样采集,尤其是油类和细菌学指标等监测项目必须使用这类采样器。

(3)积深式采样器适用于采集平原河流、湖泊、水库沿垂线不同深度的混合水样。采样时将采样器以匀速沉入水中,然后以近似同样的速度上升提至水面,使整个垂直断面的各层水样进入采样瓶。积深采样器不适用于浅水河流,因浅水河流其深度不够实施积分采样。无积深采样器时,可采用排空式采样器分别采集每层深度的样品,然后混合。

(4)封闭管式采样器是一种能采集较大量(2L 以上)不同深度水样的采样器。这类采样器是由两端开口的管子或圆筒组成的,并带有十分合适的密封盖或塞子。当采样器沉入水中时,它的口是敞开的,水不停留在采样器中,到达预定深度启动机械或光电解扣装置,从而关闭采样器两端的盖子或插入塞子,即取到所需深度的样品。属于这种类型的采样器有横式采样器、竖式采样器和排空式采样器等,其适用范围如下:①横式采样器适用于山区水深流急的河流和溪流的水样采集;②竖式采样器适用于水流平稳的平原河流、湖泊、水库的水样采集;③排空式采样器适用于水流平稳,水体中除细菌学指标及油类外大部分监测项目分析样品的采集,也适用于采集分层水样和积深水样。

(5)溶解氧采样器适用于溶解氧(或其他溶解性气体)和生化需氧量测定项目水样的采集。这种采样器是在采样瓶内放置一个 250~300 mL 的 BOD_5 瓶,在采样瓶口的胶塞中插入两根玻璃管,一根靠近 BOD_5 瓶底,一根靠近采样瓶口。采样时将采样器放至水中所需深度打开夹子,并停放在那里,直到看不见采样器中的空气逸出,然后取出采样器,将特定的锥形塞放在 BOD_5 瓶中,即取到所需深度的溶解氧样品。

(6)自动采样器可以连续或不连续采样,也可以定时或定比例采样,可以在预定的时间间隔内采样,或者由外部因素引发采样。如何选择将依赖于实际采样情况而定。自动式采样器适用于采集时间和空间混合积分样,但不适用于油类、pH、溶解氧、电导率、水温和水生生物等项目的水样采集。

(三)贮样容器

1.贮样容器材质要求

(1)容器不应引起新的污染。一般的玻璃在贮存水样时可溶出钠、钙、镁、硅、硼等元素,在测定这些项目时,应避免使用玻璃容器,以防止新的污染。

(2)容器器壁不应吸收或吸附某些待测组分。一般的玻璃容器吸附金属,聚乙烯等塑料吸附有机物质、磷酸盐和油类,在选择容器材质时应予以考虑。

(3)容器不应与某些待测组分发生反应,如测氟时,水样不能贮于玻璃瓶中。

(4)某些容器应使用不透光或棕色玻璃,减少或防止光敏性组分的透光损失。

(5)容器应有一定强度,并具有抗碰撞、抗破裂、抗极端温度、成本费用低和便于清洗等特点。

2.贮样容器的选用

(1)硬质(硼硅)玻璃容器。适用于常规采样,宜于贮存测定有机物及生物水样,也宜于贮存某些无机物(如六价格、硫化氢、氨等)水样,不宜贮存碱性水样及测定锌、钠、钾、钙、镁、硅等水样。

(2)聚乙烯容器。适用于常规采样,宜于贮存测定金属、放射性及无机项目的水样,不宜贮存测定有机物和痕量汞的水样。

(3)聚四氟乙烯容器。是材质惰性最好的一种容器,宜于贮存测定痕量有机物和痕量金属元素的水样,也宜于用作自动采样器的采样管。

(4)可溶气体或组分样品的容器。测定溶解氧和生化需氧量的样品瓶应配有锥形磨口玻璃塞且可以用水密封,以减少空气的吸收程度。

(5)光敏物质样品的容器。测定含有光敏物质的样品(如藻类),应使用不透明材料或有色玻璃构成的容器。

(6)贮存微生物样品的容器。应能经受灭菌过程中产生的高温,并在灭菌和样品存放期间,不应产生或释放抑制生物生存能力或促进繁殖的化学物质,也不得释放有毒化学物质。

3.贮样容器的清洗

1)一般规则

(1)对于新容器,一般应先用洗涤剂清洗,用自来水冲洗,再用纯水清洗。但是,用于清洁的清洁剂和溶剂可能引起干扰。

①测定磷酸盐不能使用含磷洗涤剂。

②测定硅、硼和表面活性剂,则不能使用洗涤剂。

(2)测硫酸盐或铬则不能用铬酸-硫酸洗液。

(3)测定重金属的玻璃容器及聚乙烯塑料容器通常用盐酸或硝酸(c=1 mol/L)洗净并浸泡1~2 d后,用自来水冲洗,再用蒸馏水或去离子水冲洗。

2)清洁剂清洗塑料或玻璃容器程序

(1)用水和清洗剂的混合稀释溶液清洗容器和容器帽。

(2)用自来水彻底清洗。

(3)用实验室用水清洗2~3次。

(4)空干水并盖好容器帽。

3)溶剂洗涤玻璃贮样容器程序

(1)用水和清洗剂的混合稀释溶液清洗容器和容器帽。

(2)用自来水彻底清洗。

(3)用实验室用水清洗 2~3 次。

(4)用丙酮清洗并干燥。

(5)用与分析方法匹配的溶剂清洗并立即盖好容器帽。

4)酸洗玻璃或塑料贮样容器程序

(1)用自来水和清洗剂的混合稀释溶液清洗容器和容器帽。

(2)用自来水彻底清洗。

(3)用 10%硝酸溶液清洗。

(4)空干后,注满 10%硝酸溶液。

(5)密封,浸泡至少 24 h。

(6)用自来水清洗,再用实验室用水清洗,并立即盖好容器帽。

5)用于测定农药、除草剂等样品的贮样容器的准备

按一般规则清洗(即用水及洗涤剂→铬酸-硫酸洗液→自来水→蒸馏水),在烘箱内 180 ℃烘干 4 h,冷却后再用纯化过的己烷或石油醚冲洗数次。

6)贮存微生物水样的容器

贮存微生物水样的容器除按贮样容器一般清洗方法洗涤干燥外,还应用防潮硬纸将瓶塞与瓶颈包扎好,于 160 ℃干热灭菌 2 h,或置于高压灭菌锅中,于 120 ℃和 200 kPa 下灭菌 20 min。当要采集加氯处理水样时,样品瓶应在灭菌前,按每 125 mL 样品加入 0.1 mL 10%(m/m 即质量比)硫代硫酸钠溶液,以除去余氯对细菌的抑制作用。

四、采样方法与方式

(一)采样方法

(1)根据采样器原理可分为自动采样、半自动采样与手工采样。

(2)根据水样采集形式可分为瞬时采样和混合采样,其中混合采样又可分为时间积分采样、深度积分采样、面积积分采样、定流量采样、流速比例采样。

①时间积分采样。适用于采集一定时间内某一特定深度的混合水样。

②深度积分采样。适用于采集某特定断面垂线表层和底层之间,或沿垂线不同深度的混合水样。

③面积积分采样。适用于采集横断面上各采样点的混合水样。

④定流量采样。当累积水流流量达到某一设定值时,脉冲触发采样器采集水样。

⑤流速比例采样(可采集与流速成正比例的水样)。适用于流量与污染物浓度变化较大的水样采集。

(二)采样方式

(1)涉水采样。适用于水深较浅的水体,采样人员涉水直接采样。

(2)桥梁采样。适用于有桥梁的采样断面,利用桥梁悬吊采样器取样。

(3)船只采样。适用于水体较深的河流、水库、湖泊,利用船泊渡航绞车铅鱼取样。船只采样是目前最常用的采样方式。

(4)缆道采样。适用于山区流速较快的河流,利用缆道悬吊铅鱼取样。

(5)冰上采样。适用于冬季冰冻河流、湖泊和水库,采用冰上打孔取样。

五、采样注意事项

(1)采样时,采样器口部应面对水流方向,用船只采样时,船首应逆向水流,采样在船舷前部逆流进行,以避免船体污染水样。

(2)除细菌、油等测定用水样外,容器在装入水样前,应先用该采样点水样冲洗3次。装入水样后,应按要求加入相应的保存剂后摇匀,并及时填写水样标签。

(3)采集溶解氧、生化需氧量和有机物等项目的水样时,必须将水样充满容器,不留空间,并用水封口。采样时不可搅动水底部沉降物。

(4)测定油类的水样,应在水面至水面下300 mm采集柱状水样,并单独采样,全部用于测定。采样瓶不能用采集的水样冲洗。

(5)如果水样中含沉降性固体,如泥沙等,应分离除去。分离方法为:将所采水样摇匀后倒入筒型玻璃容器,静置30 min,将已不含沉降性固体但含有悬浮性固体的水样移入贮样容器并加入保存剂。测定总悬浮物和油类的水样除外。

(6)在采集溶解氧水样时,尽量使用溶解氧采样器,避开湍流,水样要平稳地充满溶解氧瓶,不得曝气,瓶内不能残留小气泡。如样品不是用溶解氧瓶直接采集,而需要从采样器(或采样瓶)分装时,溶解氧样品必需最先采集,而且应在采样器从水中提出后立即进行。即用乳胶管一端连接采水器的放水嘴或用虹吸法与采样瓶连接,乳胶管的另一端插入溶解氧瓶底。注入水样时,先慢速注至小半瓶,然后迅速充满,在保持溢流状态下,缓慢地撤出管子。在现场用电极法测定溶解氧,可将预先处理好的电极直接放入河水中测量。

(7)测定生化需氧量的水样应按测定溶解氧样品要求采集。

(8)在同一采样垂线进行分层采样时,应自上而下进行,避免不同层次水体的搅扰。与其他监测项目同时采样时,应优先采集细菌学指标测定样品。

(9)测定湖库水COD、高锰酸盐指数、叶绿素a、总氮、总磷时的水样,静置30 min后,用吸管一次或几次移取水样至盛样容器,吸管进水尖嘴应插至水样表层50 mm以下位置。

(10)测定油类、五日生化需氧量、不溶解氧、硫化物、余氯、粪大肠菌群、悬浮物、放射性等项目要单独采样。

(11)因采样器容积有限,需多次采样时,可将各次采集的水样倾入洗净的大容器中,混匀后分装,但本法不适用于溶解氧及细菌等易变项目。

(12)测定浑浊度、悬浮物用的水样,在样品采集后,应尽快从采样器中放出样品,在装瓶的同时摇动采样器,防止悬浮物在采样器内沉降。

(13)在采集表层水样时,应用手握着瓶底,将瓶颈伸进水面下25~40 cm处。灌水时将瓶颈轻轻向上倾,瓶口直接对着水流。在不流动的水面采样,应握住瓶水平向前推,直至充满水,迅速盖上瓶盖,裹好包装纸。采集一定深度的水样,应使用单层采样器或深层采样器。采样时将样品瓶固定在采样器中,放入水体到达指定层次,用挂绳打开瓶盖,待水灌满后,迅速提出水面盖紧瓶塞,用包裹纸包裹好,按样品保存条件保存。

(14)沉降物采样前,采样器应用水样冲洗,采样时应避免搅动底部沉积物。

(15)为保证样品代表性,在同一采样点可采样 2~3 次,然后混匀。

(16)沉降物样品采集后应沥去水分,除去石块、树枝等杂物。

(17)沉降物样品的采集应与水质采样同步进行。

六、水样的类型

(1)瞬时水样。指从水体中不连续地随机采集的样品。对于组分较稳定的水体,或水体的组分在相当长的时间和相当大的空间范围变化不大,采集瞬时样品具有很好的代表性。当水体的组成随时间发生变化,则要在适当的时间间隔内进行瞬时采样,分别进行分析,测出水质的变化程度、频率和周期。当水体的组成发生空间变化时,就要在各个相应的部位采样。一般情况下,瞬时水样只能代表当时和采样点的水质。

(2)混合水样。指在同一采样点上以流量、时间、体积或是以水量为基础,按照已知比例(间歇的或连续的)混合在一起的样品。混合水样是混合几个单独样品,可减少分析工作量,节约时间,降低试剂损耗。混合样品提供组分的平均值,因此在样品混合之前,应验证这些样品参数的数据,以确保混合样品数据的准确性。如果测试成分在水样贮存过程中易发生明显变化,则不适用混合水样,如测定挥发酚、油类、硫化物等。要测定这些物质,需采取单样贮存方式。

(3)综合水样。指从不同采样点同时采得的瞬时水样混合在一起的样品(时间应尽可能接近,以便得到所学要的资料)。综合水样的采集包括两种情况:在特定位置采集一系列不同深度的水样;在特定深度采集一系列不同位置的水样。综合水样是获得平均浓度的重要方式,有时需要把代表断面上的各点或几个污水排放口的污水按照相对比例流量混合,取其平均浓度。

七、水样保存、运输及交接

(一)水样保存

样品保存是指现场采样后加入固定剂、冷藏等保持样品稳定的处理措施。各种水质的水样,从采集到分析的过程中,由于物理、化学和生物的作用,会发生各种变化。微生物的新陈代谢活动和化学作用,能引起水样组分和浓度的变化;二氧化碳含量的变化,可使水样的 pH 和总碱度发生变化;水样也可能由于某些物质的聚合和解聚而发生变化。此外,物理作用也能引起水样的变化,如胶体物质的絮凝作用和沉淀物的吸附作用等,在采样器、贮样容器或悬浮物的表面上产生胶体吸附现象或溶解性物质被溶出等,都会使水样组分发生变化。为尽可能地降低水样的物理、化学和生物的变化,必须在采样时针对水样的不同情况和待测物的特性实施保护措施,并力求缩短运输时间,尽快将水样送至实验室进行分析。当待测物浓度很低时,更要注意水样的保存。

1. 水样的保存要求

适当的保护措施虽然能够降低水样变化的程度和减缓其变化速度，但并不能完全抑制其变化。有些项目特别容易发生变化，如水温、溶解氧、二氧化碳等必须在采样现场进行测定。有一部分项目可在采样现场对水样做简单的预处理，使之能够保存一段时间。水样允许保存的时间，与水样的性质、分析项目、溶液的酸度、贮存容器的材质、比表面积及存放的温度等多种因素有关。

保存水样的基本要求是：

①抑制微生物作用；②减缓化合物或络合物的水解及氧化还原作用；③减少组分的挥发和吸收损失。

2. 冷藏和冷冻法水样保存技术

(1)冷藏法。在1~5 ℃冷藏并在暗处保存的方法。该方法可以抑制生物活动，减缓物理挥发作用和化学反应速度。在大多数情况下，使用冷藏法保存样品就足够了，但不适用长期保存，对废水样品的保存时间更短。

(2)冷冻法。在-20 ℃冷冻保存。该方法可以抑制生物活动，减缓物理挥发作用和化学反应速度。该方法较之冷藏法能延长贮存期，但不适用于测试微生物及挥发性物质的样品。如果样品包含细胞、细菌或微藻类，在冷冻过程中，会破裂、损失细胞组分。冷冻需要掌握冷冻和融化技术，以使样品在融化时能迅速、均匀地恢复其原始状态，用干冰快速冷冻是令人满意的方法。一般选用塑料容器，推荐聚氯乙烯或聚乙烯等塑料容器。

3. 添加保存剂法水样保存技术

(1)控制溶液 pH。

测定金属离子的水样常用硝酸酸化 pH 至 1~2，既可以防止重金属的水解沉淀，又可以防止金属在器壁表面上的吸附，同时 pH 在 1~2 的酸性介质中还能抑制生物的活动。此法保存的大多数金属可稳定数周或数月。

测定氰化物的水样需加氢氧化钠调 pH 至 12；测定六价铬的水样应加氢氧化钠调 pH 至 8(因在酸性介质中六价铬的氧化电位高，易被还原)。

(2)加入抑制剂。

为了抑制生物作用，可在样品中加入抑制剂。在测氨氮、亚硝酸盐氮、硝酸盐氮和 COD 的水样中，加入氯化汞或三氯甲烷、甲苯作防护剂，以抑制生物对亚硝酸盐氮、硝酸盐氮和铵盐的氧化还原作用。

在测酚的水样中用磷酸调溶液的 pH，加入硫酸铜，以控制苯酚分解菌的活动。

(3)加入氧化剂。

水样中的痕量汞易被还原，引起汞的挥发损失，加入硝酸-重铬酸钾溶液可使汞维持在高氧化态，汞的稳定性大为改善。

(4)加入还原剂。

测定硫化物的水样，加入抗坏血酸对保存有利。

含余氯的水样，能氧化氰离子，可使酚类、烃类、苯系物氯化生成相应的衍生物，为此在采样时加入适量的硫代硫酸钠予以还原，除去余氯干扰。

(二)水样的管理与运输

样品运输是指采样人员赴采样现场并将样品运送至实验室。

(1)水样采集后,应根据不同的分析项目要求分装成数瓶,并分别加入化学保存剂。对每个水样瓶都应附上能清晰识别样品来源的水样标签,注明采样断面、断面位置、样品编号、测定项目、采样方法、样品保存方法、采样时间和采样人员等,并对这种标识加以记录。

(2)水样运输及贮存应在外业工作开始前就要确定,并在样品运送中尽可能减少耽搁时间。

(3)水样的运送应符合下列要求:①装有水样的容器必须妥善密封和捆扎,并在箱子或冰箱上贴上识别标志或"直立"字样,以防在运输途中破损或倒立。②在包装时,不要将一个采样位置的水样分开装入不同的箱子或冰箱,除非由于容器尺寸的原因必须分装。如果一个测站的水样必须分装在两个箱子里,则现场采样记录表要复写一份,连同另一箱有关系的瓶子密封在一起。③在运送水样时,所有已经装箱的并附有现场采样记录表的水样,采样人和送样人都必须清点和校核,并在送样单上签字,注明装运日期和运输方式。

(4)水样如通过铁路或公路部门托运,水样瓶上应附上能清晰识别样品来源及托运到达目的地的装运标签。

(三)样品交接

样品送达实验室后,由样品管理员接收。

(1)样品管理员对样品进行符合性检查,包括:①样品包装、标志及外观是否完好。②对照采样记录单检查样品名称、采样地点、样品数量、形态等是否一致,核对保存剂加入情况。③样品是否有损坏、污染。

(2)当样品有异常,或对样品是否适合监测有疑问时,样品管理员应及时向送样人员或采样人员询问,样品管理员应记录有关说明及处理意见。

(3)样品管理员确定样品唯一性编号,将样品唯一性标识固定在样品容器上,进行样品登记,并由送样人员签字。

(4)样品管理员进行样品符合性检查、标识和登记后,应尽快通知实验室分析人员领样。若不相符或有异常情况,应注明情况,作为样品分析和资料整编的依据,同时要反馈给采样的组织部门采取补救措施。

八、现场资料记载

(1)现场测定应详细记载河流(湖泊、水库)名称、采样断面、断面位置、采样日期和时间、采样人员、采样天气情况、现场测定参数及质量控制与测站描述等。

(2)现场测定参数应按以下要求记载:

①水温:记载水样的温度,以℃计。

②气温:记载采样时的空气温度,以℃计。

③气压:记载采样时在某一采样点处的大气压强,以 kPa 计。

④水位:记载河流或其他水体的自由水面相对于某一基面的高程,以 m 计。

⑤流速:记载采样时在某一采样点处测量水体流经此点的速度,以 m/s 计。

⑥流量:记载采样时单位时间内通过采样断面的水流体积,以 m^3/s 计。

⑦ pH:记载就地测定或现场测定水样的 pH。

⑧电导率:记载就地测定或调节到 25 ℃状态下现场测定的电导率。

⑨溶解氧:记载就地测定或现场测定溶解氧浓度值。

⑩浊度:记载从已校准仪器中获得的浊度值。

(3)质量控制应记载现场平行样的份数、现场空白样和现场加标样处置情况等。

(4)除记载现场测定参数外,还应记载可能对水质有影响的一般现场观测信息,包括水的异常颜色、异常气味、水藻过量生长、水面油膜及死鱼等。

(5)所有现场测定与记载应完整、清楚、准确,并在离开测站之前完成。

九、采样质量保证与质量控制

(一)采样质量保证

采样人员应具有相当于中专以上文化水平,熟悉质量保证内容、程序和方法,了解采样技术关键环节,掌握现场测定仪器性能,并通过质量控制技术考核持证上岗。

采样仪器设备应按检定规程或校(检)验方法校准,并处于有效工作状态。其材质应符合规定的要求。

采样人员应按规定的采样方法进行采样。如果要改变采样方法,应记录在案,并且保证所选择的采样方法比本规程规定的采样方法优越。

采样时,断面横向和垂向点位的数目、位置应完全准确,每次采样应尽量保持一致。

采样人员应做好现场采样记录,及时核对标签和检查保证措施的落实。

采样过程中应按下列预防方法防止水样污染与变质:

(1)新的或曾用过的采样瓶应按以上要求清洗。

(2)贮样瓶只用于盛装水样,已经在试验中作为存贮试剂用的瓶子不应用作贮样容器。

(3)野外采样前,已经过防污保存的玻璃器皿,应对其清洁程度作抽样检验。

(4)采样瓶内部或顶部不应用裸露的手、手套等触摸,以防污染。

(5)采样瓶应远离尘埃、垃圾、烟雾或烟尘,应保持清洁的环境。

(6)经过消毒灭菌处理的采样瓶,应保持无菌,采样前严禁用水样冲洗。如果消毒过的重质纸或铝箔已经丢失,或瓶子顶部的密封已经破碎,则该瓶子应舍弃。

(7)水样采集后应尽快运到实验室,并按规定的样品保存方法和样品保存条件进行保存。

(二)采样质量控制

(1)全程序空白。用于检验样品从采集至分析全过程是否符合质量控制要求。一般每批样品至少带 1 个全程序空白。

(2)采样器具空白。用于检验采样器具的玷污情况和稳定情况。新购置采样器具或开展新的监测项目时,需做采样器具空白试验。

(3)运输空白。用于检验样品运输和贮存期间带来的玷污。

(4)现场空白。用于掌握采样过程中采样器具和环境条件及保存剂的纯度等样品质量的影响。

（5）现场平行样。取样时同时取两个样分别测定，用于判断现场是否能提供具有代表性的样品。通常现场平行样应至少占样品总数量的10%。

（6）现场加标回收样。现场采样的样品分成两个子样，在其中的一个子样中加入一定量的待测标准物质。

十、采样安全措施

（一）一般安全措施

（1）河流涉水采样应有两人以上同时进行，并限制在卵石河床断面使用，采样前应用探深杆对水深进行探测，水深到大腿时不许涉水采样。

（2）如果采样人员不能确定自己的淌河能力或水流较急时，应在河岸一坚固的物体上系一根安全绳，并穿一套经过安全检查的救生衣。

（3）在桥上采样时，应在人行道上作业，防止发生事故。如果因采样作业干扰交通，应提前与地方交通部门协商，并在桥上设置“有人作业”标志。

（4）在通航河流的桥上采样时，现场作业应特别小心，注意航行来往船只和航行安全。

（5）在船上采样必须有两人以上，船要有良好的稳定性。采样过程中船要悬挂信号旗，以示采样工作正在进行中，防止商船和捕捞船只靠近。

（6）采样人员自行划船采样，必须经过专门训练，熟悉水性，并按照水中安全规则与规定作业，测船严禁超载。

（7）在较小河流中用橡皮船采样时，应有安全绳系在河岸坚固的物体上，船上还须有人拉绳，随时做好保护。

（8）需要破冰采样的地方，应预先小心地检查薄冰层的位置和范围，做好标识，行走和采样时有专人做监视工作，防止采样人员掉进冰窟内。

（9）采样过程中应注意不要接触有毒植物，以防止意外事故的发生。严重污染的河流，可能有细菌、病毒及其他有害物质，应注意防护安全。

（10）为了保证采样人员作业人身安全，必须考虑气象条件，在大面积水体上采样时，应穿救生衣或戴救生圈。

（11）安装在河岸上的仪器和其他设备，为了防止洪水淹没或破坏行为，应采取适当的防护措施。

（二）化学处理安全措施

（1）利用酸或碱来保存水样时，应戴上手套、保护镜，穿上试验服小心操作，避免烟雾吸入或直接与皮肤、眼睛及衣服接触。

（2）酸碱保存剂在运输期间应妥善贮存，防止溢出。溢出部分应立即用大量的水冲洗稀释或用化学物质中和。

第二节　实验室质量保证和质量控制

质量保证与质量控制是水质监测工作的重要环节，是提供准确、可靠数据的基础，是一种保证监测数据可靠的方法，也是科学管理实验室的有效途径，可以大大提高数据的质量，使监测建立在可靠基础之上。依据《水环境监测规范》(SL 219—2013)，质量保证和质量控制应贯穿水环境监测的全过程，包括监测断面的布设、样品采集、样品的运输与保存、样品预处理与分析检测、数据处理等环节，确保监测数据准确、可靠、真实、完整和可比。

一、质量保证和质量控制的概念

质量保证(简称 QA)是指为提供足够的信任表明实验室能够满足质量要求，而在质量体系中实施并根据需要证实的全部有计划和有系统的活动。

质量控制(简称 QC)是指为使人们确信某一物项或服务的质量满足规定要求而必须进行的有计划的系统化的活动。它是质量管理的一部分。

质量保证和质量控制的基本任务是通过对样品进入实验室后至报出分析数据的全过程的质量管理，保证分析结果的准确性、科学性、可比性。

二、实验室质量控制基础

(1)实验室应该设计规范、功能布局合理，确保其适用于预定的用途。

通排风与水电气系统和安全设施完备，能满足仪器设备测试要求，并满足监测人员安全作业要求。能避免测试环境对监测结果产生影响和检测过程中的交叉污染影响。要有足够的区域用于样品的存放、处置、留样及记录的保存。

精密仪器室具有防火、防震、防电磁干扰、防噪声、防潮、防腐蚀、防尘、防有害气体侵入的功能；室温控制在 18～25 ℃，湿度控制在 60%～70%。洁净实验室和痕量分析室除温、湿度等环境控制要求外，空气洁净度按 100 级的标准控制。

(2)实验室分析用纯水及化学试剂质量保证。

实验室分析用纯水均通过购置的实验室专用超纯水系统自行制备。实验室用水有蒸馏水、去离子水和特殊用水。其中痕量或超痕量分析使用一级水或超纯水；常量分析与常用试剂配制使用二级水；特殊用水主要包括无氯水、无氨水、无二氧化碳水、无砷水、无铅水、无酚水、不含有机物的蒸馏水等。对制备的每批次分析用水均依据《分析实验室用水规格及试验方法》(GB/T 6682—2008)要求进行检验，并将检验结果进行记录。从检验结果来看，实验室用水基本能达到《分析实验用水规格和试验方法》(GB/T 6682—2008)二级水规格，能满足分析工作的要求。监测中心严格采用试验用水并按使用的分析方法或其他相关技术要求处理后，用于相应项目的分析测试，具体分析项目的用水要求及制备过程见表 8-1。

表 8-1　实验室分析项目用水要求及制备过程

序号	分析项目	用水要求	制备过程
1	高锰酸盐指数 （酸性高锰酸钾法 GB/T 11892—1989）	不含还原性物质的水	将 1 L 蒸馏水置于全玻璃蒸馏器中，加入 10 mL 硫酸（1+3）和少量高锰酸钾溶液，蒸馏后，弃去 100 mL 初馏液，余下的备用
2	氨氮 纳氏试剂分光光度法 （HJ 535—2009）	无氨水	蒸馏法：在每升的蒸馏水中加 0.1 mL 浓硫酸，在全玻璃蒸馏器中重蒸馏，弃去前 50 mL 馏出液，然后将约 800 mL 馏出液收集于带有磨口的玻璃瓶内。每升馏出液加 10 g 强酸性阳离子交换树脂
3	挥发酚 （流动注射在线蒸馏法 GB/T 8538—2008）	无酚水	活性炭吸附法即于每升水中加入 0.2 g 经 200 ℃活化 30 min 的活性炭粉末，充分振摇后，放置过夜，用双层中速滤纸过滤
4	挥发酚 （流动注射在线蒸馏法 GB/T 8538—2008）	无酚水	活性炭吸附法即于每升水中加入 0.2 g 经 200 ℃活化 30 min 的活性炭粉末，充分振摇后，放置过夜，用双层中速滤纸过滤
5	硫化物 （流动注射分析——分光光度法）	除气	用氦气或超声波除气
6	苯系物 （吹脱铺集——气相色谱法）	除去挥发性有机物	纯净水加热煮沸 15 min 后加盖冷却使用，或者通入惰性气体进行吹扫，以去除水中的挥发性有机物干扰。空白水通过检验无高于方法检出限的目标化合物检出方能使用
7	碳酸盐、重碳酸盐	除去二氧化碳	临用前煮沸 15 min，冷却至室温，pH 应大于 6.0，电导率小于 2 μS/cm

实验室试剂质量保证：除选用试剂质量可靠、信誉好的供应商，禁购“三无”产品，痕量或超痕量分析使用优级纯以上级别的化学试剂；标准溶液配制使用基准级别的化学试剂，常量分析使用分析纯级别的化学试剂；特殊项目分析使用光谱纯、色谱纯和超纯等级别的化学试剂。对采购的试剂进行空白试验值检验外，监测中心还对因试剂纯度不能满足质量要求的试剂做了适当的处理或提纯，使其满足分析测试的质量要求。有些试剂须按以下方法进行了提纯或处理：

①酒石酸钾钠（纳氏试剂分光光度法测定氨氮）。加入少量氢氧化钠溶液，煮沸蒸发掉溶液体积的 20%~30%，冷却后用无氨水稀释至原体积。

②4-氨基安替比林（测定挥发酚）提纯。将 100 mL 配制好的 4-氨基安替比林溶液置于干燥烧杯中，加入 10 g 硅镁型吸附剂（弗罗里硅土，60~100 目，600 ℃烘制 4 h），用玻璃棒充分搅拌，静置片刻，将溶液在中速定量滤纸上过滤，收集滤液，置于棕色试剂瓶内，于 4 ℃保存。

③氯仿（流动注射分析法测定阴离子表面活性剂）。三氯甲烷试剂中一般存有大量气

泡,而模块无任何脱气装置,在测试中很容易产生周期性气泡峰,直接影响了监测结果。采用真空抽滤泵对三氯甲烷进行45~60min的抽真空处理,或用氦气脱气5 min,然后水封。

(3)试验过程的质量保证。

校准曲线的建立:校准曲线是描述待测物质浓度或量与检测仪器响应或指示量之间的定量关系曲线,包括标准曲线和工作曲线。其中工作曲线是所使用的标准溶液经过了与样品相同的消解、净化、测量等全过程;标准曲线是用标准溶液系列直接测量,没有经过样品的预处理过程,这对于基体复杂的样品往往造成较大误差。建立校准曲线应至少有6个浓度点,在线性范围内使用且最低浓度点与方法定量限接近。一般情况下,校准曲线的相关系数绝对值≥0.999;测试样品浓度控制在曲线的20%~80%最佳范围,不得任意外延。

空白试验:空白试验是除不加试样外,采用完全相同的分析步骤、试剂和用量(滴定法中标准滴定液的用量除外),进行平行操作所测得的结果,用于扣除试样中试剂本底和计算检验方法的检出限(MDL);反映了测试仪器的噪声、试剂中的杂质、环境及操作过程中的玷污等因素对样品测定产生的综合影响。

加标回收试验:加标回收主要包括空白加标和样品加标。其中空白加标回收是指在没有待测物质的空白样品中加入已知量的待测物质,按样品的处理步骤分析,得到的结果与加入量的比值即为空白加标回收率;样品加标回收是指相同的样品取两份,其中一份加入已知量的待测物质,另一份不加,两份同时按照相同的分析步骤分析,加标的一份所得的结果减去未加标一份的结果,其差值与加入量的比值即为样品加标回收率。在加标回收试验中,加标物的形态和待测物的形态相同;加标量与待测物含量相等或相近;当待测物含量接近方法检出限时,加标量控制在校准曲线最低浓度范围;加标量不得大于待测物含量的3倍;加标后的测定值不得超出方法的测量上限的90%。加标回收率计算公式是:

加标回收率(%)=(加标样品测定值-样品测定值)/加标量×100%

精密度偏性试验:该试验是通过对影响分析测定的各种变异因素及回收率的全面分析,确定实验室测试结果的精密度和准确度。精密度偏性试验的内容包括空白溶液(试验用纯水)、0.1*C*标准溶液、0.9*C*标准溶液(*C*为方法检测上限浓度)、实际水样(含一定浓度待测物之代表性水样)、实际加标水样和质量控制样品。

通过对六类样品每日1次平行测定,至少测定6日的监测数据,对精密度偏性试验结果进行评价。评价的内容主要包括空白试验值计算空白批内标准差,估计检验方法的检出限;分析比较各组溶液的批内与批间变异,计算总标准差及检验变异差异的显著性;比较实际水样与标准溶液测定结果的标准差,判断实际水样中是否存在影响测定精密度的干扰因素;比较加标样品的回收率,判断实际样品中是否存在改变分析准确度的组分和偏性;绘制质量控制图。

三、实验室质量控制

实验室质量控制基本内容包括实验室内质量控制和实验室间质量控制。它们的作用是通过实验室内部和外部质量控制,对实验室报出合格分析结果的综合能力及数据的可比性与系统误差等做出判断,从而不断提高分析质量。

(一) 实验室内质量控制

实验室内质量控制是实验室内部对分析质量进行控制的过程。监测中心采取的实验室内质量控制主要包括检验人员自我分析质量控制和实验室质量控制与监测数据审核。

(1)检验人员自我分析质量控制方法主要包括空白检验与方法检出限、校准曲线及初始校准和连续校准、平行样、加标回收与替代物加标回收、质量控制图、仪器比对和标准物质测定等方法。实验室质量控制主要包括密码平行样测定、密码质控标样、密码加标样、人员比对与方法比对、留样复测等方法。

(2)空白样测定:空白样主要包括容器、现场、仪器、方法空白样等。通过测定空白样以判断试验用水、试剂纯度、器皿洁净程度、仪器性能及环境条件等质量状况或是否受控。空白试验质量控制要求每批样品小于 10 个时,检测人员制备方法空白样或仪器空白样不得少于 1 个;一批样品大于或等于 10 个时,每 10~20 个样品制备 1 个方法空白样或仪器空白样。空白试验分析值应低于方法检测限或低于方法规定值;空白平行测定的相对偏差应小于或等于 50%。有质量控制图的,将所测定值的均值点入图中,进行控制。若空白值不符合规定值范围,应查找原因,消除之后,重新分析。中心每批水样均做空白测定,一次平行测定至少 2 个空白值。在近几年的水质监测过程中发现,个别项目的空白值有时变化较大,究其原因可能由于试剂的更换引起的系统误差,试剂的质量问题已成为影响水质监测数据准确性的最大“祸首”之一。

(3)平行样测定:平行样主要包括现场平行样、实验室平行样和密码平行样,通过平行样测定判断监测精密度状况或是否受控。平行样质量控制要求每批样品小于 10 个时,检测人员制备的平行样不得少于 1 个;一批样品大于或等于 10 个时,每 10~20 个样品制备 1 个平行样。平行测定值不符合规定值范围的,应查找原因,消除之后,重新测定。有质量控制图的,将所测定值的均值点入图中,进行控制。监测中心对符合要求的全部监测断面的所有分析项目(除溶解氧、五日生化需氧量外),均进行了平行双样测定。

实验室密码平行样测定、密码质量控制标样、密码加标样、人员比对与方法比对以及留样复测及比对试验的质量控制样品之和,宜占每批次样品总数和检验项目总数的 10%。监测中心主要通过密码平行样、密码质量控制标样、人员比对与方法比对,以及留样复测及比对试验的质量控制样品来加强内部质量控制。当检测过程中出现异常数值时,通过人员比对,或方法比对,或留样复测等检验样品检测数据的准确性,确保加测数据的准确和可靠。对新开展的检测项目或新使用的仪器设备,监测中心采用主要人员比对或方法比对保证检测数据的精密性、准确性。以 2013 年为例,监测中心按照《2013 年度实验室比对与能力验证工作计划》要求,对 3 个不同的监测项目分别完成了人员比对、方法比对和仪器比对的水质监测工作。比对监测项目分别是石油类、重金属(铜、铅、锌和镉)和化学需氧量,其中石油类的检测使用了两种不同型号的红外测油仪进行了仪器比对(通过对未知标准样品进行考核的方式),通过比对,两仪器均满足要求;化学需氧量的检测主要通过不同人员进行比对的方式进行比对,两种方式的比对均保证了监测数据的可比性和准确性;另外在生活饮用水中锌的测定过程中,分别通过《生活饮用水标准检验方法》(GB/T 5750.6—2006)和标准加入法两种不同的分析方法对其进行了分析,通过方法比对,两数据监测结果基本一致,相差不大,同时对铜、铅和镉等项目还进行了仪器比对(所用仪器分别是 TAS-986 型原子吸收分光光度计和 PE AA4000 型原子吸收光谱仪)和方法比对(火焰法和石墨炉法),比对试验主要通过对水功能区监测断面实际样品进行检测分析的方式实现,该试验工作已完成。

(4)加标回收测定:加标回收主要包括空白加标、基体加标、实际样品加标和密码加标回收,通过加标回收试验判断监测准确度状况或是否受控。加标回收试验质量控制要求每批样品小于 10 个时,检测人员制备加标样品不得少于 1 个;一批样品大于或等于 10 个时,每 10~20 个样品制备 1 个加标样。平行测定值不符合规定值范围的,应查找原因,消除之后,重新测定。有质量控制图的,将所测定值的均值点入图中,进行控制。监测中心目前对所监测的大部分项目(石油类、硫化物、阴离子表面活性剂除外)都进行了加标回收率的测定。加标回收样品质量控制为监测数据的准确性、可靠性提供了重要依据。

(5)标准物质质量控制:指使用有证标准物质和实际样品同步分析,将标准物质的分析结果与其保证值相比较,评价其准确度和检查实验室存在的系统误差。通过盲样考核的方式达到对检验检测人员操作技术、检测能力及整个检测过程进行控制的目的是目前所有实验室通用的一种质量控制方法。监测中心在每年的年初均制订质量控制计划,定期(每月)采用标准物质对实验室系统误差进行检查考核控制,不定期对新近上岗人员或检测人员进行分析质量考核检查,同时结合质量控制计划要求,使用有证标准物质对计量检测仪器和标准溶液进行期间核查。

(6)质量检测结果的汇总、分析和评价:监测中心每月均对水质监测成果表汇总并按要求及时进行上报(上报成果表中包括当月采取的质量控制措施实施结果),在上报监测成果表之前,对所有的水质监测数据进行统计分析和评价,通过校准曲线检查、计算相对偏差、相对误差等对质量控制结果进行评价。评价合格后才上报成果。

(7)检验数据的合理性分析:对每批样品的检验数据均进行三级审核,同时对数据进行合理性审核,主要包括异常值的判断和处理、数据计算与校核、质控数据审核,以及检验数据与历史数据的比较、总量与分量的逻辑关系等准确性、逻辑性、可比性和合理性审核。

(二)实验室间质量控制

实验室间质量控制,又称外部质量控制(指由外部的第三者),是指采用协作试验、能力验证、实验室间比对和质控考核等方式,对各个实验室的分析质量进行定期或不定期检查的过程,同时也指对实验室报出合格分析结果的综合能力、数据的可比性与系统误差做出评价的过程。其主要目的是检验各实验室间是否存在系统误差,这种系统误差是室内质控往往难以发现的,使各实验室的监测数据准确可靠。监测中心参加的实验室间质量控制包括以下内容。

1. 实验室间比对(质量控制考核)

实验室间比对就是按照预先规定的条件,由两个或多个实验室对相同或类似的被测物品进行检测/校准的组织、实施和评价。

自 2011 年以来,监测中心积极参加上级部门组织的质量控制考核(比对实验)工作,同时积极组织实验室内部人员比对、方法比对和仪器比对工作,保证了监测数据的可比性和准确性。

2011 年,监测中心按照《全国水利系统水质监测实验室质量控制考核(比对试验)工作方案》要求，积极参加了全国水利系统水质监测实验室质量控制（比对试验）B组项目的考核，考核项目分别为氨氮、化学需氧量、汞、氰化物、镉和氯苯。根据《关于第三次全国水利系统水质监测机构质量控制考核（实验室比对）情况的通报》（水文质〔2011〕239号文），监测中心考核结果全部合格。

2011年，监测中心按照《2011年度实验室比对与能力验证工作计划》要求，主要完成了不同人员使用不同仪器设备，采用不同的分析方法对氰化物、挥发酚项目（两参数使用的仪器设备分别为流动注射分析仪与分光光度计）的比对试验；同样还完成了对氯化物、硫酸根和氟化物项目（使用的仪器设备分别为离子色谱仪、滴定管和数字式离子计）的比对试验。两次比对试验监测，监测中心不仅加强了对所属部分断面水质样品的比测（包括常规断面和排污口断面），同时为大型仪器设备（流动注射分析仪和离子色谱仪）在水质监测工作中的应用奠定了坚实的基础，提供了可靠依据。

2012年，监测中心根据水利部水文局《关于加强水质监测质量管理工作的实施方案》总体部署和水利部水环境监测评价研究中心《关于开展全国水利系统水质监测实验室质量控制考核（比对试验）工作的通知》的精神，按照全国水利系统水质监测实验室质量控制考核（比对试验）工作方案要求，于2012年6月全面完成了全国水利系统水质监测实验室质量控制考核项目——总磷、总硬度两个项目的常规质量控制试验，试验内容主要包括质量控制基础试验、精密度偏性分析试验、准确度试验、质量控制图绘制等四项内容。

2012年，监测中心按照《2012年度实验室比对与能力验证工作计划》要求，结合进行的国家计量认证复查评审，对10个不同的监测项目分别完成了人员比对、方法比对和仪器比对的水质监测工作。比对监测项目硝酸盐氮和氰化物，不仅实现了人员比对，同时也实现了方法比对和仪器比对的目的，其中硝酸盐氮的检测了使用离子色谱仪和紫外/可见分光光度计两种不同的仪器设备进行了方法比对；氰化物检测分别使用了流动注射分析仪与分光光度计两种仪器设备进行了比对试验，两种方式的比对均保证了监测数据的可比性和准确性；另外，对六价铬、汞、石油类、硫酸盐、铁、邻二甲苯、氯苯等项目进行了人员比对监测，所考核项目全部一次性合格，检测人员的检测能力在比对中得到了肯定的评价。

2013年，监测中心按照《2013年度实验室比对与能力验证工作计划》要求，对3个不同的监测项目分别完成了人员比对、方法比对和仪器比对的水质监测工作，比对监测项目分别是石油类、重金属（铜、铅、锌和镉）和化学需氧量。其中，石油类的检测使用了两种不同型号的红外测油仪进行了仪器比对（通过对未知标准样品进行考核的方式），通过比对，两仪器均满足要求；化学需氧量的检测主要通过不同人员进行比对的方式进行比对，两种方式的比对均保证了监测数据的可比性和准确性；另外，在生活饮用水中锌的测定过程中，分别通过《生活饮用水标准检验方法》（GB/T 5750.6—2006）和标准加入法两种不同的分析方法对其进行了分析，通过方法比对，两数据监测结果基本一致，相差不大；同时对铜、铅和镉等项目还进行了仪器比对（所用仪器分别是TAS-986型原子吸收分光光度计和PE AA4000型原子吸收光谱仪）和方法比对（火焰法和石墨炉法），比对试验主要通过对水功能区监测断面实际样品进行检测分析的方式实现。

2014年，按照《2014年度实验室比对与能力验证工作计划》的要求，监测中心自行举办了 2 项次比对试验，即对 2 个不同的监测项目分别进行了人员比对、方法比对和仪器比对的水质监测工作，比对试验监测项目分别是化学需氧量和石油类。其中，石油类的检测分别使用了两种不同型号的红外分光油分析仪进行了仪器比对（通过对未知标准样品进行考核的方式），通过比对，两仪器均满足要求；化学需氧量的检测主要进行了人员比对和方法比对，采取的消解设备分别是微波密封消解和标准 COD 消解器。通过不同检测人员使用两种不同设备，采取不同的分析方法进行检测比对，以达到是否满足水质监测工作的需要。通过两种方式的比对均保证了监测数据的可比性和准确性。按照黄委水文局的要求，参加了黄委水文局组织的氨氮项目的实验室间比对试验工作。

2015 年，按照《黄河山东水环境监测中心 2015 年度实验室比对与能力验证工作计划》要求，监测中心对化学需氧量检测项目进行了人员比对、方法比对和仪器比对工作，对比对后的监测数据进行了统计与分析。

2015 年，按照《黄河流域水资源保护局关于开展黄河流域（片）重要水功能区监督检测工作的通知》（黄护监〔2015〕4 号）精神，黄河山东水环境监测中心会同山东省水文水资源勘测局泰安分中心一道对大汶河东平缓冲区代表监测断面——戴村坝断面实施了监督性检查（实验室比对试验）。本次实验室比对试验由两家共同采样，分别检测，检测频次为两次，时间分别定于 5 月 26 日至 5 月 27 日和 9 月 17 日至 9 月 18 日，检测项目包括氨氮、化学需氧量和高锰酸盐指数，同时为了保证检测数据的准确、可靠，监测中心对上述三个监测项目还组织了有证标准物质的盲样考核。

黄河山东水环境监测中心质量控制考核、比对试验情况汇总见表 8-2。

表 8-2　黄河山东水环境监测中心质量控制考核、比对试验情况汇总

年份	文件	考核项目	考核方式
2011	全国水利系统水质监测实验室质量控制考核（比对试验）工作方案	氨氮、化学需氧量、汞、氰化物、镉和氯苯	盲样考核，考核结果合格
	《2011 年度实验室比对与能力验证工作计划》	氰化物、挥发酚	人员比对、方法比对和仪器比对（使用的仪器设备分别为流动注射分析仪与分光光度计）
		氯化物、硫酸根和氟化物	人员比对、方法比对和仪器比对（使用的仪器设备分别为离子色谱仪、滴定管和数字式离子计）
2012	《关于加强水质监测质量管理工作的实施方案》和《关于开展全国水利系统水质监测实验室质量控制考核（比对试验）工作的通知》	总磷、总硬度	常规质量控制试验（质量控制基础试验、精密度偏性分析试验、准确度试验、质量控制图绘制）

续表 8-2

年份	文件	考核项目	考核方式
2012	《2012 年度实验室比对与能力验证工作计划》	硝酸盐氮	人员比对、方法比对和仪器比对(使用的仪器设备分别为离子色谱仪和紫外/可见分光光度计)
		氰化物	人员比对、方法比对和仪器比对(使用的仪器设备分别为流动注射分析仪与分光光度计)
		六价铬、汞、石油类、硫酸盐、铁、邻二甲苯、氯苯	人员比对
2013	《2013 年度实验室比对与能力验证工作计划》	石油类、化学需氧量	仪器比对《使用两种不同型号的红外分光油分析仪》、人员比对
		锌	方法比对《生活饮用水标准检验方法》(GB/T 5750. 6—2006)和标准加入法
		铜、铅和镉	仪器比对(所用仪器分别是 TAS-986 型原子吸收分光光度计和 PE AA4000 型原子吸收光谱仪)和方法比对(火焰法和石墨炉法)
2014	《2014 年度实验室比对与能力验证工作计划》	化学需氧量	人员比对和方法比对(采取的消解设备分别是微波密封消解和标准 COD 消解器)
		石油类	仪器比对(使用两种不同型号的红外分光油分析仪)
	黄委水文局组织	氨氮	实验室间比对
2015	《黄河山东水环境监测中心 2015 年度实验室比对与能力验证工作计划》	化学需氧量	人员比对、方法比对和仪器比对
	《黄河流域水资源保护局关于开展黄河流域(片)重要水功能区监督检测工作的通知》(黄护监〔2015〕4 号)	化学需氧量、高锰酸盐指数、氨氮	实验室间比对、检测结果与省区无水质类别差异

2. 实验室能力验证

利用实验室间比对确定实验室的检定、校准和检测的能力。受诸多因素的影响，2012年前，监测中心未参加过实验室能力验证工作。

2013年6月和2014年7月，监测中心相继参加了由国家认证认可监督管理委员会组织，中国疾病预防控制中心环境与健康相关产品安全所承担并具体实施的生活饮用水中总硬度、锌和硒的检测和生活饮用水中硝酸盐氮的检测能力验证A类项目的考核工作，监测中心参加的4个检测项目均顺利通过，达到“满意”结果。

2014年8月，监测中心参加了水利部水文局组织，水利部水环境检测评价研究中心承担并具体实施的全国重要江河湖泊水功能区达标考核的主要控制能力A类项目高锰酸盐指数、氨氮2项和集中式生活饮用水地表水源地水质检验的B类特定项目硝基苯、甲萘威共4个项目的能力验证工作，该工作已顺利完成。

2015年，监测中心积极参加上级组织的各项实验室能力验证工作，分别参加了水利部水文局和国家认证认可监督管理委员会组织的实验室能力验证工作，并取得满意结果。按照水利部水文局《关于开展2015年度水利系统水质监测机构能力验证工作的通知》（水文质〔2015〕52号）精神，黄河山东水环境监测中心于2015年7月初参加了水利部水文局组织的实验室能力验证工作。监测中心有4个项目参加了能力验证，分别是化学需氧量、总磷、1,2-二氯乙烷和百菌清（其中1,2-二氯乙烷和百菌清2个检测项目均不在国家认证认可监督管理委员会批准的计量认证范围内），其结果已按要求上报至水利部水环境监测评价研究中心，根据中期监测结果通知，该监测结果均为满意。

2015年8月，监测中心又参加了国家认证认可监督管理委员会组织（国认实〔2014〕13号）、中国疾病预防控制中心承担并具体实施的生活饮用水中高锰酸盐指数、汞和甲苯的测定能力验证工作，其结果已按要求及时进行了上报，根据中期结果通知，高锰酸盐指数和汞的监测结果均为满意，其中汞上报的2个监测结果中有一个为可疑结果，按照能力验证要求，监测中心及时对该项目进行了补考，补考结果按照规定的时间及时进行了上报，根据上报结果通知，该监测结果为满意（补测）。

2016年，监测中心积极参加上级（分别参加了水利部水文局和国家认证认可监督管理委员会）组织的各项实验室能力验证工作。按照水利部水文局《关于开展2016年度水利系统水质监测机构能力验证工作的通知》精神，黄河山东水环境监测中心于2016年6月参加了水利部水文局组织的实验室能力验证工作。中心有4个项目参加了能力验证，分别是氨氮、汞、氯苯和对硫磷（其中对硫磷检测项目均不在国家认证认可监督管理委员会批准的计量认证范围内），其结果已按要求上报至水利部水环境监测评价研究中心。

2016年8月，监测中心又参加了国家认证认可监督管理委员会组织、中国疾病预防控制中心承担并具体实施的生活饮用水中溶解性总固体的检测能力验证项目，其结果已按要求及时进行了上报。根据能力验证项目结果通知单，监测中心提交的测试结果均为满意结果并分别取得能力验证合格实验室证书。至此，2016年监测中心参加上级组织的5个参数的检测能力验证项目提交的测试结果均为满意结果且一次性通过。

2017年，中心积极参加上级组织的各项实验室能力验证工作。黄河山东水环境监测中心于2017年7月参加了国家认证认可监督管理委员会组织、北京中实国金国际实验室能力验证研究有限公司实施的实验室能力验证工作。监测中心有4个项目参加了"CNCA-17-A20空气中一氧化碳含量的测定"能力验证,其结果已按要求上报。

2017年5月,监测中心还参加了水利部水文局组织的"2017年度水质监测实验室质量控制考核",按照水利部水文局《关于开展2017年度水质监测质量管理工作的通知》(水文质〔2017〕18号)中的要求,监测中心参加了水质监测实验室质量控制A组(跨组参加)的考核工作,考核项目为氨氮、汞、高锰酸盐指数、阿特拉津、硝基氯苯(其中阿特拉津、硝基氯苯检测项目均不在国家认证认可监督委员会批准的计量认证范围内),其结果已按要求及时进行了上报。监测中心已收到质量控制考核结果通知单,5个考核项目均为满意结果。

2017年8月,监测中心又参加了国家认证认可监督管理委员会组织、中国疾病预防控制中心承担并具体实施的"CNCA-17-A05饮用水中溴酸盐、氯酸盐、阴离子合成洗涤剂的检测"中"阴离子合成洗涤剂的检测"能力验证项目,其结果已按要求及时进行了上报。监测中心收到"CNCA-17-A20空气中一氧化碳含量的测定"能力验证项目结果通知单,测试结果为满意并取得能力验证合格实验室证书。至此,监测中心已收到"阴离子合成洗涤剂的检测"能力验证结果通知单。

2018年,监测中心积极参加上级组织的各项实验室能力验证工作。黄河山东水环境监测中心于2018年7月参加了国家认证认可监督管理委员会组织、中国疾病预防控制中心环境与健康相关产品安全所实施的"CNCA-18-A08饮用水中铁、三溴甲烷、氟化物的检测"中铁和氟化物的能力验证,其结果已按要求上报。

2018年7月,监测中心又参加了水利部水环境监测评价研究中心承担并具体实施的"总磷、硒、总硬度、甲苯"4个项目的能力验证项目,其结果已按要求及时进行了上报,且均为满意结果。

2019年,监测中心积极参加上级组织的各项实验室能力验证工作。黄河山东水环境监测中心于2019年5月参加了国家认证认可监督管理委员会组织的"空气中二氧化硫、氮氧化物的检测"中二氧化硫、氮氧化物项目能力验证工作,其结果已按要求上报。2019年6月参加了国家认证认可监督管理委员会组织的"水中化学需氧量、石油类和挥发酚的测定"中化学需氧量、石油类、挥发酚项目的能力验证工作,其结果已按要求上报。2019年7月,监测中心又参加了水利部水环境监测评价研究中心承担并具体实施的"水中铅、水中亚硝酸盐氮"2个项目的能力验证项目,其结果已按要求及时进行了上报。监测中心已收到水利部水环境监测评价研究中心"总磷、硒、总硬度、甲苯"能力验证项目结果通知单,4个项目测试结果均为满意;已收到国家认证认可监督管理委员会"二氧化硫、氮氧化物"结果通知单及"化学需氧量、石油类、挥发酚"结果通知单,结果均为满意。

第三节　监测中心实验室取得的主要成绩

在上级领导的关怀和支持下,在监测中心全体人员的共同努力下,监测中心取得了一定的成绩。其主要成绩包括如下:

(1)2012年,顺利通过第三次全国水利系统水质监测机构质量控制考核(实验室对比),受到水文局通令嘉奖。

(2)在2011~2013年水利部水文局组织的“水质监测质量管理七项制度”监督检查中,黄河山东水环境监测中心获得“水质监测质量管理与安全”双优秀实验室的荣誉称号。

(3)2013年,监测中心在首次参加的国家认证认可监督管理委员会组织的“生活饮用水中锌、硒和总硬度”的A类实验室能力验证中,一次性通过考核,取得“满意”结果。

(4)黄河山东水环境监测中心6次(1994年、1999年、2004年、2009年、2012年、2015年)顺利通过国家级计量认证及复查工作。

(5)在2014年“1·31”甲醇突发性水污染处置事故中,受到黄委的通令嘉奖。

(6)2017年,黄河山东水环境监测中心顺利通过水利部水文局组织的“水质监测质量管理七项制度”监督检查。

第九章　水质监测资料整编汇编

第一节　水质监测资料整编的目的

资料整编是指对监测原始资料,进行系统、规范化整理分析,计算年特征值,按分级管理要求进行整理、汇编,并向上级水环境监测中心报送成果。

水质监测资料整编是对各类水质监测原始数据资料系统整理汇编的过程,是水质监测工作的重要内容,应以发现问题、解决问题为宗旨,以促进水质监测工作的不断完善和发展,提高水质监测资料的质量,使监测资料更具公正性、科学性、合理性和权威性为最终目的,同时做好水质资料整编对于积累历史水质监测资料,实施水质监测数据的检查,提高水质监测工作水平,更好地保护水资源具有重要意义。

第二节　黄河山东水质监测资料整编概况

黄河流域水质监测资料整汇编始于 1977 年。1972~1990 年水质监测资料直接进行整编刊印。其中 1972~1976 年直接整编刊印的资料主要以水化学为主。1985~1989 年,水质监测资料在站整编严格按照原水利电力部 1976 年颁发的水文测验手册第三册《资料整编和审查》及 1986 年黄委水文局编制的《水质资料汇编补充规定》进行;1989~1997 年按照《黄河流域水质监测资料整刊办法》进行整编,该办法由黄河流域水环境监测中心于 1989 年 9 月编制完成并实施;从 1992 年开始,黄河流域资料整编采用计算机资料整编程序进行。1998 年 7 月水利部颁布了《水环境监测规范》后,按该规范及《黄河流域水质监测资料整刊办法》进行整编,每年 5 月份参加黄河流域水环境监测中心组织的汇编,历年的整编资料均通过验收,达到刊印水平,由黄河流域水资源保护局刊印出版《黄河流域水质年鉴》。刊布整编后的成果表为“黄河山东水环境水质监测成果表”和“黄河山东水质监测特征值统计表”。

自 1991 年开始不再出版年鉴,而采用磁介质软件储存。目前中心的整编包括在站整编、审查、复查和汇编四个阶段,其中资料在站整编和审查由中心自行完成,复查工作由黄委水文局水质科负责,最终通过黄河流域水环境监测中心完成汇编,至此整个整编工作便告一段落。2002 年以前的整编工作均由黄河流域水环境监测中心负责。2002 年机构改革,黄委水文局测验处下设水质科,自 2003 年各中心参加黄委水文局组织的水质监测资料整编,整编后参加黄河流域水环境监测中心组织的汇编。

本中心历来重视水质监测资料的整编工作,多次受到上级部门的表彰,其中,1985~2000 年,在黄河流域水环境监测中心组织的水质监测资料整编评比中,有 8 次获得全河第一名。1988 年被黄河流域水环境监测中心评为优质实验室并取得了全河第一的优异成绩,获锦旗一面。

第三节　资料整编过程及相关要求

一、原始记录和质量保证工作记录审查

(1)原始记录和质量保证工作记录内容的完整性:原始记录表格所有栏目的内容均须填写,记录表不允许出现空格。质量保证工作记录内容须符合“质量保证记录”内容要求。

(2)原始记录及监测结果表示的规范性:原始记录的内容、填写、表示及监测结果表示均应符合“原始资料的记录及整理”规定。

(3)审查计算、统计的正确性。

(4)依据“质量保证与质量控制”章有关要求审查监测过程质量活动的可靠性。

(5)依据当年度“水质监测任务书”审查监测任务完成情况。

(6)原始资料装订。

二、原始资料的分类、归类及装订

原始资料的分类、归类及装订应符合下列规定:

(1)原始资料按监测项目分类表进行监测项目分类。

(2)原始资料应按监测项目分类表项目分类和监测项目排序装订在一起,项目分类中监测项目较少的,宜同其他类监测项目较少的装订在一起,如细菌类监测项目宜同有机污染物类装订在一起。

(3)采样及现场测定记录单独装订成册。

(4)监测项目的标准溶液配制记录、标定记录须与当测次该项目测定记录规放在一起,并按配制记录、标定记录、测定记录排列装订。

(5)原始记录装订成册后,须在每一页打印页码并在封面注明页数和标明项目分类(见表 9-1)。

表 9-1　监测项目分类表

项目分类	项目
理化指标	水温、pH、矿化度、电导率、碱度(碳酸根、重碳酸根)
无机阴离子	氟化物、氯化物、硫酸盐、氰化物
营养盐	总磷、总氮、氨氮、硝酸盐氮
有机污染综合指标	溶解氧、高锰酸盐指数、化学需氧量、五日生化需氧量
金属及其化合物	钾、钠、钙、镁、砷、汞、六价铬、铜、锌、铅、镉、铁、锰
有机污染物	挥发酚、石油类、苯系物
细菌指标	挥发酚、石油类、苯系物

三、填绘整编成果

整编成果主要包括水质站及断面一览表、水质站及断面分布图、水质监测情况说明表及位置图(新增断面)、分析方法及检出限表、水质监测成果表、水质监测成果特征值年统计表、悬移质监测成果表、底质监测成果表、排污口监测成果表及水质监测资料整编说明书等。填绘的整编成果图表须经过三审,并达到图表完整、填绘规范和数据录入及计算、统计正确。

四、资料保存与要求

测试工作完成后的原始资料经三遍手(计算、校核、复核)确认无误后,实验室统一收集并保存原始资料。会审后原始资料(包括质量保证记录)及成果资料的保存依据《水环境监测规范》规定的相关要求进行保存。

第十章　实验室计量认证

第一节　计量认证的起源和发展

一、计量认证的起源

国际检测实验室认可制度始于20世纪40年代。1946年,澳大利亚首先建立了全国测试机构协会(NATA),负责澳大利亚全国检测实验室认可工作,是国际上最早建立检测实验室认可体系的国家。随着科学技术的进步、生产力水平的提高和国际间交往的日益频繁,特别是国际贸易的扩大,检测实验室认可制度给人们带来了可观的经济效益和社会效益,因而检测实验室认可工作得到迅速发展,受到了各国政府和民间组织的关注。20世纪70年代中期后,一些经济、技术发达的国家先后建立了全国性的检测实验室认可体系,正式确立了检测实验室认可制度。1976~1982年,美国、苏联、英国、法国、加拿大等国家纷纷在国内筹建检测实验室认可体系组织。为了适应世界范围内检测实验室认可制度发展,国际标准化组织 (ISO)于1970年成立认可委员会。认可委员会是ISO理事会下设的9个咨询委员会之一。1977年国际组织在丹麦哥本哈根成立了一个定期协商性质的国际实验室认可会议(ILAC),它是交流和讨论国家实验室认可和国际组织实验室认可问题的国际论坛。1996年9月,在荷兰阿姆斯特丹召开第14届国际实验室认可会议上,包括我国在内的44个实验室认可机构签署了正式成立"国际实验室认可合作组织"的谅解备忘录,标志着ILAC由一个松散的论坛形式转变成一个实体,即"国际实验室认可合作组织"简称为ILAC。1981年中国作为正式成员国参加了在墨西哥城举行的第五届国际实验室认可会议。

二、计量认证的发展

我国的实验室认证工作正式起步是在20世纪80年代中期。20世纪80年代初期,随着我国对外开放和经济体制改革进程的不断加快,多种经济成分共存的新的社会主义市场经济模式逐渐取代计划经济一统全国的局面,供需双方的供销合同机制逐步替代政府管理部门对企业产品的计划、生产、分配、销售等环节的垄断管理体制。因此,也就产生了供需双方的验货检验需求,同时政府管理部门对产品的产、供、销管理职能转为对产品的质量监督管理职能,进而形成政府对质检机构的需求。于是在随后的几年里从国家到各行业、各部门,从省(自治区、直辖市)到地、市、县相继成立各级产品质量监督检验机构,其作用是承担政府对产品的质量监督抽查及验货、仲裁任务。为了规范上述机构的工作行为,提高检验工作质量,1985年,我国颁布了《中华人民共和国计量法》(以下简称《计量法》),该《计量法》借鉴了国外对质检机构(检测实验室)的先进管理经验,规定了对质检机构的考核要求。同时,在1987年发布了《中华人民共和国计量法实施细则》中,将质检机构的考核称为计量认证。

原国家计量局为规范计量认证工作,1987年7月10日制定颁布了《产品质量检验机构计量认证管理办法》,以6章25条规章的形式对计量认证工进一步作出规定,并参照其他国外认可机构对质检机构的考核标准,结合我国实际情况,制定了对质检机构计量认证的考核标准,在试点的基础上于1987年开始对我国的质检机构实施计量认证考核。经过1987~1990年对质检机构计量认证的考核实践,国家质量技术监督局发布了我国对质检机构计量认证的考核标准——《产品质量检验机构计量认证技术考核规范》(JJG 1021—90)(参考ISO/IEC)导则25和ISO/IEC38)。1994年,为规范水利行业计量认证工作,水利部以水科教〔1994〕170号文件发布了《水利部计量工作管理办法》,以水科教〔1994〕171号文件发布了《水利水电工程与产品的安全、质量检验测试机构管理办法》、以水科教〔1994〕172号文件发布了《水利水电工程与产品的安全、质量检验测试机构计量认证考核规程》(JJG(SL) 1001—1994)。

进入21世纪,按照转变政府职能、实行政事和政企分开、建立廉洁高效的政府管理的要求,把属于事业、企业、中介组织的职能完全放给他们,属于政府职能的要严格依法行政。由于历史的原因,计量认证和审查认可(验收)工作分别由计量部门和质量监督部门实施,其考核标准基本类同,致使质检机构长期接受考核条款相近的两种考核,造成了对质检机构的重复评审。同时,我国加入WTO,对质检机构的考核标准也需要与国际上对实验室的考核的标准趋向一致。国家质量技术监督局为解决重复考核和与国际惯例接轨问题,同时有兼顾我国法律要求和具体国情,制定了《产品质量检验机构计量认证/审查认可(验收)评审准则》,替代了原有的《产品质量检验机构计量认证技术考核规范》(50条)和《审查认可(验收)条款》(39条)。该"二合一"评审标准已于2000年10月24日以质技监认函〔2000〕046号文发布,并于2001年12月1日开始实施。这将从根本上解决了检验机构的重复评审问题,也是计量认证与审查认可发展的必然结果。它不仅涵盖了《校准和检测实验室能力的通用要求》(GB/T 15481—1995)(等同采用ISO/IEC导则25—1990)的全部内容,同时满足了《计量法》对质检机构计量认证的要求和《中华人民共和国标准化法》对质检机构审查认可(验收)的特殊要求,也参照了《检测和校准实验室能力的通用要求》(ISO/IEC导则17025—1999)的有关规定。我国发布的《产品质量检验机构计量认证/审查认可(验收)评审准则》顺应了对质检机构考核的国际潮流,为国内质检机构走出国门创造了必要的条件,对质检机构的发展、壮大和工作方式同国际惯例接轨起到了推进作用。2003年2月19日,水利部以水国科〔2003〕60号文件发布了《水利计量认证程序规定》和《水利计量认证评审员管理细则》。2004年2月3日,水利部以水国科〔2004〕20号文件发布了《水利计量认证现场评审细则》。2004年,水利部以水国科〔2004〕557号文件发布了《水利质量检测机构计量认证评审准则》(SL 309—2004),该评审准则是在《产品质量监测机构计量认证/审查认可(验收)评审准则》的基础上结合水利计量认证工作的实际编制的,替代了原《水利水电工程与产品的安全、质量检验测试机构计量认证考核规程》(JJG(SL)1001—1994),该行业标准在2004年11月30日起实施。

随着我国入世后过渡期的逐步完成和《中华人民共和国行政许可法》的实施,对各类实验室的监管既要符合《中华人民共和国行政许可法》和相关法律法规的规定，又要向国际通行规则靠拢。2005年，国家认证认可监督管理委员会（以下简称国家认监委）组织相关专家制定了《实验室和检查机构资质认定管理办法》。该办法于2006年2月21日颁布，明确将计量认证纳入实验室和检查机构资质认定的范畴，2006年4月1日起实施，同时国家计量局发布的《产品质量检验机构计量认证/审查认可（验收）评审准则》废止。随着《实验室和检查机构资质认定管理办法》的出台，国家认监委组织有关专家起草了《实验室资质认定评审准则》，于2006年7月27日以国认实函〔2006〕141号文印发了该评审准则，并规定2007年1月1日开始实施，替代了《产品质量检验机构计量认证/审查认可（验收）评审准则》，评审周期由5年变为3年，监督检查也从此宣布取消。新发布的《实验室资质认定评审准则》，是原《产品质量检测机构计量认证/审查认可评审准则（试行）》的继承与发展，它全面吸收了《检测和校准实验室能力通用要求》（ISO/IEC 17025:2005）的精华，继续保留了我国现行有关法律法规和政府对检测机构的强制性考核的要求。将计量认证和审查认可的评审要求统一为资质认定评审准则，使计量认证和审查认可的技术评审活动在与国际接轨方面又向前推进了一步。2007年，水利部根据《实验室资质认定评审准则》的要求，对该评审准则进行了修改，于2007年11月26日发布了新的行业标准——《水利质量检测机构计量认证评审准则》（SL 309—2007），于2008年2月26日开始。随着计量认证工作的逐渐深入，有些与水利行业不相符的问题在计量认证工作中凸显出来，为此水利部结合计量认证工作的实际，修订了《水利质量检测机构计量认证评审准则》（SL 309—2007）。修订是在总结近年来水利计量认证评审实践的基础上，对水利计量认证评审中需要进一步规范和统一的有关问题进行了补充，对标准中规定不够具体的条款进行了完善，以确保使用标准时各方面准确理解和执行。新的《水利质量检测机构计量认证评审准则》（SL 309—2013）于2013年12月16日发布，自2013年3月16日实施。

第二节　计量认证的目的和法律依据

一、计量认证的目的

计量认证是指省级以上人民政府计量行政部门根据《中华人民共和国计量法》的规定，对产品质量检验机构（包括自愿申请的、为社会出具公正数据的各类实验室，以下简称质检机构或实验室）的计量检定、测试能力和可靠性、公正性进行的考核。这种考核依据统一的评审准则，遵循规范的程序并通过注册评审员和技术专家组织进行的，通过计量认证对质检机构进行的第三方评审，从而对质检机构技术能力和管理水平所做出的一种正式评价。经计量认证合格的产品质量检验机构所提供的数据，可作为贸易出证、产品质量评价、成果鉴定的公正数据，具有法律效力。

计量认证的主要目的包括两个方面：一是要建立质检机构出具公正数据的技术权威和合法地位，真正做到把公正、准确、可靠的计量检测数据作为贸易出证、产品质量评价、科学成果鉴定等工作的基础和依据；二是通过计量认证可以帮助质检机构进一步完善质量体系、持续改进质量创造条件，以提高其工作质量和信誉。

二、计量认证的法律依据

计量认证的法律依据是《中华人民共和国计量法》《中华人民共和国标准化法》和《中华人民共和国产品质量法》。《计量法》第二十二条规定："为社会提供公正数据的产品质量检验机构，必须经省级以上人民政府计量行政部门对其进行计量检定、测试的能力和可靠性考核合格。"因此，计量认证是一项技术性很强的法制监督工作，是我国通过计量立法，对为社会出具公正数据的检测机构（实验室）进行强制考核的一种手段。

通过计量认证，健全了质量管理体系，使水质监测工作实现了科学化、规范化、法制化管理，为水环境监测走向社会、走向市场奠定了坚实的基础，并为今后进行的实验室认可创造了良好的条件。

第三节　计量认证的内容

目前世界上的实验室认证系统有两种模式，一种是由官方和民间团体组织联合成立的全国认证委员会；另一种是政府计量行政部门由国家授权建立的认证体系，对实验室的检测能力提供国家级的认证。中国的实验室认证系统大都属于第二种。

《中华人民共和国计量法》从立法的角度对计量认证的内容进行了规定，《计量法实施细则》第三十三条规定："产品质量检验机构计量认证的内容包括以下三个方面：（一）计量检定、测试设备的性能；（二）计量检定、测试设备的工作环境和人员的操作技能；（三）保证量值统一、准确的措施及检测数据公正可靠的管理制度。"

《产品质量检验机构计量认证技术考核规范》（JJG 1021—90）规定的评审内容主要包括 6 个方面 50 条，其 6 个方面分别是组织机构、仪器设备、检测工作、人员、环境和工作制度。

2001 年 12 月 1 日开始实施的《产品质量检测机构计量认证/审查认可评审准则（试行）》中规定的内容包括 13 个平行要素，分别是组织和管理、质量体系、审核与评审、人员、设施和环境、仪器设备和标准物质、量值溯源和校准、检验方法、检验样品的处置、记录、证书和报告、检验的分包、外部支持服务与供应、抱怨等。

2007 年 1 月 1 日开始实施的《实验室资质认定评审准则》中规定的内容包含管理要求和技术要求 2 个方面共 19 个要素。其中，管理要求包括 11 个要求，分别是组织、管理体系、文件控制、检测或校准的分包、服务与供应品的采购、申诉与投诉、合同评审、纠正措施和预防措施与改进、记录、内部审核、管理评审；技术要求包括 8 个要素，分别是人员、设施和环境条件、检测和校准方法、量值溯源、设备和标准物质、检测、结果质量控制、结果报告。

第四节　黄河山东水环境监测中心计量认证情况

水利行业的计量认证是从 20 世纪 90 年代初开始实行，至今已有 20 多年历史。水利行业的计量认证经历了从无到有迅速发展的历程。水利行业计量认证主管机构为水利部国际合作与科技司,负责水利行业质检机构计量认证管理工作。1992 年 12 月,水利部和国家质量技术监督局以水科教〔1992〕35 号文件发布成立了“国家计量认证水利评审组”,具体负责水利部所属水利水电工程与产品质检机构及对外出具公正数据的水利水电专业质检机构的计量认证工作。为转变政府职能,进一步加强水利水电工程与产品质检机构的计量认证管理工作,水利部计量办公室 1997 年 4 月授权中国水利水电科学研究院承担“国家计量认证水利评审组”的日常管理工作。

黄河山东水环境监测中心(简称中心)的计量认证工作始于 1994 年,1994 年 1 月首次通过国家级计量认证,从此拉开了计量认证工作的序幕。在此后的 20 年时间里,中心分别于 1999 年 1 月、2004 年 6 月、2009 年 9 月、2012 年 8 月、2015 年 11 月 5 次通过了国家级计量认证复查评审工作。在此期间,中心还进行了 4 次计量认证监督检查工作,时间分别为 1998 年 6 月、2002 年 11 月、2007 年 9 月和 2011 年,都顺利通过了监督检查工作。

一、计量认证复查评审的依据及发证机关不同

1994 年 1 月和 1999 年 1 月通过的计量认证复查评审的依据是《产品质量检验机构计量认证技术考核规范》(JJG 1021—90),它主要包括 6 个方面,50 条;2004 年 6 月通过的计量认证复查评审,其依据是《产品质量检验机构计量认证/审查认可评审准则(试行)》,它包括并列的 13 个要素;2009 年与 2012 年 8 月通过的计量认证复查评审,其依据是《实验室资质认定评审准则》和《水利质量检测机构计量认证评审准则》(SL 309—2007),它包括两大要求(管理要求 11 个要素;技术要求 8 个要素)19 个要素,共 91 条款。

1994 年和 1999 年通过的计量认证,其发证机关均为国家质量技术监督局;其他 3 次通过的计量认证,其发证机关为国家认证认可监督管理委员会。

二、首次计量认证及历次复查评审情况

(一)1994 年首次计量认证情况

1994 年 1 月 12~13 日,受国家质量技术监督局的委托,五名审核员对黄河山东水环境监测中心进行了计量认证。评审专家分别是:翁建华(评审组长)、李青山、万蔚华、江义仙和胡爱华(其中江义仙和胡爱华均为山东省质量技术监督局)。当时,中心现有管理和检测人员 10 人,其中高级职称的 2 人,中级职称的 2 人,初级职称的 5 人,受水化专业培训的 5 人,中级职称以上人员占总人数的 40.0%;仪器设备总台数为 26 台(套),主要仪器有 3200 型原子吸收分光光度计,JCG-1 型测汞仪,721-100 型,721 型分光光度计,751-GW 型紫外/可见分光光度计,PXJ-1B 型数字式离子计,DDS-11A 型电导率仪,25 型酸度计,TG328A 型光电分析天平,GB3284 分析天平和架盘药物天平等。设备固定资产 42 万元,恒温面积为 60 m^2,非恒温面积为 240 m^2。申请计量认证的检测参数为水(地面水、地下水、饮用水及水源水和工业废水)和土壤两大类 44 项监测参数,其中水环境监测参数包括水温、悬浮物、pH、电导率、氧化还原电位、游离二氧化碳、侵蚀二氧化碳、溶解氧、化学需氧量、高锰酸盐指数、五日生化需氧量、氨氮、亚硝酸盐氮、硝酸盐氮、总碱度、碳酸盐、重碳酸盐、氯化物、硫酸盐、钙和镁总量、钙、镁、钾、钠、矿化度、挥发酚、氰化物、砷、六价铬、总汞、铜、铅、锌、镉、总大肠菌群、细菌总数、氟化物、油、色度、浊度、铁、总固体、嗅

和味、溶解性固体肉眼可见物。土壤检测项目为铜、铅、锌、镉、汞、砷。在此次计量认证中,中心4人参加了4项检测项目的现场盲样操作考核,分别是pH、亚硝酸盐氮、高锰酸盐指数和锌。考核项目占计量认证申请认证项目的9.1%。

(二)1999年计量认证复查评审

1999年1月18~20日,受国家质量技术监督局的委托,3名审核员对黄河山东水环境监测中心进行了计量认证复查评审。评审专家分别是:李怡庭(评审组长)、高宏和胡爱华(山东省质量技术监督局)。当时,中心现有管理和检测人员9人,其中技术人员8人,工程师及以上的人员5人,占中心总人数的55.6%;仪器设备总台数为31台(套),主要仪器有TAS-986型原子吸收分光光度计,721-B型、722型、723型分光光度计,TU-1800PC型及TU-1201型紫外/可见分光光度计,PXJ-1B型数字式离子计,DDS-11A_T型电导率仪,PHS-3C型酸度计,FA204型和AG204型电子天平,TG328A型光电分析天平和架盘药物天平,HI9804型多参数水质现场快速分析测量仪等。设备固定资产50.3万元,恒温面积为230 m^2,非恒温面积为70 m^2。申请计量认证的检测参数为水(地面水、地下水、饮用水及水源水和工业废水)和土壤两大类62项监测参数(包括水文项目中的水位、流量和含沙量)。水环境监测参数包括水温、悬浮物、pH、电导率、氧化还原电位、游离二氧化碳、侵蚀二氧化碳、溶解氧、化学需氧量、高锰酸盐指数、五日生化需氧量、氨氮、亚硝酸盐氮、硝酸盐氮、总碱度、碳酸盐、重碳酸盐、氯化物、硫酸盐、钙和镁总量、钙、镁、钾、钠、矿化度、挥发酚、氰化物、砷、六价铬、总汞、铜、铅、锌、镉、总大肠菌群、细菌总数、氟化物、油、色度、浊度、铁、嗅和味、溶解性固体、肉眼可见物、总磷、余氯、阴离子合成洗涤剂、滴滴涕、六六六、锰、透明度、硒、总铬、水位、流量、含沙量、总硬度、酸度和总氰化物。土壤检测项目未发生任何变化。在此次计量认证复查中,中心6人参加了6项检测项目的现场操作盲样考核,分别是铜、汞、亚硝酸盐氮、总硬度、pH、高锰酸盐指数。考核项目占计量认证申请认证项目的9.7%。

(三)2004年计量认证复查评审

根据国家认证认可监督管理委员会国认实函〔2004〕41号文第155号和水利部计量办公室《关于水利水电技术机构国家级计量认证复查评审的通知》(国认水正字〔2004〕04号)的计划安排,2004年6月8~10日,由五名审核员组成的水利评审组对黄河山东水环境监测中心进行了计量认证复查评审。评审员分别是:翁建华(评审组长)、吴培任、杨忠山、高俊杰和陈茂泉(山东省质量技术监督局)。当时,中心现有管理和检测人员12人,其中工程师及以上的人员7人,占中心总人数的58.3%;仪器设备总台数为31台(套),同1999年计量认证时仪器大致差别不大,增加了压力蒸汽消毒器、微波密封消解COD快速测定仪等设备,设备固定资产50.3万元,恒温面积为230 m^2,非恒温面积为70 m^2。申请计量认证的检测参数为水(地面水、地下水、饮用水及水源水和工业废水)和土壤两大类55项监测参数,其中水环境监测参数包括水温、悬浮物、pH、电导率、氧化还原电位、游离二氧化碳、侵蚀二氧化碳、溶解氧、化学需氧量、高锰酸盐指数、五日生化需氧量、氨氮、亚硝酸盐氮、硝酸盐氮、总碱度、碳酸盐、重碳酸盐、氯化物、硫酸盐、钙、镁、钾、钠、矿化度、挥发酚、氰化物(总氰化物)、砷、六价铬、总汞、铜、铅、锌、镉、总大肠菌群、细菌总数、氟化物、油、色度、浊度、铁、嗅和味、溶解性固体、肉眼可见物、总磷、余氯、阴离子合成洗涤剂、锰、透明度、硒、总铬、酸度和总硬度。土壤检测项目为铜、铅、镉、砷、汞和有机物。在此次计量认证复查中，中心9人参加了9项检测项目的现场盲样操作考核，分别是化学需氧量（COD_{Cr}）、六价铬、氟化物、氨氮、总硬度、高锰酸盐指数（COD_{Mn}）、硝酸盐氮、铜、铁，其中六价铬为人员比对、铁为方法比对。考核项目占申请认证项目的16.4%。

（四）2009年计量认证复查评审

根据国家认证认可监督管理委员会国认实函〔2009〕36号第733号和水利部计量办公室《关于国家计量认证复查评审的通知》国认水正字〔2009〕19号国家计量认证评审计划安排，2009年9月1~3日，国家计量认证水利评审组的彭彪（评审组长）、罗阳、冷荣艾、华瑶菁会同山东省技术监督局的司兆逊5位评审专家，依据《实验室资质认定评审准则》和《水利质量检测机构计量认证评审准则》（SL 309—2007）的要求，对黄河山东水环境监测中心进行了复查换证评审。当时，中心现有管理和检测人员12人，其中，正高级工程师1人，高级工程师6人，中级及以上职称的人员11人，占中心人员的91.7%，高工及以上人数占总人数的66.7%；仪器设备总台数为56台（套），主要仪器有PE-AA400型原子吸收光谱仪（带石墨炉）、AFS-930型原子荧光光度计、气相色谱仪、ICS-1000型离子色谱仪、723型分光光度计、TU-1800PC型及UV-2006型紫外/可见分光光度计、PXJ-1B型数字式离子计、DDS-11A_T型电导率仪、PHS-3C型酸度计、FA204型和AG204型电子天平、TG328A型光电分析天平和架盘药物天平、YSI型多参数水质现场快速分析测量仪等；设备固定资产350万元，实验室面积为350 m^2，其中恒温面积为350 m^2，申请计量认证的检测参数为水（地表水、地下水、生活饮用水、工业废水和大气降水）和土壤两大类62项参数，其中水环境监测参数包括水温、悬浮物、pH、电导率、氧化还原电位、游离二氧化碳、侵蚀二氧化碳、溶解氧、化学需氧量、高锰酸盐指数、五日生化需氧量、氨氮、亚硝酸盐氮、硝酸盐氮、总碱度、碳酸盐、重碳酸盐、氯化物、硫酸盐、钙、镁、钾、钠、矿化度、挥发酚、氰化物（总氰化物）、砷、六价铬、总汞、铜、铅、锌、镉、总大肠菌群、细菌总数、氟化物、油、色度、浊度、铁、嗅和味、溶解性固体、肉眼可见物、总磷、余氯、阴离子合成洗涤剂、锰、透明度、硒、总铬、酸度、总硬度、苯系物（苯、甲苯、乙苯、邻二甲苯、间二甲苯、对二甲苯和异丙苯）；土壤检测项目为铜、铅、镉、砷、汞和有机物。在此次计量认证复查中，中心10人参加了10项检测项目的现场盲样操作考核，分别是砷化物、锰、氯化物、总氮、总磷、挥发酚、硫化物、甲苯、乙苯和铜（土壤），其中土壤首次纳入计量计量考核项目。除铜（土壤）为见证实验、氯化物方法比对外，其他所有检测项目均为人员比对。考核项目占申请认证项目的16.1%。

（五）2012年计量认证复查评审

根据国家认证认可监督管理委员会计量认证评审计划和国家计量认证水利评审组《关于国家计量认证复查评审的通知》（国认水字〔2012〕18号），国家计量认证水利评审组会同山东省质量技术监督局共5位国家级评审员，于2012年8月28~30日对黄河山东水环境监测中心进行了复查评审。评审员分别是：吴培任（评审组长）、陈清林、王秀兰、吴红燕和王杨（山东省质量技术监督局）。当时中心现有管理和检测人员13人，均具有中、高级专业技术职称；仪器设备总台数为58台（套），仪器设备在原来的基础上增加了液相色谱仪、总有机碳测定仪、滴定分析仪等，设备固定资产450万元，实验室面积为350 m^2，恒温面积为350 m^2。申请计量认证的检测参数为63项，在原来认证参数的基础上增加了氯苯参数。在此次计量认证复查中，中心8人参加了10项具有代表性检测项目的现场盲样操作考核,分别是汞、六价铬、氰化物、石油类、硫酸盐、硝酸盐氮、铁、邻二甲苯、氯苯和锌(土壤)。其中,硝酸盐氮为仪器比对、方法比对和人员比对、氰化物为仪器和人员比对外,其他考核项目均为人员比对。考核项目占申请认证项目的15.9%。

经评审组审核,确认该中心所申请的水(含地表水、地下水、饮用水、污水、大气降水)及底质与土壤共两类63项检测项目参数,具备按国家和行业方法标准向社会提供第三方公证数据的能力,同意通过复查评审。

(六)2015年计量认证复查评审

根据国家认证认可监督管理委员会计量认证评审计划和国家计量认证水利评审组《关于国家计量认证复查评审的通知》(国认水字〔2015〕18号),国家计量认证水利评审组会同山东省质量技术监督局共5位国家级评审员,于2015年8月26~28日对黄河山东水环境监测中心进行了复查评审。评审员分别是:李怡庭(评审组长)、吴世良、杨忠山、潘秀丽和王杨(山东省质量技术监督局)。当时,中心有管理和检测人员12人,其中,高级专业技术职称7人,中级专业技术职称3人;仪器设备总台数为85台(套),主要仪器设备有AA900T型原子吸收光谱仪(带石墨炉),TAS-990F型原子吸收分光光度计,AFS-930型原子荧光光度计,PF6-2型原子荧光光度计,安捷伦6890N气相色谱仪,安捷伦7890B气相色谱仪,Waters e2695液相色谱仪,ICS-1000型离子色谱仪,ICS-600型离子色谱仪,723型分光光度计,TU-1901型紫外/可见分光光度计,UV-2601型紫外/可见分光光度计,T6新悦可见分光光度计,DDS-12A型数字式电导率仪,DDS-307型电导率仪,PHS-3C型酸度计,AL204型电子天平,AG204型电子天平,TXB622L型电子天平,标准COD消解器,JLBG-129型红外分光测油仪,MARS240/50型CEM微波加速反应系统,MARS 6微波消解仪,Milli-Q超纯水机,3K15高速冷冻离心机,TOC-VCPN型总有机碳测定仪,TOC-L型总有机碳测定仪,SAN++型流动注射分析仪,T70型自动电位滴定仪,T50A型自动电位滴定仪,FYFS-400X型低本底α、β测量仪,GXH-3011A1型便携式红外线气体分析仪,AWA5688型声级计等;设备固定资产1 100多万元,实验室总面积为1 500 m^2,其中检测室面积为1 430 m^2。申请计量认证的检测参数为72项,包括水(地表水、地下水、饮用水、废污水、大气降水)、大气及噪声共三类,其中大气及噪声项目是首次申请计量认证。水监测参数包括水温、悬浮物、pH、电导率、氧化还原电位、游离二氧化碳、侵蚀二氧化碳、溶解氧、化学需氧量、高锰酸盐指数、五日生化需氧量、氨氮、亚硝酸盐氮、硝酸盐氮、总碱度、碳酸盐、重碳酸盐、氯化物、硫酸盐、钙、镁、钾、钠、矿化度、挥发酚、氰化物(总氰化物)、砷、六价铬、总铬、总汞、铜、铅、锌、镉、总大肠菌群、粪大肠菌群、菌落总数、氟化物、油、色度、浊度、铁、嗅和味、溶解性总固体、肉眼可见物、总磷、余氯、阴离子合成洗涤剂、锰、透明度、硒、总铬、总硬度、酸度、苯系物(苯、甲苯、乙苯、邻二甲苯、间二甲苯、对二甲苯和异丙苯)和氯苯。大气检测项目为飘尘、总悬浮颗粒、二氧化硫、氮氧化物、二氧化氮、一氧化碳和氟化物。噪声检测项目为噪声和振动。在此次计量认证复查中,中心8人参加了11项检测项目的现场盲样操作考核,分别是化学需氧量、总磷、铜、氟化物、硒、铅、挥发酚、苯、异丙苯和氮氧化物,其中化学需氧量为人员比对、总磷为仪器比对。考核项目占计量认证申请认证项目的15.0%。

表10-1为黄河山东水环境监测中心国家级计量认证情况一览表。

表 10-1　黄河山东水环境监测中心国家级计量认证情况一览表

时间（年-月）	计量认证参数类别	参数数量	认证参数	盲样考核项目数量	盲样考核项目	考核项目占比（%）	设施设备	评委	类型	发证机关	依据
1994-01	水（地面水、地下水、饮用水及水源水和工业废水）、土壤	44	水：水温、悬浮物、pH 等 38 项 土壤：铜、铅、锌、镉、汞、砷	4	pH、亚硝酸盐氮、高锰酸盐指数、锌	9.10	主要仪器设备有 3200 型原子吸收分光光度计、721 型分光光度计、25 型酸度计、TG328A 型光电分析天平等。设备固定资产 42 万元，恒温面积为 60 m^2，非恒温面积为 240 m^2	翁建华（评审组长）、李青山、万蔚华、江义仙、胡爱华	计量认证	国家技术监督局	《产品质量检验机构计量认证技术考核规范》（JJG 1021—90）
1999-01	水（地面水、地下水、饮用水及水源水和工业废水）、土壤	62	水：水温、悬浮物、pH 等 56 项 土壤：铜、铅、锌、镉、汞、砷	6	铜、汞、亚硝酸盐氮、总硬度、pH、高锰酸盐指数	9.70	主要仪器设备有 WFY－1D 型原子吸收分光光度计、723 型分光光度计、PH－3C 型酸度计、AG204 型电子天平。设备固定资产 50.3 万元，恒温面积为 230 m^2，非恒温面积为 70 m^2	李怡庭（评审组长）、高宏、胡爱华	国家级计量认证复查评审	国家技术监督局	《产品质量检验机构计量认证技术考核规范》（JJG 1021—90）

续表 10-1

时间（年-月）	计量认证参数类别	参数数量	认证参数	盲样考核项目数量	盲样考核项目	考核项目占比（%）	设施设备	评委	类型	发证机关	依据
2004-06	水（地面水、地下水、饮用水及水源水和工业废水）、土壤	55	水：水温、悬浮物、pH等 49 项 土壤：铜、铅、镉、砷、汞和有机物	9	化学需氧量（COD_{Cr}）、六价铬、氟化物、氨氮、总硬度、高锰酸盐指数（COD_{Mn}）、硝酸盐氮、铜、铁	16.40	主要仪器设备有 TAS-986 原子吸收分光光度计、723 型分光光度计、TU-1800PC 型紫外/可见分光光度计、TU1201 型紫外/可见分光光度计、PXJ-1B 型数字式离子计、AG204 型电子天平、TG328A 型光电分析天平。设备固定资产 80 万元，实验室面积为 320 m^2，其中恒温面积 250 m^2，非恒温面积 70 m^2	翁建华（评审组长）、吴培任、杨忠山、高俊杰、陈茂泉（山东省技术监督局）	国家级计量认证复查评审	国家认证认可监督管理委员会	《产品质量检验机构计量认证/审查认可评审准则（试行）》
2009-09	水（地面水、地下水、生活饮用水及水源水和工业废水和大气降水）、土壤	62	水：水温、悬浮物、pH等 56 项 土壤：铜、铅、镉、砷、汞和有机物	10	砷化物、锰、氯化物、总氮、总磷、挥发酚、硫化物、甲苯、乙苯、铜（土壤）	16.10	主要仪器设备有 PE-AA400 型原子吸收光谱仪（带石墨炉）、AFS-930 型原子荧光光度计、安捷伦 6890N 气相色谱仪、ICS-1000 型离子色谱仪、723 型分光光度计、UV-2601 型紫外/可见分光光度计。设备固定资产 350 万元，实验室面积为 350 m^2，其中恒温面积为 350 m^2	彭彪（评审组长）、罗阳、冷荣艾、华瑶菁、司兆逊（山东省技术监督局）	国家级计量认证复查评审	国家认证认可监督管理委员会	《实验室资质认定评审准则》《水利质量检测机构计量认证评审准则》（SL 309—2007）

续表 10-1

时间（年-月）	计量认证参数类别	参数数量	认证参数	盲样考核项目数量	盲样考核项目	考核项目占比	设施设备	评委	类型	发证机关	依据
2012-08	水（地表水、地下水、饮用水、污水、大气降水）及底质与土壤	63	水：水温、悬浮物、pH等57项 土壤：铜、铅、镉、砷、汞和有机物	10	汞、六价铬、氰化物、石油类、硫酸盐、硝酸盐氮、铁、邻二甲苯、氯苯、锌（土壤）	15.90%	主要仪器设备有PE-AA400型原子吸收光谱仪（带石墨炉）、AFS-930型原子荧光光度计、安捷伦6890N气相色谱仪、ICS-1000型离子色谱仪、723型分光光度计、UV-2601型紫外/可见分光光度计。备固定资产450万元，实验室面积为350 m^2，其中恒温面积为350 m^2	吴培任（评审组长）、陈清林、王秀兰、吴红燕、王扬（山东省技术监督局）	国家级计量认证复查评审	国家认证认可监督管理委员会	《实验室资质认定评审准则》《水利质量检测机构计量认证评审准则》（SL 309—2007）
2015-08	水（地表水、地下水、饮用水、废污水、大气降水）、大气及噪声	72	水：水温、悬浮物、pH、电导率、氧化还原电位、游离二氧化碳、侵蚀二氧化碳、溶解氧、化学需氧量、高锰酸盐指数、五日生化需氧量、氨氮、亚硝酸盐氮、硝酸盐氮、总碱度、碳酸盐、重碳酸盐、氯化物、硫酸盐、钙、镁、钾、钠、矿化度、挥发	11	化学需氧量、总磷、铜、氟化物、硒、铅、挥发酚、苯、异丙苯和氮氧化物	15.30%	主要仪器设备有AA900T型原子吸收光谱仪（带石墨炉）、TAS-990F型原子吸收分光光度计、AFS-930型原子荧光光度计、PF6-2型原子荧光光度计、安捷伦6890N气相色谱仪、安捷伦7890B气相	李怡庭（评审组长）、吴世良、杨忠山、潘秀丽、王扬（山东省技术监督局）	国家级计量认证复查评审	国家认证认可监督管理委员会	《实验室资质认定评审准则》《水利质量检测机构计量认证评审准则》（SL 309—2007）

续表 10-1

时间（年-月）	计量认证参数类别	参数数量	认证参数	盲样考核项目数量	盲样考核项目	考核项目占比	设施设备	评委	类型	发证机关	依据
2015-08			酚、氰化物（总氰化物）、砷、六价铬、总铬、总汞、铜、铅、锌、镉、总大肠菌群、粪大肠菌群、菌落总数、氟化物、油、色度、浊度、铁、嗅和味、溶解性总固体、肉眼可见物、总磷、余氯、阴离子合成洗涤剂、锰、透明度、硒、总铬、总硬度、酸度、苯系物（苯、甲苯、乙苯、邻二甲苯、间二甲苯、对二甲苯和异丙苯）和氯苯 大气：飘尘、总悬浮颗粒、二氧化硫、氮氧化物、二氧化氮、一氧化碳和氟化物 噪声：噪声和振动				色谱仪、ICS-1000 型离子色谱仪、723 型分光光度计、AL204 型电子天平、AG204 型电子天平、标准 COD 消解器、SAN++型流动注射分析仪。设备固定资产 1 100 多万元，实验室总面积为 1 500 m^2，其中检测室面积为 1 430 m^2				

三、计量认证监督评审情况

(一)1998 年 6 月计量认证监督评审

1998 年 6 月 23 日,国家计量认证水利评审组对黄河山东水环境监测中心进行了监督评审并顺利通过。审核员为翁建华和高宏。

(二)2001 年 11 月计量认证监督评审

2001 年 11 月 28 日至 11 月 29 日,国家计量认证水利评审组对黄河山东水环境监测中心进行了监督评审并顺利通过。审核员为高宏。

(三)2007 年 9 月计量认证监督评审

根据水利部计量办公室《关于水利水电技术机构国家计量认证监督评审的通知》(国认水检字〔2007〕4 号),国家计量认证水利评审组于 2007 年 9 月 27 日至 9 月 28 日对黄河山东水环境监测中心进行了监督评审并顺利通过。考核组成员为刘景哲(评审专家)、王红鹰和刘祥栋。

(四)2011 年 5 月计量认证监督评审

根据国家认证认可监督管理委员会和水利部计量办公室计量认证监督评审计划及水利部计量办公室《关于国家计量认证复查评审的通知》(国认水检字〔2011〕2 号)安排,国家计量认证水利评审组于 2011 年 5 月 17~18 日对黄河山东水环境监测中心进行了监督评审并顺利通过。考核组成员为高俊杰(评审组长)、王剑影和刘祥栋。

第五节　质量体系运行

自 1994 年以来,黄河山东水环境监测中心(简称中心)水质监测工作在各级领导的亲切关心和指导下,始终坚持“方法科学、行为公正、结果准确、客户满意” 的质量方针,以“监测质量是监测工作的生命线”这一理念指导水质工作,严格按照《质量手册》等质量管理体系文件的要求开展各类检测工作,将质量控制和质量保证的技术手段和管理程序贯穿于水质监测的全过程之中,有力地促进了水质监测工作的顺利开展,同时在实践工作中不断补充和完善质量管理体系,努力提高检测质量和水平,为黄河山东水资源保护事业和经济建设工作做出了自己应有的贡献。

一、质量体系持续有效运行

为了使质量管理体系保持持续的适宜性、充分性和有效性,我们不断改进和完善质量管理体系,同时严格按照质量管理体系文件的程序要求执行操作,使质量管理体系得以充分、有效地运行,确保质量方针和质量目标的实现,使其达到科学化、规范化要求。为此,我们主要做了以下三个方面的工作。

(1)不断改进质量管理体系,以适应外部环境的变化。1994 年以来,中心严格按照水利部计量办公室的统一安排 ,及时派员参加水利行业计量认证评审准则培训研讨班,认真学习国家认监委发布的《实验室资质认定评审准则》和《水利质量检测机构计量认证评审准则》(SL 309—2007),深刻领会、理解和把握新《评审准则》内容,到目前为止,中心持证上岗的内审员已达7人，占中心总人数的58.3%。内审员数量的不断增加，使中心的管理能力得到不断增强，为中心质量管理体系的有效、持续运行提供了充分的基础保障。另外，为了不断满足新《评审准则》要求，我们及时精心组织技术力量，结合中心实际情况，在原质量管理体系文件的基础上进行改版，重新编制了《质量手册》（第六版）、《程序文件》（第三版）、《作业指导书》等质量体系文件，形成了一套较为完善且具有针对性、可操作性和实用性相结合的质量管理体系文件，及时完成了新《评审准则》实施后质量管理体系文件的转版工作。1994年以来，中心按照新《评审准则》的要求，及时完成了六次质量体系文件的转版工作，为质量管理体系的持续、有效运行奠定了理论基础。

（2）通过不断加强内部审核、管理评审和质量监督等质量活动，对质量管理体系进行补充、修订和完善，提高了质量管理体系的符合性、有效性、充分性和适应性，保证质量管理体系持续改进。按照《评审准则》要求，中心以文件的形式聘任了内审员和质量监督员，分别负责本中心质量管理体系的内部质量审核和质量监督检查工作。

内部审核是指按照管理体系文件规定，内审员对质量体系的各个环节组织开展的有计划的、系统的、独立的检查活动。自2003年以来，中心严格按照质量管理体系文件的要求和年度内部质量审核计划的安排，结合中心工作的实际，每年均对中心的质量管理体系所涉及的各部门（全部要素）进行一至两次全面的内部质量审核工作。通过内部审核，保证了中心的质量管理体系持续有效。对内审中查出的不符合项均及时进行了纠正，同时对内审中发现的问题，能举一反三，预防同类问题的再次发生，确保了质量体系的有效运行。

管理评审是指最高管理者为评价管理体系的适宜性、充分性和有效性所进行的活动。管理评审的主要内容是组织的最高管理者就管理体系的现状、适宜性、充分性和有效性以及方针和目标的贯彻落实及实现情况进行正式评价，其目的是找出与预期目标的差距，研究管理体系运行存在的问题及改进方向。按照管理评审计划要求，在每年的年底，中心最高管理者都组织一次管理评审，其目的是就本中心质量方针和质量目标对管理体系的适宜性、有效性、充分性和效率进行系统的评价。管理评审根据当年的内审情况及改进措施实施情况，对质量管理工作进行系统总结，并提出质量管理的改进意见和建议。

另外，中心在规范检测工作的同时，为了保证检测质量，建立了一套完善的质量监督机制，任命了熟悉各项检测/校准方法、程序、目的和结果评价的人员作为本中心的质量监督员，对其规定职责范围内检测中的各个技术环节，进行严格的实时动态监控，使我们的各项质量活动按照规定程序运行。

（3）及时修订、补充质量管理体系文件，确保其现行有效。中心依据《实验室资质认定评审准则》要求，结合中心工作的实际，编制了具有可操作性、行之有效的质量体系文件。根据《质量手册》规定，当组织机构、人员变更和标准、方法、仪器设备等更新时，均要对与此有关的质量管理文件进行修订，我们按照要求，均及时完成了《质量手册》等质量管理体系文件的修订工作。自2003年以来，我们共修订质量管理体系文件38次，改版9次，《程序文件》由原来的29个增加到现在的37个。

通过上述工作，中心质量管理体系中的组织、策划、指导、监督和评价的成效显现，较好地保证了水质监测工作的质量。

二、人员及业务培训工作

(一)人员及变化情况

自1994年以来,中心的人员结构发生了较大的变化,补充吸收了年轻、高学历的新鲜血液,人员整体素质有了很大的提高,2004年计量认证复查时,中心具有高级技术职称人员的仅为2人,中级技术职称人员为3人,中级及以上职称的人员占中心人员的58.3%;2009年计量认证复查时,教授级高级工程师1人,高级工程师6人,中级及以上职称的人员占中心人员的91.7%,高工及以上人数占中心总人数的66.7%;2012年计量认证复查时,中级及以上专业技术职称的人员占中心总人数的100%。

20年期间,根据工作需要,中心对技术负责人、质量负责人、质量监督员、样品管理员等多个特殊岗位进行了适当的人员调整,其中技术负责人、质量负责人等重要管理岗位调整后,我们均按照《评审准则》要求,及时上报水利部计量办,同时上报上级主管单位黄委水文局备案,人员调整增强了质量体系的动力,使体系运转更加顺畅。

(二)人员及业务培训情况

在影响实验室检测工作质量的诸多因素中,人是最重要的因素。因此,不断提高人员的整体素质,是做好一切工作的前提和基础。在日常的水质监测工作中,我们深刻地感受到:只有不断加强监测人员的基础知识和基本操作技能的学习与训练,提高监测人员的基本素质,才能深化质量保证工作。因此,中心十分重视人员的培训工作,每年均制订切实可行的培训计划,按计划要求认真组织实施,年底进行总结。

(1)狠抓内部培训,不断提高检测人员的整体素质。中心以不断提高人员的整体素质为前提,在中心内部不断加大对人员的培训力度。中心人员内部培训主要采取自学与集中培训相结合的方式进行。一方面是在全体职工中加大对质量管理体系文件和《评审准则》的宣贯力度,使全体职工充分认识、理解和掌握质量管理体系的基本概念、相关知识,进一步提高对质量管理体系的认识,从而严格执行质量管理体系;另一方面是组织监测人员努力学习监测业务知识,不断提高自己的专业技能,在此基础上开展了学习规律练兵等活动。自2003年以来,中心自行组织的内部培训多达60多次,培训内容主要以新《评审准则》、质量管理体系文件和测试技术应用为重点。

通过这样的培训方式,大家收获很大,不仅提高了理论知识水平,尤其对新《评审准则》有了更加准确的理解和把握,而且收获了信心,为计量认证评审打下了坚实的理论基础。

(2)加强外部培训,不断提高检测能力和管理能力水平。中心在外部培训方面主要采取了"走出去、请进来"的培训方式,"走出去"即主要是通过选派业务骨干,参加本行业和流域内技术培训和交流,了解环境科学领域新标准、新方法和新技术等方式,以达到提高检测和管理能力的目的;"请进来"即通过聘请有关方面的专家授课、讲座等方式以不断提高中心人员的管理水平和检测能力。特别是2004年以来,随着新仪器特别是大型精密进口仪器的不断增加以及新方法、新标准和新《评审准则》的颁布实施,对检测人员和管理人员的素质提出了更高的要求,为了掌握、理解和适应这种变化,中心按照年度培训计划,根据工作需要,适时地派员参加外部培训,取得了良好的效果。

自2003年以来，中心相继参加了计量认证新《评审准则》《质量手册》《程序文件》，大型精密仪器在黄河水质检测中的应用、环境工程、生物监测技术等外部学习培训。

通过外部培训，不仅使大家开阔了眼界，学到了知识，而且使中心人员的整体素质得到了进一步的提高，为今后中心各项工作的顺利开展奠定了坚实的基础，同时使本中心的检测能力和监测工作质量有了较大提高。

三、不断加强设备及计量器具管理工作

水环境监测仪器设备是开展水环境监测工作的重要物质基础和基础保证，而对仪器设备进行计量检定/校准是为保证监测数据的准确可靠而进行的量值溯源。为了不断提升仪器设备的管理水平，使仪器设备始终处于受控条件下的完好状态，保证监测结果的有效性。

(1)健全仪器设备管理制度，保证档案资料完备。中心为加强仪器设备管理，按照《质量手册》等管理体系文件要求，对中心所有仪器设备建立了台账，为每台仪器设备均建立了详细的档案，真正做到了一台一档；对没有操作规程的自检仪器设备，中心参照《国家计量检定规程编写规则》的要求，组织专人自行编写了仪器设备校/检验方法，确保了自检仪器设备的质量；同时为保证玻璃量器的准确有效，我们建立了玻璃量器二级检定标准，由经过培训考核且取得检定资格的人员担当，保证了中心玻璃量器的准确有效；另外将监测仪器的操作规程、维护保养制度及自我校核规程汇编成册，充实到《作业指导书》中，方便了监测人员的使用。

(2)注重仪器设备的更新换代，不断提高中心的监测能力建设。10年来，在各级领导的大力支持下，中心的仪器设备建设发展迅速，先后更新了原子吸收分光光度计、紫外/可见分光光度计、电子天平、样品冷藏柜等仪器设备，并添置了液相色谱仪、流动注射分析仪、气相色谱仪、原子荧光光度计、离子色谱仪、总有机碳分析仪、微波消解仪等大型精密仪器，同时为提高突发性水污染事件的快速反应能力，中心还配备了多参数现场测定仪、COD分解炉等现场测定仪器设备，大大提高了中心检测工作的能力和水平。

(3)重点做好量值溯源和仪器设备的维护管理。中心在每年的年初均制订详尽的仪器设备检定计划和维护计划，避免了漏检、迟检现象的发生，对计量检定服务机构进行了资质鉴定和评价，确保对检测准确性和有效性有影响的仪器设备和标准物质能溯源到国家基准，保证了所使用的计量器具合格；在日常的监测工作中，更加注重仪器设备的维护和保养，并认真做好维护记录，使所有在用仪器设备始终处于受控状态，确保在用仪器正常。另外，按照新《评审准则》的要求，中心在每年的7~8月还对用于重要参数检测、易发生变化的在用仪器进行期间核查，保证了设备校准状态的可信度。

四、狠抓基础技术性工作，将各项工作真正落到实处

基础技术性工作是质量管理的重要组成部分，是保证质量管理体系持续、有效运行的最基础工作，中心为将各项基础技术性工作真正落到实处，结合自身实际做了以下几个方面的工作。

(1)扎实做好体系运行各项工作的计划和实施，力求严谨，注重实效。中心就有限的

人力资源进行了合理配置,各个环节都落实到人,努力做到事事有人管,人人有事做,使其真正做到人尽其则,各尽其才,同时按照新的质量管理体系的要求,对各岗位的职责进行了更加明确的描述和细化。

(2)根据现阶段水质监测工作需要,认真审定监测能力,在不改变原有监测能力范围的基础上,不断拓宽监测项目,本中心的监测项目已从2004年的55项增加到现在的72项。

(3)充分发挥网络优势,及时收集、查询各类检测和校准方法的最新标准,对中心所使用的检测方法进行有效控制,确保检测方法、标准全部受控且均为现行有效版本,保证检测工作正常进行并使检测过程始终处于受控状态。

(4)规范档案资料管理,使其满足计量认证要求。按照新《评审准则》要求,中心将现有档案分为管理和技术两大类进行分类管理。对原来的各类档案进行了整合和归并,使档案资料管理更加规范且符合新《评审准则》要求。

(5)加强质量监督员对监测工作全过程的跟踪监督,对监督过程中发现的问题要求责任人限期改正。为此,《程序文件》中专门增加了"监督员管理程序",进一步明确了质量监督员的职责,从而保证了监测质量。

(6)加强合同评审,满足客户需求。合同评审是新《评审准则》中增加的新要素之一,中心为做好该项工作,不但编制了相应的程序文件,而且在评审过程中和评审结束后,都积极主动地与客户进行充分、有效的沟通和交流,准确理解和获知客户的真实需要,并得到客户的认可,同时做好评审记录。

(7)强化实验室管理,落实实验室安全管理制度,对实验室的卫生保洁、安全措施每周至少检查一次。实验室安全管理是质量管理体系有效运行的重要保证,中心结合自己的实际情况,相继制定了易燃、易爆、剧毒化学试剂管理制度、检测事故报告制度、计量器具管理制度等一系列管理制度,同时制定了实验室安全管理规定、"三废"处理规定等一系列管理规定,明确了相应管理人员的责任,细化了分工,使各项管理制度和规定真正落到实处。

(8)加强样品管理,努力改善实验室设施和环境条件。样品管理是水质监测质量保证的重点工作,中心不仅在《质量手册》中明确规定了样品管理员的职责,而且制定了样品管理程序,并通过《样品管理程序》对样品管理进一步具体化和规范化。根据目前我们中心的实际情况,在《作业指导书》中对委托样品和常规监测样品制定了不同的管理规定,使我们的样品管理更加具有针对性,流转更加顺畅,并制定了具体的监督机制。

五、存在的问题和建议

(一)仪器设备相对落后,与现代化的水质监测要求不相适应

近年来,通过"十三五"期间水质监测能力建设,山东黄河水质监测中心实验室配备了多台大型仪器,仪器设备建设有了明显改善,具备了比较强的监测能力,但目前仪器设备的配置,特别是先进仪器设备和应急监测仪器设备还远远不能满足各类水质监测工作的需要,与现代化的水质监测要求仍有较大的差距。目前中心在用的仪器设备大都仍然是传统原理的仪器设备,不但功能少,自动化程度低,而且操作耗时长,测试效率低,有些

实验方法对检测人员的身体造成较大危害;另外,应急监测设备配置不足的现实已严重制约了中心应对突发性水污染事件的快速反应能力,因此建议加大对仪器设备的投资力度,逐步实现对现有仪器设备的更新换代。

(二)人员整体素质有待进一步提高

目前,中心现有检测人员9人,人员数量严重不足与日益增长的监测工作量之间的矛盾,在水质监测实际工作中已得到显现,另外,随着监测业务的不断拓展,大型精密进口仪器的不断引入,对检测人员的整体素质提出了更高的要求。由于中心高素质专业人员相对匮乏,多数检测人员为“半路出家”,缺乏专业的基础理论知识作保障,再加上人员结构相对不尽合理等诸多因素的影响,导致中心目前深入的技术分析工作力量不强。因此,建议在引进高素质专业技术人员的同时,挖掘自身优势,采取重点培养、不断加强培训等方式,提高各类人员的专业理论知识与操作技能,以适应不断日益发展的水质监测工作的需要。

(三)实验室质量管理缺乏有效技术支持

实验室管理缺乏高技术含量的技术支持,自动化信息水平较低,从样品采集到数据库的建立及水质监测质量的评价等,全靠人工操作完成,不但差错产生概率高,且劳动效率低,已不能满足实验室质量管理的基本要求,因此急需尽快引进先进的《实验室信息管理系统》,以解决实验室数据及基础信息的处理、管理和维护工作,提升数据处理速度和自动信息化的管理水平。

六、今后的工作思路

随着黄河水资源保护事业的迅速发展,水质监测将面临功能需求的多样化而承担更繁重和复杂的工作任务。中心的水质监测工作正向多元化方向发展,省界水体监测、水功能区监测和突发性水污染监测将是我们今后水质监测工作的重点。正是监测业务工作的不断拓展,对中心的水质监测质量提出了更高的要求。因此,不断加强质量保证和质量控制措施的落实和实施是保证监测数据准确、科学、可靠的有效措施,同时也是科学管理实验室的有效途径。监测质量始终是中心监测工作的生命线,我们将始终贯彻执行“方法科学、行为公正、结果准确、客户满意”的质量方针,坚持把质量保证和质量控制贯穿于监测工作的全过程,保证监测数据的代表性、准确性、可靠性、可比性和完整性。

(一)继续加大《评审准则》和质量管理体系文件的宣贯力度

继续组织全体职工认真学习新《评审准则》和中心的质量管理体系文件,使大家积极参与到质量体系的运行中来,更好地为水质监测工作服务。

(二)继续加快实验室能力建设的步伐,不断满足现代化水质监测要求

逐渐改善实验室环境条件要求,加快水质监测中心实验楼建设;以中心水资源监测能力“十四五”建设规划为依托,加快对中心仪器设备的更新换代,同时加大对新仪器、新设备的投资力度,以不断满足日益拓展的水质监测工作的需要。

(三)加强队伍自身建设,提高监测人员的检测能力

中心将严格按照培训计划要求,不断组织本中心监测人员积极参加业务知识的学习,特别是检测人员的实际操作能力和分析判断能力,同时根据监测工作需要,逐步调整人员结构,创造良好氛围,引进高素质的专业技术人才,加大对检测人员和管理人员的培训力度,进一步提高现有职工的业务技能和监测分析水平。

(四)加强水质监测资料的分析研究,积极应对突发性水污染事件

充分发挥中心水质监测资料系统、齐全,信息量大的优势,加强对水质监测资料的分析研究工作,争取早出成果,为山东黄河的经济建设和供水水质安全提供充足的理论依据;在逐步完善常规水质监测工作的基础上,大力提高水环境监测的机动能力,快速反应能力和自动测报能力,特别是加快移动实验室建设、重点区域及供水水源地自动监测站和预警预报监控系统建设是应对突发性水污染事件的重要监测手段。

总之,我们将严格遵照中心的质量方针和质量目标,加强水环境监测质量控制和监督,认真落实监测工作全过程的质量管理,逐步提高监测工作的现代化水平,以计量认证评审为管理手段,不断发现问题,纠正问题,使检测行为进一步规范,持续改进,全面提升本中心水质监测的整体水平。

第十一章　七项制度发布及执行

第一节　七项制度的发布

2010年5月,水利部印发《关于加强水质监测质量管理工作的通知》(水文〔2010〕169号),提出了水质监测质量管理的原则和目标,要求充分认识和加强水质监测质量管理工作的重要性、完善水质监测质量管理制度建设、建立水质监测质量管理的监督考核机制、加强水质监测监督质量管理的领导组织。2010年8月,水利部水文局印发《关于加强水质监测质量管理工作的实施方案》(水文质〔2010〕143号),提出实施全员岗位技术培训和考核、开展实验室质量控制、比对试验与能力验证、开展省界缓冲区等重点水功能区水质监测质量监督检查、开展水质监测仪器设备使用情况监督检查、开展水质自动监测站质量监督检查、开展质量管理专项监督检查和考评评定、组建质量管理监督考核评定技术专家库等工作内容,提出《水质监测人员岗位技术培训和考核制度》《实验室质量控制考核与比对试验实施办法》《实验室能力验证实施办法》《水质监测仪器设备监督检查制度》《省界缓冲区等重点水功能区水质监测质量监督检查制度》《水质自动监测站质量监督检查办法》以及《水质监测质量管理监督检查考核评定办法》4项全国性质量管理制度和办法,简称为"七项制度"。

第二节　2017年七项制度执行情况

一、质量管理体系和七项制度的执行情况

黄河山东水环境监测中心(简称中心)贯彻落实水质监测质量管理"七项制度"的要求,始终遵循"科学、公正、准确"的质量方针,所有监测工作均紧紧围绕该质量方针展开,在监测过程中时刻牢记"监测质量是监测工作的生命线"这一理念。在实际工作中,不断加强学习规律练功,提高监测人员的本领,保证了监测操作的规范性,同时不断补充和完善质量管理体系,狠抓落实,从而保证了检测数据的科学性、准确性和可靠性,提高监测质量和水平。

(一)组织

中心为建制相对独立的非独立法人实验室,依法成立。母体法人单位黄委山东水文水资源局,系具有法人性质的事业单位,对中心业务活动及法律责任进行了授权。

为了保证中心的检测质量,中心下设分析室、监测业务室和质量保证室,负责中心检测质量的管理工作。

中心设有中心主任(最高管理者)、中心副主任、技术负责人、质量负责人、各部门负

责人、仪器设备管理员、质量监督员、内审员等对质量、技术负有管理职责的管理人员；同时还配置了具体从事技术检测的抽样人员，操作设备人员、检测人员、签发报告或证书的人员等。

各个部门及人员各司其职，遵守国家相关法律法规的规定，遵循客观独立、公平公正、诚实守信的原则，恪守职业道德，承担社会责任。

（二）质量管理制度建设

中心质量管理制度的建立本着全员参与的理念，积极参考每一位职工的建议和意见，中心全部职工（尤其是年轻职工）均参入到了质量管理制度的建设之中，构成了“全员建立、全员运行、全员维护”的体系。

依据相关法律法规和《检验检测机构资质认定评审准则》（国认实〔2016〕33号）的要求，结合中心工作范围、工作类型和工作量的自身实际状况，于2016年12月改版完善了适应自身检测活动并保证其独立、公正、科学、诚信的“文件化” 管理体系。

根据《关于印发〈水质监测质量管理监督检查考评办法〉等七项制度（2015年修订版）的通知》精神和七项制度的具体实施内容，中心结合自身实际于2016年1月建立了切实可行、操作性较强的《黄河山东水环境监测中心水质监测质量管理制度》。

中心结合实际工作编写了《黄河山东水环境监测中心安全手册》，建立和完善了各项安全规章制度和应急预案，包括《安全培训制度》《安全检查记录制度》《黄河山东水环境监测中心实验室安全管理规定》《突发安全事故应急预案》等，并正式下发实施，使安全生产工作规范化、制度化、常态化。

（三）人员岗位技术培训及考核

1. 人员培训

中心组织的内部技术培训：近几年中心按照培训计划要求，每年都自行组织举办了水质采样技术及突然性水污染应急监测培训班，主要面向基层水文站采样人员，中心全体人员均参加了培训，培训内容主要以水质采样技术规程、入河排污口调查要素与规范和突发性水污染事件的发现与处置等。

中心参加的外部技术有关培训：中心参加的外部培训主要以监测技术及体系文件的宣贯为主，近两年来分别参加了南戴河检测技术交流中心组织的管理体系文件的编写等培训，进一步提高了中心实验室的管理水平。

2016年，中心还组织检测人员参加了黄河流域水环境监测中心主考的上岗考核工作，10人次参加了本次考核，被考核项目为56项（项目不重复统计92项次），考核项目均顺利通过。

2. 持证上岗情况

截至目前，中心所有管理人员、评价人员、采样人员和检测人员均持证上岗，持证上岗率为100%。

（四）常规监测质量控制

1. 现场采样质量控制

现场采样质量控制主要对现场采集的平行样和现场全程序空白样进行质量控制。按照实验室内部质量控制计划的安排，中心对所有监测断面和大部分监测项目均安排了现场平行样和全程序空白样的质量控制。

2. 实验室常规质量控制

实验室常规检测质量主要通过空白样测定、平行双样测定、加标回收率的测定和标准控制水样等方式进行控制。2016 年,黄河山东水环境监测中心常规监测数据为 3 313 项/次,其中现场平行 48 项/次、全程序空白 44 项/次、平行样 2 326 项/次、加标回收 374 项/次、有证标准物质 44 项/次。2017 年的实验室质量控制按照计划要求实施。

(五)省界缓冲区等重点水功能区水质监测质量监督检查

1. 样品采集

目前中心采样工作有水文站挂牌人员进行,中心每年对水文站挂牌采样人员进行采样培训,保证采样的质量。中心严格按照《水环境监测规范》(SL 219—2013)和《地表水环境质量标准》(GB 3838—2002)的要求合理布设采样垂线,并在每月的 11 日左右,由水文站挂牌采样人员负责对各监测断面进行样品采样,采集后的样品按照规范要求在现场及时添加保护剂,并在规定时间内安全运送到实验室进行处理、及时分析,需要低温保存的样品冷藏运输,到达实验室后均存放在冷藏柜中。中心的样品采集、运输和安全到达实验室均在同一天内完成,保证了样品的时效性。

2. 监测频率

省界缓冲区等重点水功能区的监测频次按照黄委水文局下达的“水质监测任务书”要求完成(除河干外),监测频次满足技术规范规定。

3. 监测质量和结果报告

监测报告按照黄委水文局规定的表格上报,同时结合“检验检测机构资质认定评审准则”的要求补充了相关的内容,基本符合报告完整性的要求。

(六)大型水质监测仪器设备监督检查

截至目前,中心现有 10 万元以上的实验室大型仪器设备 24 台(套),主要仪器设备包括气相色谱仪、流动注射分析仪、原子吸收光谱仪、原子荧光光度计等大型仪器设备,中心分别从仪器使用人员、仪器维护保养、仪器使用效率、仪器量值溯源等方面对水质监测仪器设备进行质量管理。中心目前没有移动实验室及自动监测站。

(七)安全生产

黄河山东水环境监测中心认真落实七项制度关于安全生产的指示精神,坚持“安全第一、预防为主、综合治理”的方针,以人员健康安全、国家和集体财产安全和生态环境安全为目标,认真推进安全生产工作,有效预防了安全事故的发生,具体工作有如下几种。

1. 安全组织管理体系建设

(1)该中心建立了一套完善、健全的安全组织管理体系和组织机构,明确了人员安全职责,从业人员全部签订安全生产承诺书,确保安全责任落实到人,形成了重视安全、保卫安全的安全生产工作格局。

(2)该中心结合实际工作编写了《黄河山东水环境监测中心安全手册》,建立和完善了各项安全规章制度和应急预案,包括《安全培训制度》《安全检查记录制度》《黄河山东水环境监测中心实验室安全管理规定》《突发安全事故应急预案》等,并正式下发实施,使安全生产工作规范化、制度化、常态化。

2. 安全培训工作

(1)该中心每半年开展一次安全培训活动,培训内容包括:相关法律法规和技术标准、各项安全规章制度、化学品分类及安全使用常识、消防安全和急救知识等。

(2)该中心组织全体职工进行了消防演习,切实提高了职工的安全意识和安全技能。

3. 安全检查工作

该中心每月对安全生产情况进行检查并填写"黄河山东水环境监测中心安全检查记录表",检查工作能够做到有计划、有检查、有整改,对查出的各类安全隐患和不符合安全规范的事项都按规定进行了整改和落实,整改率100%。

4. 安全设施设备管理

(1)该中心配备了灭火器、灭火毯、通风系统、烟感探头、喷淋器、洗眼器等安全设施设备,为全体职工配备了防护面罩、防护眼镜、手套和防护服等个人防护用品,实验室内配备了充足的应急解毒药物。

(2)野外采样配备了安全绳、救生衣、手套等基本安防措施,采样人员均携带并熟练使用,安防措施齐全。

(3)该中心对所有安全设施设备进行了登记,并按照要求定期检修或更换,另外,每月检查职工个人防护用品的使用和损耗情况,及时更换,确保安全设施和防护用品正常可用。

5. 化学品贮存、压缩气体、废弃物处理情况

(1)化学品贮存区按照禁忌性分类存放,有化学品安全使用标签,试剂柜双人双锁,危险化学品设保险柜多人保管,化学试剂进出库台账清晰可溯。试剂室内通风良好,放置了消防设施和个人防护用品,房间内贴有安全责任人的姓名及联系方式。但是试剂室内存放的一氧化碳气瓶未进行固定和标识。

(2)实验室内的常用化学品专柜专锁,由个人妥善保管。存放化学试剂的冰箱全部上锁。

(3)压缩气体包括高纯氩气、高纯氮气、高纯乙炔等,由有资质的气体供应公司统一配送、搬运和安装。实验室内的气瓶统一保存在气瓶柜中,竖直固定,有明显的警示标志,远离热源,无漏气现象。

(4)实验室废弃物由有资质的服务商定期处理,"三废"处理记录明晰,实验室废弃物存放不超过半年。

6. 安全生产学习会议开展情况

该中心不定期召开全体安全生产学习会议,传达安全生产相关的通知或精神,部署安全生产的相关工作,学习安全相关的文件或制度,提出安全隐患的整改措施,探讨安全制度的改进要点,总结安全生产的经验教训等。通过会议学习,提高了全体职工对安全生产的重视度和参与度,完善了安全管理体系,防范了安全事故的发生。

通过以上各项工作,该中心达到了安全生产无事故的标准,初步实现了人员健康、国家和集体财产安全和生态环境安全的目标,为水质监测工作的顺利开展奠定了基础。

二、水利部监督检查考核情况

2017年7月18~20日,水利部水文局对黄河山东水环境监测中心开展了水质监测质

量管理监督检查。

检查组按照水利部印发的《水质监测质量管理监督检查考核评定办法》和七项制度的相关要求，考察了实验室，按照要求对“质量管理监督检查考评表”中包含的内容进行了全面的检查，查阅了相关的档案资料。在检查过程中，检查组抽取8人次进行了称量、溶液配制、滴定和仪器操作等基本实验技能考核；抽取3人进行了样品采集技能考核；抽取了乙苯、硫化物、氯离子3个项目，进行了人员比对、方法比对等共5人次的现场盲样考核，盲样考核结果全部合格。

在此次检查中，检查组重点对现场考核项目（天平称量、溶液配制、标定、仪器操作、采样等）、安全生产、质量控制、数据的合理性分析等方面进行了重点的检查。

检查组对中心贯彻执行水质监测质量管理七项制度工作给予了充分肯定和高度评价，并对存在的问题提出了中肯的意见和建议。具体问题如下：

（1）按照《水质监测质量管理监督检查考核评定办法》（2015年修订）等七项制度，进一步修订适合本中心的质量管理制度或细则并加强培训。

（2）进一步提高技术人员的基础操作技能。

关键在于技术人员要了解为什么这么操作，方法、原理是什么，仪器设备的主要结构及工作原理等（加强学习培训）。

（3）建议完善采样记录表中的安全措施。

可以以打对钩的形式表现（用完现有表格后在新表格中加上）。

（4）进一步加强现场采样技术培训，加强现场采样质量控制，改进采样器材，按规范保存样品。

采样箱要求轻便、保温（正在联系适用的采样箱及配套采样瓶）；

溶解氧仪应进行现场校正（计划在9月采样培训时对采样人员进行现场操作培训）；

BOD采样应使用溶解氧瓶（已更换）；

涉及挥发性项目的样品瓶不能流有气泡（已向采样人员强调）；

细菌类采样量应合理（已向采样人员强调）；

全程序空白及现场平行样每次采样应采集某个断面全部项目所需的样品。

（5）加强对监测数据的合理性审查并对不合理数据进行原因分析。每月质量报告中的原因分析应进行细化；及时进行内/外会商。

（6）规范实验室“三废”的处理处置。考虑隔音墙、废气处理系统、废液收集系统。

（7）试剂室一氧化碳气瓶未固定，硫酸等强腐蚀性试剂应该放置在下层。

此次检查对中心提升管理水平，提高监测技术，增强监测能力起到了极大的促进作用。

三、能力验证及实验室质量控制考核

（一）能力验证

中心于2016年6月参加水利部水文局组织的氨氮、汞、氯苯和对硫磷的能力验证工作，于2016年8月参加国家认证认可监督委员会生活饮用水中溶解性总固体的能力验证工作。两次能力验证的结果均已上报，且结果均为满意。

2017 年中心已经报名参加“CNCA-17-A20 空气中一氧化碳含量的测定”和“饮用水中溴酸盐、氯酸盐、阴离子洗涤剂检测”中阴离子洗涤剂项目的能力验证工作。现结果均已经上报。

（二）实验室质量控制考核

黄河山东水环境监测中心按照水利部水文局关于开展 2017 年度水质监测质量管理工作的通知要求，于 5 月份参加了水利部水文局组织的高锰酸盐指数、氨氮、汞、阿特拉津、硝基氯苯的水质监测实验室质量控制考核工作，5 个参数的质量控制考核项目提交的测试结果均一次性通过。

四、存在的问题及建议

（一）仪器检定

强检计量器具检定校准免费后，计量部门工作人员的工作积极性势必会降低很多，工作效率亦会受到影响，为保证我们仪器设备不出现脱检现象，必须提前做好准备工作。

部分自检的设备由于受到我们自身能力和资质限制，建议最好改为送检。

（二）安全培训

近年来国家对危化品管理日益严格，水利部 2017 年要求上报安全自查报告，七项制度检查也对安全做着重安排，中心结合自身实际和原有经验做了一部分工作，但是总体感觉还是不够专业和深入。建议有机会可以组织参加上级部门或相关单位组织的实验室专业安全培训，对实验室安全问题进行系统性的学习，完善自身安全管理体系。

（三）消防喷淋

实验室是一个特殊环境，对消防的要求相对于普通的办公楼来说要高很多。实验室要根据实验室的具体情况（设备投资及工艺特点、实验工艺要求、贮存样品和试剂的种类、实验室建筑物的特点等），采用不同的消防措施来保障实验室的消防安全。如对于精密仪器室和无菌室等房间而言，其消防就采用自动喷淋装置就显得不太合适。建议有机会可在精密仪器室等房间安装专用灭火装置，如七氟丙烷灭火系统等，完善实验室消防措施。

（四）废液处理

由于废液量小，中心在实际生产中大概是一年进行一次废液集中委托处理，日常废液的贮存存在有一定的安全隐患。

（五）平行样的理解问题

此次七项制度检查检查中，专家提出全程序空白及现场平行样每次采样应采集某个断面全部项目所需的样品，该问题在《水环境监测规范》（SL 219—2013）中没有明确界定，可以探讨一下，为下一步工作开展做好准备。

第十二章　黄河山东水环境研究

第一节　黄河山东段水化学特征及其控制因素研究

一、概述

(一)研究背景

河流是陆地与海洋间物质、能量交换的重要通道,它在全球水循环及地球化学循环中起着重要作用,其水化学特征受流域气候、地质特性等自然因素及工农业生产等人为因素的多重影响。研究河流体系水化学特征能够反映地表岩石风化作用、大气降水输入及人类生产活动对流域水体环境的影响,从而可以了解河流水体元素分布及迁移转化规律,为水质管理和生态环境保护与建设提供科学依据。

国外对水化学研究始于19世纪末,1953年Piper(《A graphic procedure in the geochemiacal interpretation of water analysis》)采用阴阳离子三角图来解释水体的地球化学组成。1970年,Gibbs(《Mechanisms controlling world water chemistry》)采用溶解性总固体(TDS)与阴阳离子浓度比关系,系统阐述了全球各大流域由于大气降水、岩石风化及蒸发-结晶过程所导致的水化学特征差异。我国在河流监测和水化学特征方面的研究虽相较于国外发达国家起步较晚,但近半个世纪以来,我国的学者对河流的水化学问题进行了较为广泛和深入的研究,如乐嘉祥等(《中国河流水化学特征》)对我国500条河流进行了水化学研究,总结了我国各地区河流的时空变化规律和水化学特征。Hu等(《Major ion chemistry of some large Chinese rivers》)指出中国大河(长江、黄河、鸭绿江、雅鲁藏布江等)河流水体中溶质的组成主要是因为碳酸盐岩以及硅酸盐岩共同风化的影响,其中溶蚀的影响程度要大于风化作用影响。许越先(《中国入海离子径流量的初步估算及影响因素分析》)通过对国内30多条河流的研究数据,研究了离子径流模式及其入海通量并对其影响因素做了深入分析。我国学者对长江(陈静生等《长江水质地球化学》)、黄河(陈静生等《黄河水质地球化学》)、湘江(张立成等《湘江水系河水的地球化学特征》)和珠江(高全洲等《珠江流域化学侵蚀》)进行了长期和较为详尽的水化学特征研究。

黄河是我国第二大水系,是我国西北、华北地区重要水源,为沿河流域农业、工业和生活用水提供大量淡水资源,在我国经济发展中占有重要地位。黄河是世界上著名的多泥沙河流,研究流域水化学特征及其控制因素,能够了解流域水体元素分布及其迁移转化规律,对流域水质管理及水生态环境保护与修复具有重要意义,能够为上级部门的流域管理与治理工作提供科学依据。

(二)河流水化学国内外研究现状

国外学者最早于20世纪中期开展水化学研究,Piper(1953年)用阴阳离子三角图分析了水体的地球化学组成，Gibbs（1970 年）通过研究溶解性总固体（TDS）与阴阳离子浓度比的关系，得出大气降水、岩石风化和蒸发-结晶过程是控制全球地表水水化学特征的三大因素。

我国学者对河流离子化学的研究始于 20 世纪 60 年代，1963 年，乐嘉祥等研究了我国 500 条河流的水化学特征及其时空变化规律。1982 年，Hu 等在对我国长江、黄河、鸭绿江、澜沧江等的水化学研究中发现，我国河流离子组成主要受碳酸岩和蒸发岩溶蚀作用以及铝硅酸盐风化作用的影响，其中溶蚀作用影响更大。随着对河流水化学特征及其形成原因研究的深入，我们对黄河（陈静生等）、长江（陈静生等）、珠江（高全洲等）等河流的水质状况、水化学特征、时空变化趋势、形成原因等的认识更加深入。

（三）本研究的主要内容及意义

本研究以黄河下游山东段为研究对象，运用水化学及统计学方法，系统分析了黄河下游山东段 2017 年枯水期（2 月）、平水期（6 月）、丰水期（8 月）河水主要离子的水化学特征及其时空变化规律，并结合 Piper 三线图、Gibbs 图等分析了黄河下游山东段河水的水化学类型及其控制因素，同时对离子的来源进行了分析，以期为流域水资源管理及生态保护、水资源的合理开发利用提供科学合理的依据。

本研究首次分析了黄河山东段的水化学特征，并研究了其控制因素，走在了各基层监测中心的前列，在黄河水质监测中尚属首次，可将本研究成果应用于全黄河流域水化学特征及其控制因素的研究中，从而了解黄河干流及支流水体元素分布及其迁移转化规律，为黄河流域水质管理和生态环境保护与建设提供科学依据。

二、研究区域和研究方法

（一）研究区域概况

黄河下游山东段位于山东省西北部，干流河道全长 628 km，流域面积 1.83 万 km^2。气候为温带大陆性季风气候，年平均气温为 11.7～14.2 ℃，多年平均降水量为 650 mm，降雨集中在 7～9 月。

黄河下游山东段属于华北板块（Ⅰ级构造单元），包括华北拗陷山东部分和鲁西隆起 2 个Ⅱ级构造单元。区内除部分地段有丘陵残山外，地势较为平坦。地表多为厚度不等的第四世纪沉积物所覆盖，第四系沉积物主要为黄河沉积物，沉积厚度为 180～340 m。岩性主要为黏土、粉细砂、沙质黏土，厚度为 2～9 m。另外，支流大汶河盆地内分布有从太古宙到第三世纪的花岗岩和变质岩。黄河山东段岩石类型分布及采样点布设见图 12-1。

（二）样品采集与处理

为研究黄河山东段河水水化学特征的时间和空间变化，分别于 2017 年采集高村和利津两断面枯水期（2 月）、平水期（6 月）及丰水期（8 月）水样进行分析。

采用横式采样器采样，采集黄河水面下约 0.5 m 处的水样，采样方法为左、中、右等比例混合法，采样方式为船只和吊箱缆道采样或桥梁采样。水样采集后，将所采水样摇匀后倒入筒型玻璃容器，静置 30 min，目的是除去沉降性固体（如泥沙等）。然后，将水样移入盛样容器，在装入水样前，应先用该采样点水样冲洗 3 次。装入水样后，按要求加入相应的保护剂后摇匀，并及时填写水样标签，运回实验室待测。测量总硬度和阳离子的水样，

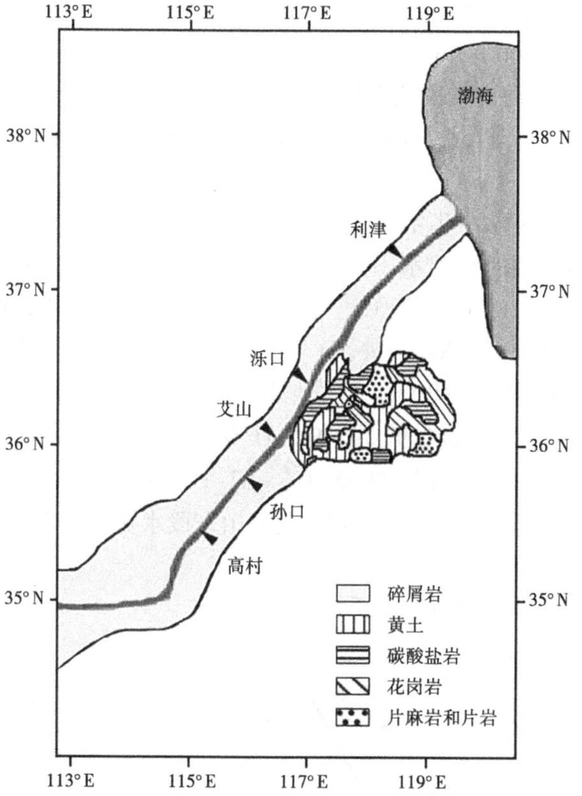

图 12-1　黄河山东段岩石类型分布及采样点布设图

加入的保存剂为 1 L 水样中加入 4 mL HNO_3；测量 pH、电导率和阴离子的水样不加保存剂。

(三) 样品分析

样品运回实验室后，用 PHS-3C 型数字式酸度计（上海日岛科学仪器有限公司，中国）测定水样 pH，分析方法为玻璃电极法（GB 6920—1986）；溶解性总固体（TDS）含量用计算法得出，即用矿化度减去 HCO_3^- 含量的一半；CO_3^{2-}、HCO_3^- 的含量用酸滴定法测定，分析方法为酸滴定法（SL 83—1994）；用戴安 ICS-600 型离子色谱仪（美国戴安公司，美国）测定 Cl^-、SO_4^{2-}、NO_3^--N 的含量，分析方法为离子色谱法（HJ/T 84—2001）；Ca^{2+} 用 EDTA 滴定法测定，分析方法为 EDTA 滴定法（GB 7476—1987）；Mg^{2+}、K^+、Na^+ 离子的含量用计算法计算得出。

三、结论与讨论

(一) 河水水化学特征

1. 河水 pH、TDS 值特征

黄河山东段河水呈弱碱性，pH 范围为 8.0~8.3，均值为 8.2。其中，黄河山东段上游高村断面，pH 范围为 8.2~8.3，均值为 8.2；黄河山东段下游利津断面，pH 范围为 8.0~8.3，均值为 8.1。溶解性总固体（TDS）值变化范围为 578~650 mg/L，均值为 617 mg/L，高于世界河流 TDS 平均值(115 mg/L)。其中,黄河山东段上游高村断面,TDS 值范围为 578~620 mg/L,均值为 600 mg/L;黄河山东段下游利津断面,TDS 值范围为 604~650 mg/L,均值为 634 mg/L。黄河山东段从上游(高村断面)到下游(利津断面)河水 pH 呈下降趋势;TDS 值呈升高趋势,原因可能是受到水体蒸发和岩石风化作用的影响,TDS 值随着河水径流过程不断增大。

2. 河水主要离子组成及水化学类型

黄河山东段上游高村断面河水阳离子含量:$K^+ + Na^+ > Ca^{2+} > Mg^{2+}$,以 $K^+ + Na^+$ 和 Ca^{2+} 为主,其中,高村断面 $K^+ + Na^+$ 含量、Ca^{2+} 含量分别占总阳离子含量的 55.1%~66.0%、20.6%~29.0%,利津断面 $K^+ + Na^+$ 含量、Ca^{2+} 含量分别占总阳离子含量的 56.8%~64.4%、23.0%~27.6%;阴离子含量:$HCO_3^- > SO_4^{2-} > Cl^- > CO_3^{2-} > NO_3^-$,其中,高村断面 HCO_3^- 含量、SO_4^{2-} 含量分别占总阴离子含量的 34.4%~41.0%、33.6%~40.7%,利津断面 HCO_3^- 含量、SO_4^{2-} 含量分别占总阴离子含量的 35.1%~37.1%、35.4%~37.9%。黄河下游河段 $K^+ + Na^+$ 主要以为 Na^+ 主,K^+ 含量较少,因此,黄河山东段水化学类型为 HCO_3-SO_4-Na-Ca 型。

图 12-2 为黄河山东段河水 Piper 三线图。

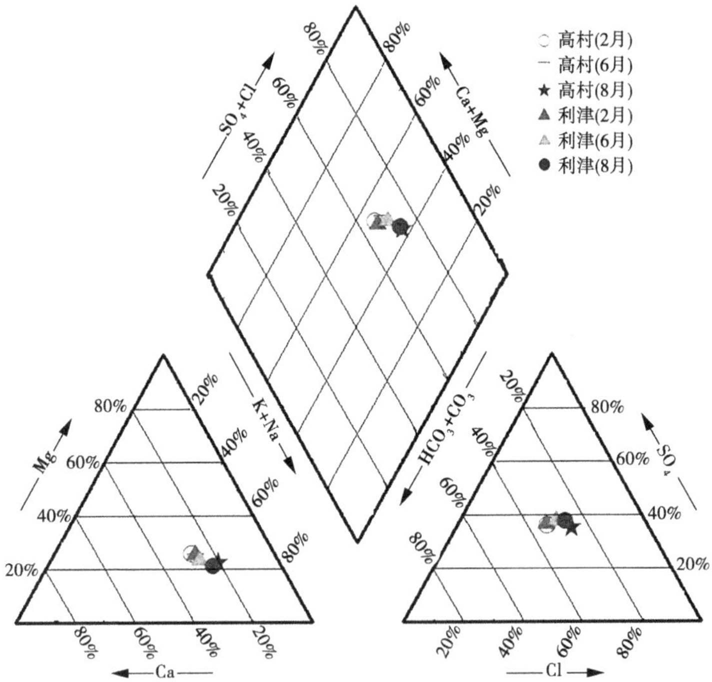

图 12-2　黄河山东段河水 Piper 三线图

(二)河水水化学特征时空变化规律

在空间上,除流量、pH 两项参数黄河山东段上游高村断面大于下游利津断面外,其余水化学参数均为下游利津断面含量高,其原因是黄河山东段从上游到下游流量逐渐减小,同时由于河水蒸发浓缩作用，致使水体 TDS 值及离子浓度升高。pH 从上游到下游有下降趋势，这可能与大气降水输入有关，有研究表明，受人类活动影响大的区域大气降水 pH 更低。在时间上，河水流量丰水期（8 月）小于或基本等于平水期（6 月），这可能与小浪底水库 8 月蓄水有关；除 Cl^- 和 K^++Na^+ 两项参数外，其余参数含量大都符合枯水期>平水期>丰水期，丰水期 pH 最低主要是由于丰水期大气降水对河水贡献较大，丰水期其余参数含量也最低同样是由于大气降水充沛造成的，大气降水增加导致径流强度增大，各离子受到显著稀释作用，因此含量较低。流量增加时，Cl^- 和 K^++Na^+ 两项参数含量降低，这可能是由于 Cl^-、K^+、Na^+ 少量来源于岩石风化、大部分来源于海洋起源的大气降水。

（三）河水各化学指标相关性分析

相关性分析是研究不同变量间密切水平的一种统计手段，可以阐述河水各水化学参数的相似度和差异度。若各参数之间的相关关系显著，则说明其具有类似的生成机制或来源方式。

通常采用相关系数 r 作为相关性分析中衡量指标间关系紧密程度的指标。相关系数 r 的计算公式为：

$$r = \frac{\sum_{i=1}^{n}(x_i - \bar{x})(y_i - \bar{y})}{\sqrt{\sum_{i=1}^{n}(x_i - \bar{x})^2 \cdot \sum_{i=1}^{n}(y_i - \bar{y})^2}} = \frac{SP}{\sqrt{SS_x \cdot SS_y}} \tag{12-1}$$

式中：n 为样本数量；x_i、y_i 为第 i 个样品对应的观测值；$\bar{x}$、$\bar{y}$ 分别表示 x_i、y_i 的研究样本观测值的均值。

SS_x 为 x 的离均差平方和。SS_y 为因变量 y 的离均差的平方和，称为总平方和，表明未考虑 x 与 y 的回归关系时 y 的总变异。SP 为 x 的离均差和 y 的离均差乘积和，简称乘积和。

r 的取值在−1 到 1 之间，r 的绝对值越小，即 r 越接近于 0，变量之间相关性越弱；r 的绝对值越接近于 1，变量之间相关性越强。通常变量的相关程度可由 r 的取值范围判断：当 $0.8 < |r| < 1$ 时高度相关，当 $0.5 < |r| < 0.8$ 时中度相关，当 $0.3 < |r| < 0.5$ 时低度相关，当 $|r| < 0.3$ 时微弱相关；另外，当 $r > 0$ 时，x 与 y 为正相关，当 $r < 0$ 时，x 与 y 为负相关，当 $r = 0$ 时，表示 x 与 y 不相关。通过 SPSS 软件，对河水各化学指标进行 Spearman 相关性分析，黄河山东段河水各化学参数相关系数矩阵见表 12-1。

表 12-1　黄河山东段河水各化学参数相关系数矩阵

参数	TDS	Ca^{2+}	Mg^{2+}	K^++Na^+	CO_3^{2-}	HCO_3^-	Cl^-	SO_4^{2-}	NO_3^-
TDS	1.000								
Ca^{2+}	0.600**	1.000							
Mg^{2+}	0.771**	0.829**	1.000						
K^++Na^+	−0.257*	−0.886**	−0.714**	1.000					

续表 12-1

参数	TDS	Ca^{2+}	Mg^{2+}	K^++Na^+	CO_3^{2-}	HCO_3^-	Cl^-	SO_4^{2-}	NO_3^-
CO_3^{2-}	0.717**	0.965**	0.956**	−0.837**	1.000				
HCO_3^-	0.714**	0.943**	0.886**	−0.771**	0.956**	1.000			
Cl^-	−0.257*	−0.886**	−0.714**	1.000**	−0.837**	−0.771**	1.000		
SO_4^{2-}	0.771**	0.143*	0.314**	0.143*	0.239*	0.314*	0.143*	1.000	
NO_3^-	0.771**	0.943**	0.886**	−0.771**	0.956**	0.886**	−0.771**	0.314*	1.000

注：* 表示在置信度(双侧)为 0.05 时,相关性是显著的。
** 表示在置信度(双侧)为 0.01 时,相关性是显著的。

对河水各化学参数进行相关性评价,可以在一定程度上说明离子来源的相似性。TDS 与 Ca^{2+}、Mg^{2+}、CO_3^{2-}、HCO_3^-、SO_4^{2-}、NO_3^- 极显著相关($P<0.01$),与 Cl^- 显著相关($P<0.05$),说明这些物质都是 TDS 的来源。Ca^{2+} 与 Mg^{2+}、CO_3^{2-}、HCO_3^-,Mg^{2+} 与 CO_3^{2-}、HCO_3^-,CO_3^{2-} 与 HCO_3^- 极显著相关($P<0.01$),说明 Ca^{2+}、Mg^{2+}、CO_3^{2-}、HCO_3^- 具有相似来源,可能来源于方解石、白云石等碳酸盐岩及钙硅酸盐岩等硅酸盐岩。NO_3^- 与 Ca^{2+}、Mg^{2+}、CO_3^{2-}、HCO_3^- 极显著相关($P<0.01$),与 SO_4^{2-} 显著相关($P<0.05$),说明 NO_3^- 主要为天然硝酸盐,受人为活动的影响较小,可能与黄河下游河床抬升阻止了污染物向河流排放有关。K^++Na^+ 与 Ca^{2+}、Mg^{2+}、CO_3^{2-}、HCO_3^-、NO_3^- 极显著负相关($P<0.01$),Cl^- 与 Ca^{2+}、Mg^{2+}、CO_3^{2-}、HCO_3^-、NO_3^- 极显著负相关($P<0.01$),K^++Na^+ 与 Cl^- 极显著相关($P<0.01$),说明 Cl^-、K^+、Na^+ 主要来源于海洋起源的大气降水,少量来源于岩石风化。SO_4^{2-} 与 Mg^{2+} 极显著相关($P<0.01$),与 Ca^{2+}、K^++Na^+、CO_3^{2-}、HCO_3^-、Cl^-、NO_3^- 显著相关($P<0.05$),说明 SO_4^{2-} 主要来源于大气降水和岩石风化(见图 12-3~图 12-5)。

(四)河水水化学控制因素分析

为确定河水水化学的控制因素,运用 Gibbs 图法进行分析,以河水 TDS 含量的对数值为纵坐标,以 Cl^- 与 $Cl^-+HCO_3^-$ 质量浓度比值为横坐标,作 Gibbs 图,见图 12-6。Gibbs 图能直观反映河水主要组分趋于"降水控制型""岩石风化型"或"蒸发-浓缩型",是定性判断区域岩石风化、大气降水、蒸发-浓缩作用等对河流水化学影响的一种重要手段。从图点的分布可以看出,黄河山东段河水 TDS 含量中等(578~650 mg/L),$Cl^-/Cl^-+HCO_3^-$ 的比值不高(均<0.5),图中各点均位于图的中间偏左侧,说明河水水化学主要受岩石风化作用控制。研究区所有水样水化学组成均落在 Gibbs 分布模型内,说明黄河山东段受人类活动影响较小,这可能是由于黄河下游河床抬升阻止了污染物向河流的排放。

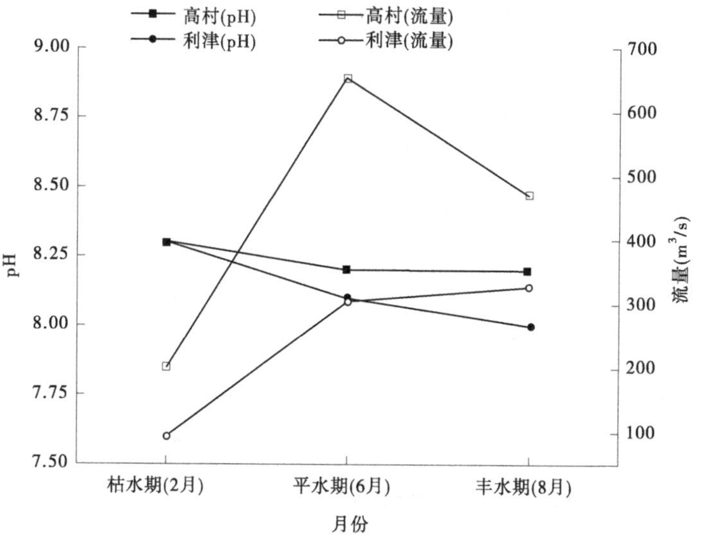

(a)

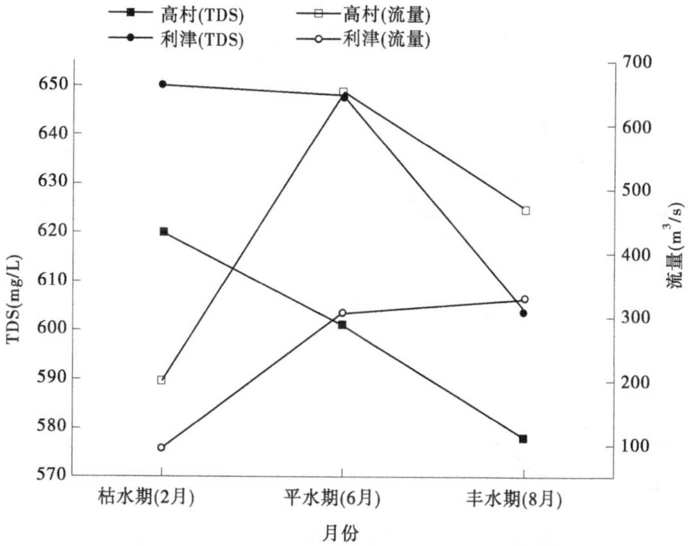

(b)

图 12-3　黄河山东段河水流量、pH、TDS 值时空变化

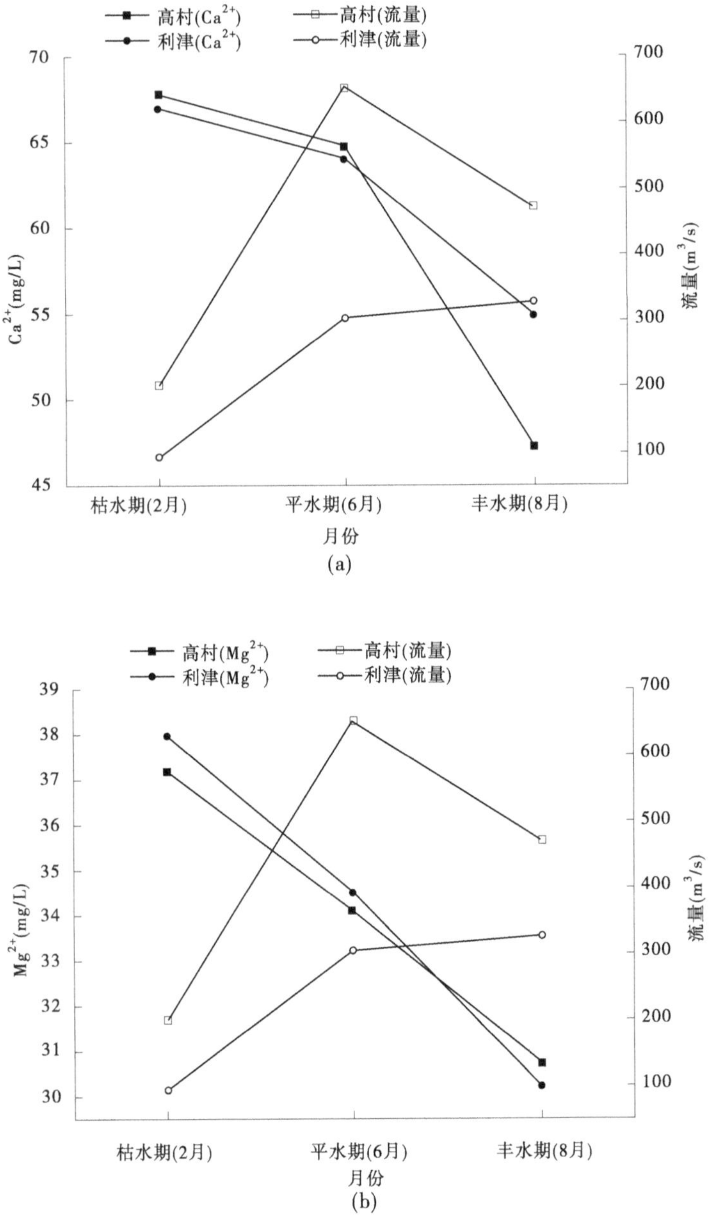

图 12-4　黄河山东段河水阳离子含量时空变化

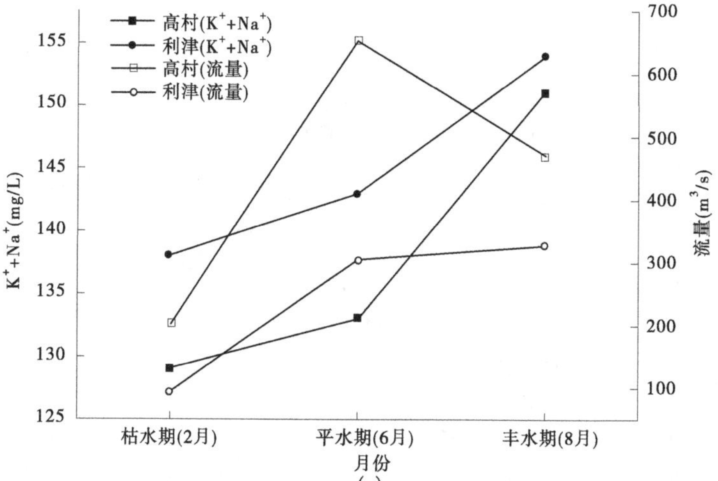

(c)

续图　12-4

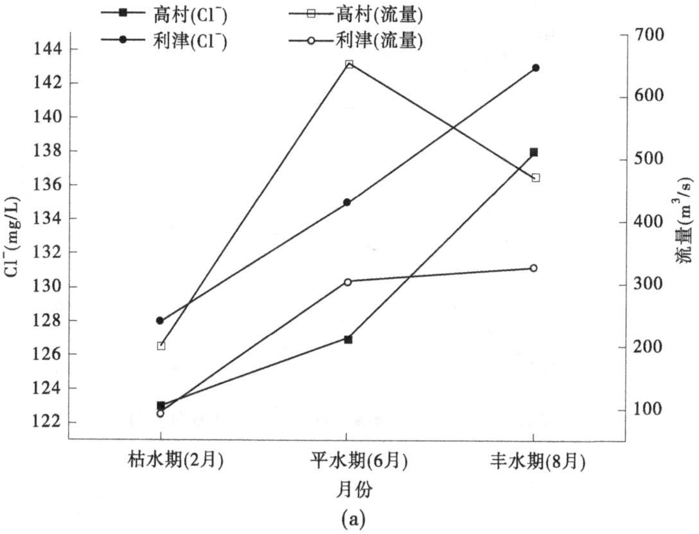

(a)

图 12-5　黄河山东段河水阴离子含量时空变化

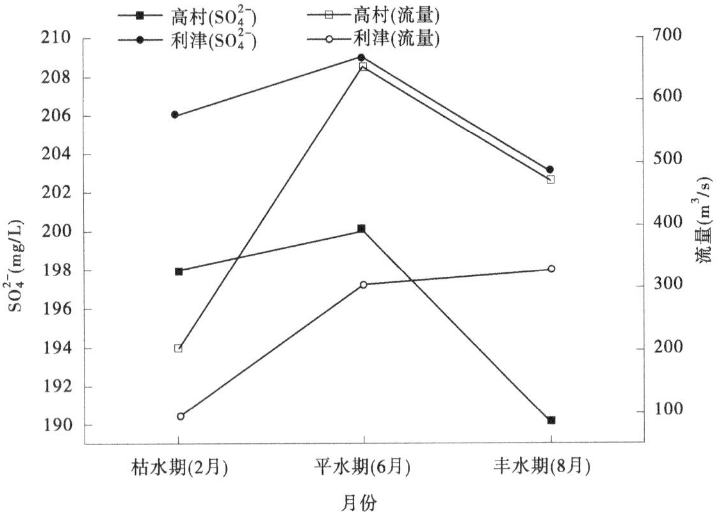

高村(SO_4^{2-})
高村(流量)
利津(SO_4^{2-})
利津(流量)
210
208
206
204
202
200
198
196
194
192
190
SO_4^{2-}(mg/L)
700
600
500
400
300
200
100
流量(m^3/s)
枯水期(2月)
平水期(6月)
丰水期(8月)
月份

(b)

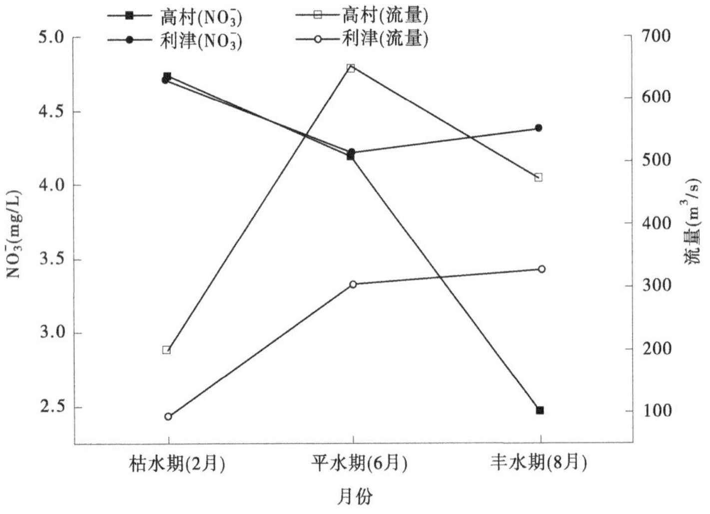

高村(NO_3^-)
高村(流量)
利津(NO_3^-)
利津(流量)
5.0
4.5
4.0
3.5
3.0
2.5
NO_3^-(mg/L)
700
600
500
400
300
200
100
流量(m^3/s)
枯水期(2月)
平水期(6月)
丰水期(8月)
月份

(c)

续图 12-5

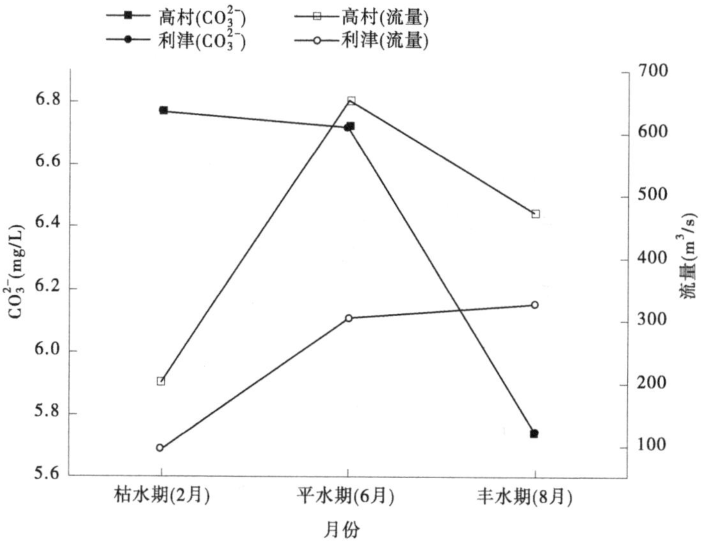
高村(CO_3^{2-})
利津(CO_3^{2-})
高村(流量)
利津(流量)
6.8
6.6
6.4
6.2
6.0
5.8
5.6
CO_3^{2-}(mg/L)
700
600
500
400
300
200
100
流量(m^3/s)
枯水期(2月)
平水期(6月)
丰水期(8月)
月份

(d)

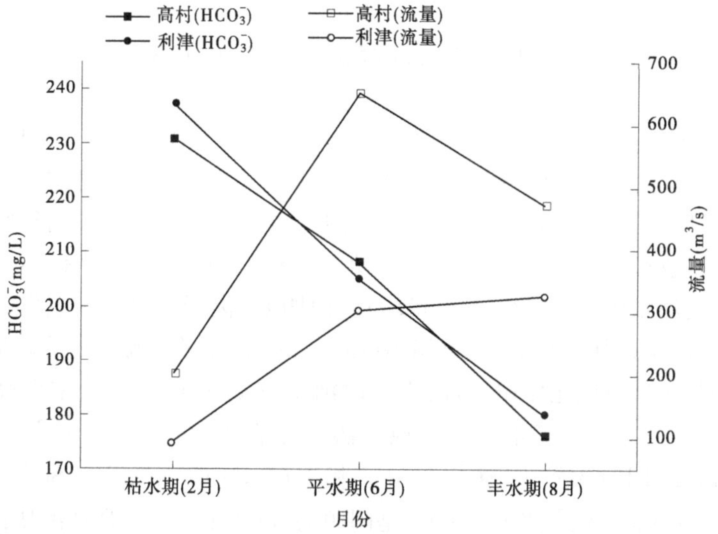
高村(HCO_3^-)
利津(HCO_3^-)
高村(流量)
利津(流量)
240
230
220
210
200
190
180
170
HCO_3^-(mg/L)
700
600
500
400
300
200
100
流量(m^3/s)
枯水期(2月)
平水期(6月)
丰水期(8月)
月份

(e)

续图 12-5

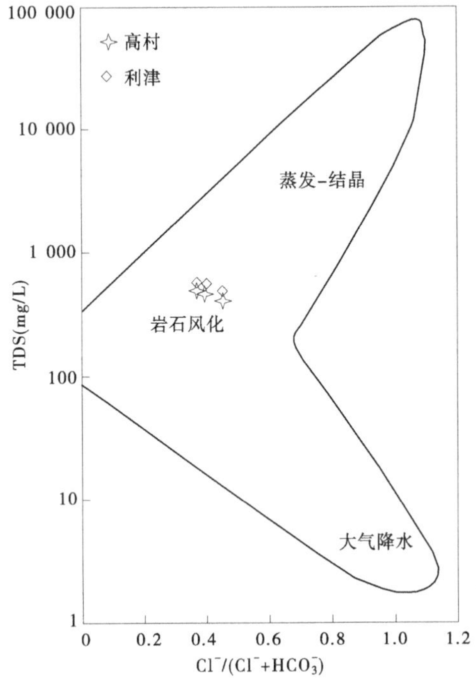

图 12-6　黄河山东段河水水化学 Gibbs 图

河水中离子含量比值受其来源影响，因此可以根据各离子的比值来反推其来源。天然水体中 K^+、Na^+离子的主要来源为大气降水、蒸发岩盐溶解以及硅酸盐岩矿物风化，黄河山东段河水摩尔当量比值(K^++Na^+)/Cl^-均大于 1，说明 K^+、Na^+离子除来源于蒸发岩盐溶解，硅酸盐矿物风化、大气降水亦是其来源。K^++Na^+与 Cl^-极显著相关($P<0.01$)，同时大气降水增加，河水中 K^++Na^+、Cl^-含量增加，说明 Cl^-离子除来源于蒸发岩盐溶解，海洋起源的大气降水也是其主要来源。河水中 Ca^{2+}、Mg^{2+}离子的来源主要为碳酸盐岩、硅酸盐岩、石膏和泻盐等岩石风化作用，黄河山东段河水[Ca^{2+}+Mg^{2+}]当量浓度高于[HCO_3^-]当量浓度，说明 Ca^{2+}、Mg^{2+}离子不只是来源于碳酸盐岩风化；[Ca^{2+}+Mg^{2+}]当量浓度高于[SO_4^{2-}]当量浓度，同时 Mg^{2+}与 SO_4^{2-} 极显著相关($P<0.01$)，Ca^{2+}与 SO_4^{2-} 显著相关($P<0.05$)，说明部分 Ca^{2+}、Mg^{2+}离子与 SO_4^{2-} 是同源的，可能来源于石膏和泻盐；[HCO_3^-+SO_4^{2-}]当量浓度高于[Ca^{2+}+Mg^{2+}]当量浓度[图 12-7(d)]，可能与部分 HCO_3^- 来自硅酸盐岩矿物风化有关。[Ca^{2+}]当量浓度高于[SO_4^{2-}]当量浓度、[Mg^{2+}]当量浓度高于[SO_4^{2-}]当量浓度，说明 SO_4^{2-} 来源于石膏和泻盐两种岩石风化作用。NO_3^- 与 Ca^{2+}、Mg^{2+}、CO_3^{2-}、HCO_3^- 极显著相关($P<0.01$)，与 SO_4^{2-} 显著相关($P<0.05$)，说明 NO_3^- 主要为天然硝酸盐，主要来源为岩石风化和大气降水。

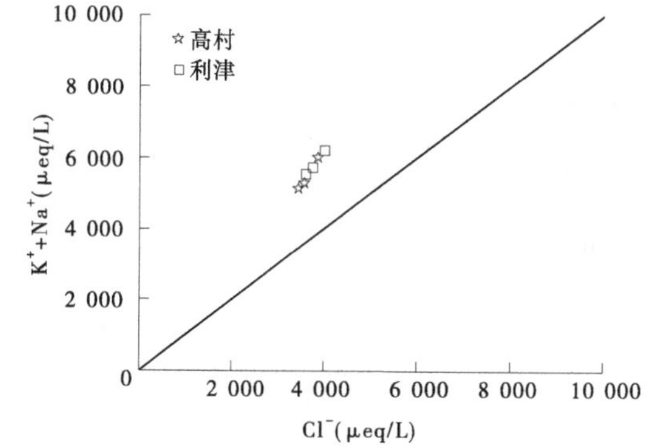

(a)

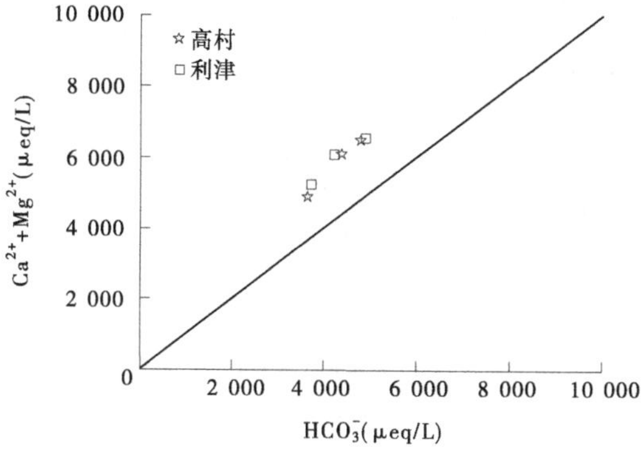

(b)

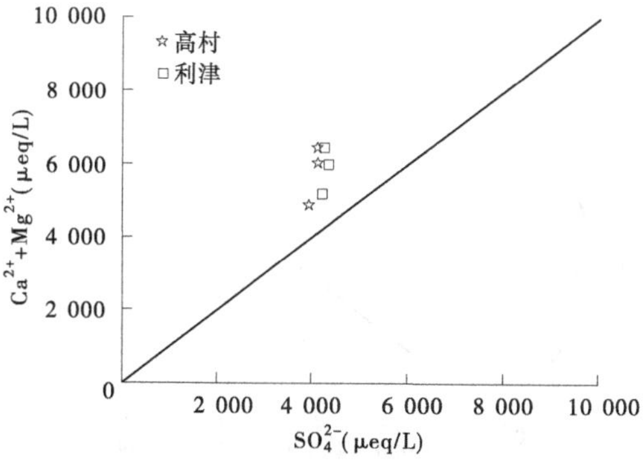

(c)

图 12-7 黄河山东段河水主要离子当量浓度关系

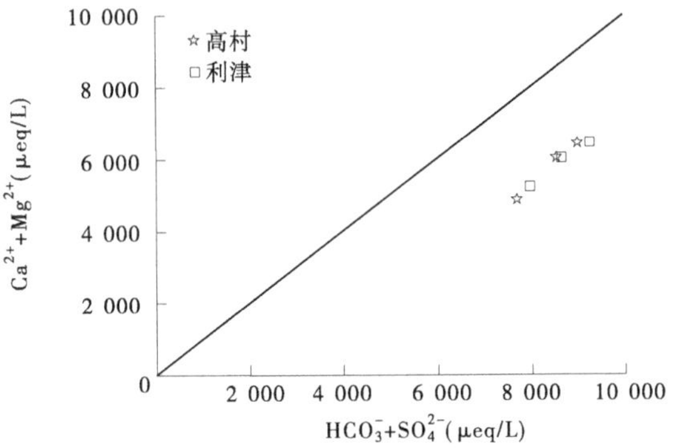
10 000
8 000
6 000
4 000
2 000
0
2 000
4 000
6 000
8 000
10 000
☆高村
□利津
Ca2++Mg2+(μeq/L)
HCO3-+SO42-(μeq/L)

(d)

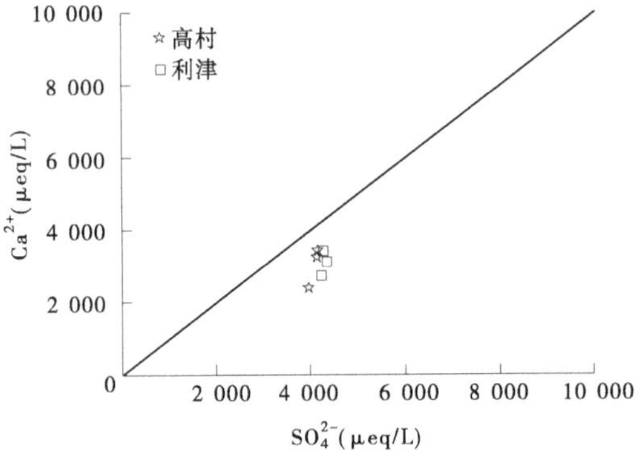
10 000
8 000
6 000
4 000
2 000
0
2 000
4 000
6 000
8 000
10 000
☆高村
□利津
Ca2+(μeq/L)
SO42-(μeq/L)

(e)

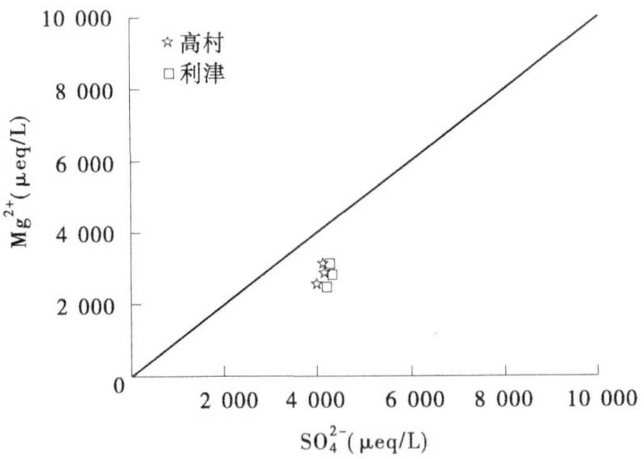
10 000
8 000
6 000
4 000
2 000
0
2 000
4 000
6 000
8 000
10 000
☆高村
□利津
Mg2+(μeq/L)
SO42-(μeq/L)

(f)

续图 12-7

四、小结

黄委山东水文水资源局首次分析了黄河山东段的水化学特征，并研究了其控制因素，走在了各基层监测中心的前列，在黄河水质监测中尚属首次，可将本研究成果应用于全黄河流域水化学特征及其控制因素的研究中，从而了解黄河干流及支流水体元素分布及其迁移转化规律，为黄河流域水质管理和生态环境保护与建设提供科学依据。

具体应用创新点有如下几点：

(1)详细分析了黄河山东段河水水化学特征及河水主要离子组成，同时，运用 Piper 三线图分析了河水的水化学类型。黄河山东段河水 pH 范围为 8.0~8.3，河水呈弱碱性；TDS 范围为 578~650 mg/L，河水 TDS 从上游到下游呈升高趋势。河水阳离子以 Na^+、Ca^{2+}为主，阴离子以 HCO_3^-、SO_4^{2-} 为主，水化学类型为 HCO_3-SO_4-Na-Ca 型。

(2)详细分析了黄河山东段水化学特征的时空变化规律。黄河山东段水化学参数，在空间上，除 pH 外，其余参数从上游到下游均呈上升趋势，原因是河水流量减小及河水的蒸发浓缩作用；在时间上，除 Cl^- 和 K^++Na^+ 两项参数外，其余参数含量大都符合枯水期>平水期>丰水期，原因是丰水期河水径流增加，Cl^- 和 K^++Na^+ 两项参数含量降低，说明 Cl^-、K^+、Na^+大部分来源于海洋起源的大气降水。

(3)运用 Gibbs 图及离子比，详细分析了黄河山东段河水的水化学的控制因素及其离子来源。黄河山东段水化学主要受岩石风化作用控制，离子来源分析表明，河水中 K^+、Na^+离子的主要来源为蒸发岩盐溶解、硅酸盐矿物风化及大气降水；Cl^-主要来源于蒸发岩盐溶解及海洋起源的大气降水；Ca^{2+}、Mg^{2+}离子的主要来源为碳酸盐岩、硅酸盐岩、石膏和泻盐等岩石风化；HCO_3^- 主要来源于碳酸盐岩风化，少部分来源于硅酸盐岩风化；SO_4^{2-} 主要来源于石膏和泻盐；NO_3^- 的主要来源为岩石风化与大气降水。

第二节　黄河山东段水体重金属特征及生态风险评价

一、概述

(一)研究的背景及意义

近年来，泥沙对水体重金属的影响及其环境效应，引起了不同领域研究者的广泛关注。研究表明，进入水系的重金属污染物绝大部分都富集在泥沙颗粒上(80%~90%)。因此，分析河流体系中重金属的污染状况时，要同时进行水相质量分析和颗粒物相质量分析，这样才能正确反映其被污染的程度。

天然河流中的泥沙按其在水流中的运动状态，可分为推移质和悬移质两种。推移质指受拖曳力作用沿河床滚动、滑动或跳跃前进的泥沙；悬移质指受重力作用和水流紊动作用悬浮于水中随水流前进的泥沙。悬移质相对于推移质来说，粒径较小，在水体中的分布面积也较广，因此重金属一般都大多结合在悬移质中，它们随水流迁移，当负荷超过搬运能力时，沉积下来进入底泥。因此，对河流体系水体及悬移质中的重金属进行评价，可以更准确地反映河流体系的污染状况。

黄河是世界上含沙量最高、输沙量最大的高含沙河流,泥沙对黄河水质影响巨大。泥沙在水环境中具有两面性,一方面泥沙对于污染物具有显著的吸附效应,因此有净化水体的作用;另一方面,泥沙又作为污染物和污染物载体而对水环境造成污染。因此,在研究黄河水环境时,要考虑其多沙的特点及泥沙对水环境的影响。

随着重金属污染的日益严峻,国内外学者提出了一系列评价重金属污染的方法,主要有地累积指数法、内梅罗综合污染指数法、污染负荷指数法、潜在生态危害指数法等。其中,最有代表性和最常用的是地累积指数法和潜在生态危害指数法。地累积指数法是德国学者 MÜller 于 1969 年提出的一种研究水体沉积物中重金属污染程度的定量指标,反映了重金属分布的自然变化特征,同时还可以判别人为活动对环境的影响,是区分人为活动影响的重要参数。瑞典科学家 Hakanson(1980)提出的潜在生态危害指数法(The Potential Ecological Risk Index)(RI)是目前最为常用的评价重金属污染程度的方法之一,该方法综合考虑了土壤重金属含量以及重金属的生态效应、环境效应和生物毒性等方面的内容,能够综合反映重金属对生态环境的影响潜力。

目前,黄河流域中 Cu、Pb、Cd、Hg、As 重金属的污染评价均采用单因子法,即通过计算水体中各污染物的平均浓度,与评价标准值(《地表水环境质量评价标准》(GB 3838—2002)对照,看其是否符合评价标准,确定其水质类别。该评价方法仅考虑了水相中的重金属,未考虑颗粒物相中的重金属,并不能准确反映河流体系的污染状况。本研究,以黄河下游山东段 2013~2017 年(7 月)泺口和利津两断面水体和悬移质为研究对象,对水体和悬移质中 Cu、Pb、Cd、Hg 和 As 五种重金属元素的含量进行分析;同时,利用地累积指数法和潜在生态危害指数法,对悬移质中 Cu、Pb、Cd、Hg 和 As 五种重金属元素的污染状况进行评价。本研究同时考虑黄河水体及悬移质中的重金属,来评价黄河中重金属的污染状况,尚属首次,走在了各基层水质监测中心前列。

(二)水体重金属污染评价方法

1. 评价标准

水体中 Cu、Pb、Cd、Hg 和 As 五种重金属元素评价标准采用《地表水环境质量标准》(GB 3838—2002)。地表水环境质量评价标准值见表 12-2。

表 12-2　地表水环境质量评价标准　　(单位:mg/L)

序号	项目	Ⅰ类	Ⅱ类	Ⅲ类	Ⅳ类	Ⅴ类
1	铜　≤	0.01	1.0	1.0	1.0	1.0
2	铅　≤	0.01	0.01	0.05	0.05	0.1
3	镉　≤	0.001	0.005	0.005	0.005	0.01
4	汞　≤	0.000 05	0.000 05	0.000 1	0.001	0.001
5	砷　≤	0.05	0.05	0.05	0.1	0.1

2. 评价方法

水质评价采用单因子法进行评价，即通过计算各污染物的平均浓度，与评价标准值对照，看其是否符合评价标准，确定其水质类别。

（三）悬移质重金属污染评价方法

1. 地累积指数法

地累积指数法是德国学者 MÜller 于 1969 年提出的一种研究水体沉积物中重金属污染程度的定量指标，反映了重金属分布的自然变化特征，同时还可以判别人为活动对环境的影响，是区分人为活动影响的重要参数。其计算公式为：

$$I_{geo} = \log_2[c_i/(k \times B_i)] \quad (12\text{-}2)$$

式中，c_i 为悬移质中重金属 i 的实测含量，mg/kg；k 为校正系数，是考虑到由于成岩作用可能会引起背景值的变动，通常用来表征沉积特征、岩石地质等其他影响，一般取值为 1.5；B_i 为重金属 i 的地球化学背景值，mg/kg。本研究选用山东省土壤背景值作为计算依据，Cu、Pb、Cd、Hg、As 土壤背景值分别为 24.0、25.8、0.084、0.019、9.3 mg/kg。地累积指数法将重金属污染分为 7 个等级，0~6 级污染程度逐渐递增。I_{geo} 值与重金属污染程度分级关系见表 12-3。

表 12-3　地累积指数及污染程度分级

地累积指数 I_{geo}	$I_{geo}<0$	$0 \leq I_{geo}<1$	$1 \leq I_{geo}<2$	$2 \leq I_{geo}<3$	$3 \leq I_{geo}<4$	$4 \leq I_{geo}<5$	$I_{geo} \geq 5$
污染分级	0	1	2	3	4	5	6
污染程度	无污染	轻度污染	偏中度污染	中度污染	偏重污染	重污染	严重污染

2. 潜在生态危害指数法

潜在生态风险指数（RI）体现了生物有效性和相对贡献比例及地理空间差异等特点，能综合反映沉积物中重金属的影响潜力。其计算公式为：

$$C_f^i = C_D^i / C_R^i \quad (12\text{-}3)$$

$$E_r^i = T_r^i \times C_f^i \quad (12\text{-}4)$$

$$RI = \sum_{i=1}^{m} E_r^i = \sum_{i=1}^{m} T_r^i \times C_f^i \quad (12\text{-}5)$$

式（12-3）中，C_D^i 为悬移质中重金属 i 的实测含量，mg/kg；C_R^i 为重金属 i 的背景参考值，本研究选用山东省土壤背景值作为计算依据，Cu、Pb、Cd、Hg、As 土壤背景值分别为 24.0、25.8、0.084、0.019、9.3 mg/kg。

式（12-4）中，T_r^i 为重金属 i 的毒性系数，反映了重金属的毒性水平及生物体对污染物的敏感程度，Cu、Pb、Cd、Hg、As 五种重金属的毒性响应系数分别为 5、5、30、40、10；E_r^i 为某一重金属 i 的潜在生态危害指数。

式（12-5）中，RI 为某一区域沉积物中重金属综合潜在生态风险指数。

RI、E_r^i 及 C_f^i 值相对应的污染程度或潜在生态风险程度如表 12-4 所示。

表 12-4　重金属元素潜在生态风险评价分级标准

指标	污染程度或潜在生态风险程度				
C_f^i	$C_f^i < 1$	$1 \leq C_f^i < 3$	$3 \leq C_f^i < 6$	$C_f^i \geq 6$	—
	低污染	中污染	较高污染	很高污染	—
E_r^i	$E_r^i < 40$	$40 \leq E_r^i < 80$	$80 \leq E_r^i < 160$	$160 \leq E_r^i < 320$	$E_r^i \geq 320$
	低潜在生态风险	中潜在生态风险	较高潜在生态风险	高潜在生态风险	很高潜在生态风险
RI	$RI < 150$	$150 \leq RI < 300$	$300 \leq RI < 600$	$RI \geq 600$	—
	低潜在生态风险	中潜在生态风险	较高潜在生态风险	很高潜在生态风险	—

（四）本研究的主要内容

本研究以黄河下游山东段 2013～2017 年（7 月）泺口和利津两断面水体和悬移质为研究对象，对水体和悬移质中 Cu、Pb、Cd、Hg 和 As 五种重金属元素的含量进行分析；同时，利用地累积指数法和潜在生态危害指数法，对悬移质中 Cu、Pb、Cd、Hg 和 As 五种重金属元素的污染状况进行评价。本研究同时考虑黄河水体及悬移质中的重金属，来评价黄河中重金属的污染状况，尚属首次。同时对河流体系水相及颗粒物相中的重金属进行评价，可以更准确地反映河流体系的污染状况。

二、研究区域和研究方法

（一）研究区域概况

山东黄河位于山东省的西北部，北岸为黄海平原，属于海河流域，南岸为黄淮平原，属于淮河流域，沿黄两岸大部分为黄泛冲积平原。山东黄河属于温暖季风气候区，年平均气温为 11.7～14.2℃，自西南向东北递减，多年平均降水量为 650 mm。泺口断面位于山东省济南市天桥区泺口办事处，位置东经 116°59′，北纬 36°44′。利津断面位于山东省利津县利津镇刘家夹河村，位置东经 118°18′，北纬 37°31′。

（二）样品采集与处理

1. 水样的采集与处理

采用横式采样器采样，采集黄河水面下约 0.5 m 处的水样，采样方法为左、中、右等比例混合法，采样方式为船只和吊箱缆道采样或桥梁采样。水样采集后，将所采水样摇匀后倒入筒型玻璃容器，静置 30 min，以除去沉降性固体，如泥沙。然后，将所采水样移入盛样容器，在装入水样前，应先用该采样点水样冲洗三次。装入水样后，按要求加入相应的保护剂后摇匀，并及时填写水样标签，运回实验室待测。测量 Cu、Pb、Cd 和 Hg 元素的水样，加入的保存剂为 1 L 水样中加入 4 mL HNO_3；测量 As 元素的水样，加入的保存剂为 1 L 水样中加入 4 mL H_2SO_4。

2. 悬移质的采集与处理

悬移质样品在距河水表面 30 cm 以上的水体处采集，除去漂浮或浸没的树枝、枯叶等杂质后带回实验室。水样经 0.45 μm 滤膜，所得固体自然晾干，然后装入样品瓶中，贴好标签待测。

（三）样品分析

水样中 Cu、Pb、Cd 元素的含量，用石墨炉原子吸收分光光度计测定，分析方法为无火焰原子吸收分光光度法（GB/T 5750.6—2006）。水样中 Hg、As 元素的含量，用原子荧光光度计测定，分析方法为氢化物发生－原子荧光光度法（SL 327.2—2005）。为保证测定质量，每批样品放置 2 个空白样品与样品同步分析。

悬移质中 Cu、Pb、Cd 的消解采用微波消解法，称取 0.200 0～0.300 0 g（精确至 0.000 2 g）土样，放入聚四氟乙烯消解罐中，加入 2～3 滴纯水润湿，然后加入 10 mL HNO_3 和 1 mL HF，加盖密封，放入微波消解仪中消解，消解程序见表 12-5。消解完成后，将消解罐取出冷却降温。待彻底冷却后，将消解液移入 100 mL 容量瓶中，用纯水定容至刻度，然后用石墨炉原子吸收分光光度计测定 Cu、Pb、Cd 的含量。沉积物中 Hg、As 用王水（硝酸:盐酸＝1:3，然后用去离子水稀释一倍）消解，称取 0.200 0～0.300 0 g（精确至 0.000 2 g）土样，放入 50 mL 具塞比色管中，加入 2～3 滴纯水润湿，然后加入 10 mL 王水，加塞摇匀于沸水浴中消解 2 h，中间摇动几次，取下冷却，用水稀释至刻度，然后用原子荧光光度计测定 As 的含量。为保证测定质量，每批样品放置 2 个空白样品与样品同步分析。

表 12-5　悬移质中 Cu、Pb、Cd 的微波消解程序

程序	功率（W）	爬升时间（min）	温度（℃）	保持时间（min）
1	1 000	10	120	2
2	1 000	5	150	5
3	1 000	6	185	30

（四）数据处理

用 SPSS 19.0 和 Microsoft Excel 2007 进行数据处理和分析。采用 Spearman 进行重金属相关性分析。

三、结果与讨论

（一）水体中重金属含量测定结果及评价

黄河山东段泺口和利津两断面 2013～2017 年（7 月）水体中 Cu、Pb、Cd、Hg、As 五种重金属元素的含量列于表 12-6 中。

表 12-6　泺口和利津两断面 2013~2017 年(7 月)水体中重金属元素含量及统计

断面名称			重金属元素含量(mg/L)				
			Cu	Pb	Cd	Hg	As
泺口	年份	2013	<0.005	<0.002 5	<0.000 5	0.000 01	0.003 6
		2014	0.010 6	0.009 9	<0.000 5	0.000 01	0.003 5
		2015	0.008	0.004 4	<0.000 5	<0.000 01	0.002 7
		2016	0.006	<0.002 5	<0.000 5	<0.000 01	0.005 4
		2017	0.006	0.004 0	<0.000 5	<0.000 01	0.005 3
	统计特征(mg/L)	最大值	0.010 6	0.009 9	—	0.000 01	0.005 4
		最小值	<0.005	<0.002 5	—	<0.000 01	0.002 7
		平均值	0.006	0.004 2	0.000 25	0.000 007	0.004 1
利津	年份	2013	0.028	<0.002 5	<0.000 5	0.000 02	0.004 2
		2014	0.009	0.010 8	<0.000 5	0.000 01	0.003 6
		2015	0.078	0.017 5	0.000 9	<0.000 01	0.006 5
		2016	<0.005	<0.002 5	<0.000 5	<0.000 01	0.003 2
		2017	0.006	0.004 9	<0.000 5	0.000 02	0.006 0
	统计特征(mg/L)	最大值	0.028	0.017 5	0.000 9	0.000 02	0.006 5
		最小值	<0.005	<0.002 5	<0.000 5	<0.000 01	0.003 2
		平均值	0.025	0.007 1	0.000 4	0.000 01	0.004 7
Ⅲ类地表水标准(mg/L)			1.0	0.05	0.005	0.000 1	0.05

注:计算各重金属元素含量 2013~2017 年平均值时,若含量小于检出限,则按检出限的一半计算。

从表 12-6 中可以看出,黄河山东段泺口和利津两断面水体中各重金属元素的平均含量都比较低,均远小于《地表水环境质量标准》(GB 3838—2002)中的Ⅲ类水质标准。除利津断面 Cu 元素符合《地表水环境质量标准》(GB 3838—2002)中Ⅱ类水标准外,高村和利津两断面其余重金属元素的含量均符合Ⅰ类水标准。两断面水体中重金属元素含量由高到低均为 Cu>Pb>As>Cd>Hg。

(二)悬移质中重金属含量测定结果及生态风险评价

1. 悬移质中重金属含量测定结果

黄河山东段泺口和利津两断面 2013~2017 年(7 月)悬移质中 Cu、Pb、Cd、Hg、As 五种重金属元素的含量列于表 12-7 中。

表 12-7　泺口和利津两断面 2013~2017 年(7 月)悬移质中重金属元素含量及统计

断面名称			重金属元素含量(mg/kg)				
			Cu	Pb	Cd	Hg	As
泺口	年份	2013	43.2	78.4	2.82	0.450	11.0
		2014	40.9	60.1	2.38	0.626	11.0
		2015	31.4	56.7	1.29	0.944	12.5
		2016	37.9	26.2	1.35	0.881	11.7
		2017	22.0	15.4	0.30	0.658	13.0
	统计特征(mg/L)	最大值	43.2	78.4	2.82	0.944	13.0
		最小值	22.0	15.4	0.30	0.450	11.0
		平均值	35.1	47.4	1.63	0.712	11.8
利津	年份	2013	39.8	77.7	1.79	0.405	11.3
		2014	37.4	47.8	2.24	0.510	9.31
		2015	31.0	56.7	1.19	0.766	12.7
		2016	44.5	26.6	1.38	0.728	13.7
		2017	29.0	12.0	0.33	0.737	10.9
	统计特征(mg/L)	最大值	44.5	77.7	2.24	0.766	13.7
		最小值	29.0	12.0	0.33	0.405	9.31
		平均值	36.3	44.2	1.39	0.629	11.6
背景值(mg/kg)			24.0	25.8	0.084	0.019	9.3

从表 12-7 可以看出,高村和利津两断面悬移质中重金属含量由高到低均为:Pb>Cu>As>Cd>Hg。与山东省土壤背景值相比,高村和利津两断面悬移质中 Cu、Pb、Cd、Hg、As 的含量均高于土壤底质背景值,尤其是 Hg 元素,泺口断面其最高含量为土壤底质背景值的 4 126.32 倍,利津断面其最高含量为土壤底质背景值的 4 089.47 倍。因此,黄河山东段 Hg 元素的污染最为严重,需要引起关注。

2. 悬移质重金属含量相关性分析

对泺口和利津两断面悬移质中各重金属元素进行 Spearman 相关性分析,分析结果分别列于表 12-8、表 12-9 中。

表 12-8　泺口断面 2013~2017 年(7 月)悬移质中重金属元素含量相关性分析

	Cu	Pb	Cd	Hg	As
Cu	1.000				
Pb	0.900*	1.000			
Cd	1.000**	0.900*	1.000		
Hg	-0.700	-0.600	-0.700	1.000	
As	-0.975**	-0.872	-0.975**	0.667	1.000

注　* 表示在置信度(双侧)为 0.05 时,相关性是显著的。
** 表示在置信度(双侧)为 0.01 时,相关性是显著的。

表 12-9　利津断面 2013~2017 年(7 月)悬移质中重金属元素含量相关性分析

	Cu	Pb	Cd	Hg	As
Cu	1.000				
Pb	0.300	1.000			
Cd	0.600	0.500	1.000		
Hg	-0.600	-0.400	-0.800	1.000	
As	0.500	0.100	-0.300	0.300	1.000

由表 12-8 可知,泺口断面 Cu 与 Cd 之间存在极显著相关($P<0.01$),Pb 与 Cu、Cd 呈显著相关($P<0.05$),悬移质重金属元素间的显著相关性说明这些重金属的来源具有相似性。因此,Cu、Pb、Cd 三种元素可能来自同一污染源。

由表 12-9 可知,利津断面 Cu、Pb、Cd、Hg 和 As 五种重金属之间相关性相对不显著。重金属间不存在相关性说明它们可能来自不同的污染源,其来源具有多元性和复杂性。

3. 地累积指数法评价

地累积指数法同时考虑了自然地质过程造成的背景值影响以及人为活动对重金属污染的影响,因此该指数不仅反映了重金属分布的自然变化特征,而且还可以判别人为活动对环境的影响。表 12-10 中列出了泺口和利津两断面 2013~2017 年(7 月)悬疑质中重金属地累积指数及污染等级。

以 2013~2017 年泺口和利津两断面地累积指数的平均值来进行生态风险评价。泺口和利津两断面五种污染因子污染程度由高到低均为 Hg>Cd>Pb>Cu>As。泺口和利津两断面悬移质中 Hg 为重污染状态,Cd 为偏重污染状态,Pb 为轻度污染状态,As 为无污染状态;泺口断面悬移质中 Cu 为无污染状态,利津断面悬移质中 Cu 为轻度污染状态。Hg 为泺口和利津两断面最主要的污染因子,其中泺口断面 Hg 的 I_{geo} 变化范围为 3.98~5.05,利津断面 Hg 的 I_{geo} 变化范围为 3.83~4.75;泺口和利津两断面 Cd 的污染也较为严重,其中泺口断面 Cd 的 I_{geo} 变化范围为 1.25~4.48,利津断面 Cd 的 I_{geo} 变化范围为 1.39~4.15。因此,Hg 和 Cd 的污染需要引起关注。

表 12-10　泺口和利津断面 2013~2017 年(7 月)悬移质中重金属地累积指数及污染等级

断面			Cu		Pb		Cd		Hg		As	
			I_{geo}	污染分级	I_{geo}	污染分级	I_{geo}	污染分级	I_{geo}	污染分级	I_{geo}	污染分级
泺口	年份	2013	0.26	1	1.02	2	4.48	5	3.98	4	-0.34	0
		2014	0.18	1	0.64	1	4.24	5	4.46	5	-0.34	0
		2015	-0.20	0	0.55	1	3.36	4	5.05	6	-0.16	0
		2016	0.07	1	-0.56	0	3.42	4	4.95	5	-0.25	0
		2017	-0.71	0	-1.33	0	1.25	2	4.53	5	-0.10	0
	统计特征	最大值	0.26	1	1.02	2	4.48	5	5.05	6	-0.10	0
		最小值	-0.71	0	-1.33	0	1.25	2	3.98	4	-0.34	0
		平均值	-0.04	0	0.29	1	3.69	4	4.64	5	-0.24	0
利津	年份	2013	0.14	1	1.01	2	3.83	4	3.83	4	-0.30	0
		2014	0.06	1	0.30	1	4.15	5	4.16	5	-0.58	0
		2015	-0.22	0	0.55	1	3.24	4	4.75	5	-0.14	0
		2016	0.31	1	-0.54	0	3.45	4	4.67	5	-0.03	0
		2017	-0.31	0	-1.69	0	1.39	2	4.69	5	-0.36	0
	统计特征	最大值	0.31	1	1.01	2	4.15	5	4.75	5	-0.03	0
		最小值	-0.31	0	-1.69	0	1.39	2	3.83	4	-0.58	0
		平均值	0.01	1	0.19	1	3.46	4	4.46	5	-0.27	0

4.潜在生态风险指数法评价

潜在生态风险指数法(*RI*)从重金属的生态效应、环境效应和生物毒性出发,能够综合反映多种重金属对生态环境的影响潜力,并能定量区分出潜在毒性水平。表12-11列出了泺口和利津两断面2013~2017年(7月)悬疑质中重金属污染指数及潜在生态风险评价结果。

以2013~2017年泺口和利津两断面单个污染物的污染参数 C_f^i 的平均值及单个污染物潜在生态危害指数 E_r^i 的平均值来进行生态风险评价。从单个污染物的污染参数 C_f^i 来看,泺口和利津两断面Cu、Pb、As为中污染状态,Cd和Hg为很高污染状态。泺口和利津两断面5种污染因子污染程度由高到低为Hg>Cd>Pb>Cu>As。Hg为泺口和利津两断面最主要的重金属污染因子,其中泺口断面变化范围为23.68~49.68,均值为37.46;利津断面变化范围为21.32~40.32,均值为33.12。泺口和利津两断面单个污染物潜在生态危害指数由高到低为Hg>Cd>As>Pb>Cu,Hg为泺口和利津两断面最主要的潜在生态风险因子,其中泺口断面最大值为1 987.20,均值为1 498.20;利津断面最大值为1 612.80,均值为1 324.80。从综合潜在生态风险指数 *RI* 来看,泺口断面变化范围为1 513.90~3 478.95,均值为2 109.10;利津断面变化范围为1 527.65~2 069.05,均值为1 848.37。泺口和利津两断面均具有很高潜在生态风险。

此外,从表12-11中可以明显看出,泺口和利津两断面单个污染物的污染程度与其潜在生态危害程度不一致,这是因为Pb、Cu元素虽然污染程度较高,但是其毒性相应系数均为5,远小于As($T_r^i=10$)。因此,重金属的潜在生态危害程度要同时考虑其浓度以及毒性响应系数。

在所研究的5种金属元素中,Hg具有最高的毒性响应系数($T_r^i=40$),同时其实测含量(泺口:0.450~0.944 mg/kg,利津:0.405~0.766 mg/kg)相对于山东省土壤底质背景值(0.019 mg/kg)也较高,这均说明Hg具有较高的潜在生态危害指数,比其他重金属元素具有更高的 *RI* 值贡献率。He等(He B, Yun ZJ, Shi JB, et al. Research progress of heavy metal pollution in China: sources, analytical methods, status, and toxicity [J]. Chinese Science Bulletin, 2013, 58(2):134-140.)指出我国农田土壤和河口、水域沉积物中的Pb、Hg和Cd污染最为严重,急需有效控制,本研究与He等得出相同结论。因此,为了保护黄河山东水环境,使其健康发展,必须采取相应措施来控制悬移质中Hg和Cd元素的积累趋势,削弱石油化工业和其他重工业等对黄河水体造成的污染。

四、小结

本研究同时考虑黄河水体及悬移质中的重金属,来评价黄河中重金属的污染状况,尚属首次。对河流体系水相及颗粒物相中的重金属同时进行评价,可以更准确地反映河流体系的污染状况。通过对黄河山东段泺口和利津两断面水体和悬移质中重金属的含量、污染程度和生态风险研究,得出以下结论。

表 12-11　泺口和利津断面 2013~2017 年(7 月)悬移质中重金属污染指数和潜在生态风险评价结果

断面			单个污染物的污染参数 C_f^i					单个污染物潜在生态危害指数 E_r^i					综合潜在生态风险指数 *RI*
			Cu	Pb	Cd	Hg	As	Cu	Pb	Cd	Hg	As	
泺口	年份	2013	1.80	3.04	33.57	23.68	1.18	9.00	15.20	1 007.10	947.20	11.80	1 990.30
		2014	1.70	2.33	28.33	32.95	1.18	8.50	11.65	849.90	1 318.00	11.80	2 199.85
		2015	1.31	2.20	15.36	49.68	1.34	6.55	11.00	460.80	1 987.20	13.40	3 478.95
		2016	1.58	1.02	16.07	46.37	1.26	7.90	5.10	482.10	1 854.80	12.60	2 362.50
		2017	0.92	0.60	3.57	34.63	1.40	4.60	3.00	107.10	1 385.20	14.00	1 513.90
	统计特征	最大值	1.80	3.04	33.57	49.68	1.40	9.00	15.20	1 007.10	1 987.20	14.00	3 478.95
		最小值	0.92	0.60	3.57	23.68	1.18	4.60	3.00	107.10	947.20	11.80	1 513.90
		平均值	1.46	1.84	19.38	37.46	1.27	7.30	9.20	581.40	1 498.20	12.70	2 109.10
利津	年份	2013	1.66	3.01	21.31	21.32	1.22	8.30	15.05	639.30	852.80	12.20	1 527.65
		2014	1.56	1.85	26.67	26.84	1.00	7.80	9.25	800.10	1 073.60	10.00	1 900.75
		2015	1.29	2.20	14.17	40.32	1.37	6.45	11.00	425.10	1 612.80	13.70	2 069.05
		2016	1.85	1.03	16.43	38.32	1.47	9.25	5.15	492.90	1 532.80	14.70	2 054.80
		2017	1.21	0.47	3.93	38.79	1.17	6.05	2.35	117.90	1 551.60	11.70	1 689.60
	统计特征	最大值	1.85	3.01	26.67	40.32	1.47	9.25	15.05	800.10	1 612.80	14.70	2 069.05
		最小值	1.21	0.47	3.93	21.32	1.00	6.05	2.35	117.90	852.80	10.00	1 527.65
		平均值	1.51	1.17	16.50	33.12	1.25	7.55	8.55	495.00	1 324.80	12.50	1 848.37

（1）黄河山东段泺口和利津两断面水体中Cu、Pb、Cd、Hg、As五种重金属元素的平均含量都比较低，均远小于《地表水环境质量标准》（GB 3838—2002）中的Ⅲ类水质标准。

（2）黄河山东段泺口和利津两断面悬浮物中Cu、Pb、Cd、Hg、As五种重金属元素的含量均高于土壤底质背景值，超出背景值最多的为Hg元素。

（3）地累积指数法评价结果表明，泺口和利津两断面悬移质中Hg为重污染状态，Cd为偏重污染状态，Pb为轻度污染状态，As为无污染状态；泺口断面悬移质中Cu为无污染状态，利津断面悬移质中Cu为轻度污染状态。首先，Hg为泺口和利津两断面最主要的污染因子；其次，Cd的污染也较为严重，需要引起重视。

（4）潜在生态风险评价结果表明，黄河山东段泺口和利津两断面悬移质中重金属污染为很高潜在生态风险，其主要生态风险因子为Hg，其次为Cd。因此，在黄河山东段重金属污染治理过程中要加倍重视Hg元素引起的污染，另外，Cd元素引起的污染也不容忽视。

（5）黄河山东段泺口和利津两断面悬移质中重金属污染地累积指数法与潜在生态风险指数法评价结果基本一致，均表明Hg为最主要的污染因子，其次为Cd。

（6）黄河山东段泺口和利津两断面水体中重金属平均含量都比较低，均远小于Ⅲ类水质标准；但是潜在生态风险评价结果表明，悬移质中重金属污染为很高潜在生态风险，同样地累积指数法评价结果表明，Hg为重污染到极重污染状态，Cd为重污染状态。因此，黄河山东段水环境中重金属污染较为严重。因此，评价河流体系重金属污染状况时，要同时考虑水相中的重金属和颗粒物相中的重金属。

（7）今后在黄河山东水环境治理中，要重点关注Hg和Cd元素的富集、迁移转化和生态效应。面对经济快速发展与资源及环境保护之间的深层矛盾，为保护和恢复已破坏的黄河山东水环境，应积极建设资源循环利用、生物多样性保护等生态工程，实现经济、社会与生态环境的协调发展。

第十三章　黄河口地区水环境研究

第一节　黄河三角洲湿地表层沉积物重金属污染生态风险评价

一、概述

黄河三角洲湿地是我国温暖带最完整、最广阔、最年轻的湿地生态系统，具有丰富的植物资源，是多种珍稀、濒危鸟类的栖息地。黄河三角洲湿地处于陆海相互作用的敏感地带，在维持珍稀物种、消减外源污染、调节气候、恢复水陆生态交错带功能等方面发挥着重要作用。近年来，随着黄河三角洲地区经济的快速发展，工业、农业、畜牧业和居民生活中产生的大量污染物通过河流进入海域，湿地受重金属污染越来越严重。

重金属污染具有多源性、隐蔽性和长期性等特点，重金属为典型的积累性污染物，其显著的生物毒性能够对生物体及生态环境构成潜在威胁。重金属污染风险评价是管理、控制和治理土壤污染的前提，目前重金属风险评价方法主要有地累积指数法、内梅罗综合污染指数法、污染负荷指数法、潜在生态危害指数法等。瑞典科学家 Hakanson(1980)提出的潜在生态危害指数法(The Potential Ecological Risk Index)(*RI*)是目前最为常用的评价重金属污染程度的方法之一，该方法综合考虑了土壤重金属含量以及重金属的生态效应、环境效应和生物毒性等方面的内容，能够综合反映重金属对生态环境的影响潜力。本研究以黄河三角洲湿地为研究区域，研究了湿地表层沉积物重金属含量，分析了重金属的相关性，同时用潜在生态风险指数法(*RI*)对重金属污染状况进行了生态风险评价，比较了不同重金属元素的污染贡献，以期为控制重金属污染以及湿地资源的合理开发利用提供科学的理论依据。

二、研究区域和研究方法

(一)研究区域

黄河三角洲湿地地处黄河入海口，位于渤海湾南岸和莱州湾西岸，主要分布于山东省东营市境内，地理坐标为东经 118°33′~119°20′，北纬 37°35′~38°12′，气候为温带大陆性季风气候，年平均气温为 12.6 ℃，年平均降水量为 592.2 mm，年平均蒸发量为 1 550 mm。黄河三角洲湿地是黄河近百年来挟带大量泥沙填充渤海凹陷成陆的海相沉积平原，土壤类型为隐域性潮土和盐土土类。

(二)样品采集与处理

在黄河三角洲湿地设置 16 个采样点，采用 GPS 定位并记录坐标信息，采样点布设如图 13-1 所示。

采用抓斗采泥器采集湿地表层 0~10 cm 的沉积物 1~2 kg，用塑料勺将不与采泥器抓

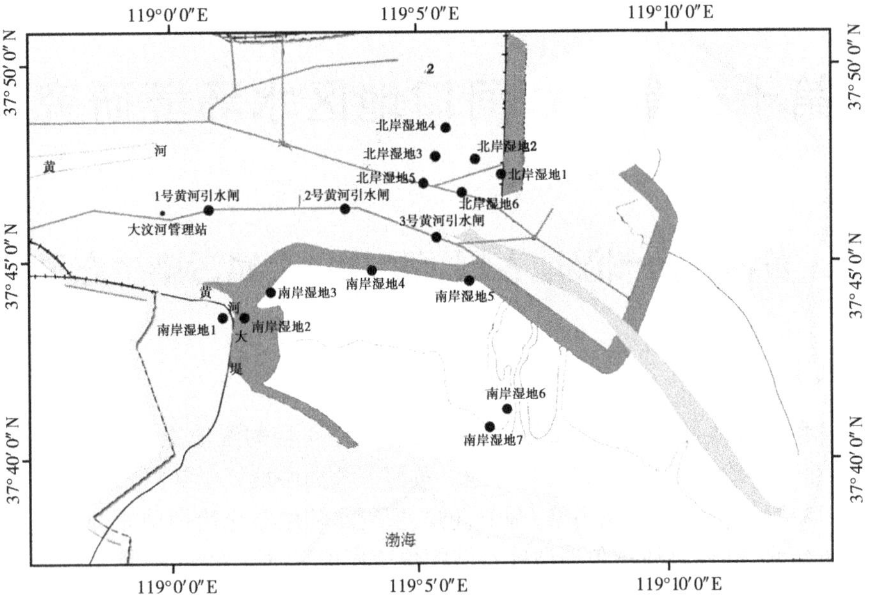

图 13-1　研究区域位置及采样点布设图

斗金属部分直接接触的底泥转移至聚乙烯塑料袋中，标记好样品编号，带回实验室。所采样品除去砾石和动植物残体等杂物后，自然风干，研磨成粉，过 100 目尼龙筛，装入样品瓶中贴好标签，然后保存于干燥器中待测。

（三）样品分析

沉积物中 Cu、Pb、Cd 的消解采用微波消解法，称取 0. 200 0～0. 300 0 g（精确至 0. 000 2 g）土样，放入聚四氟乙烯消解罐中，加入 2～3 滴纯水润湿，然后加入 10 mL HNO_3 和 1 mL HF，加盖密封，放入微波消解仪中消解，消解程序见表 13-1。消解完成后，将消解罐取出冷却降温。待彻底冷却后，将消解液移入 100 mL 容量瓶中，用纯水定容至刻度，然后用石墨炉原子吸收分光光度计测定 Cu、Pb、Cd 的含量。沉积物中 As 用王水（硝酸∶盐酸＝1∶3，然后用去离子水稀释一倍）消解，称取 0. 200 0～0. 300 0 g（精确至 0. 000 2 g）土样，放入 50 mL 具塞比色管中，加入 2～3 滴纯水润湿，然后加入 10 mL 王水，加塞摇匀于沸水浴中消解 2 h，中间摇动几次，取下冷却，用水稀释至刻度，然后用原子荧光光度计测定 As 的含量。为保证测定质量，每批样品放置 2 个空白样品与样品同步分析。

表 13-1　黄河三角洲湿地表层沉积物微波消解程序

程序	功率（W）	爬升时间（min）	温度（℃）	保持时间（min）
1	1 000	10	120	2
2	1 000	5	150	5
3	1 000	6	185	30

（四）评价方法

采用潜在生态风险指数法（*RI*）来评价黄河三角洲湿地表层沉积物中重金属污染的潜在生态风险。潜在生态风险指数（*RI*）体现了生物有效性和相对贡献比例及地理空间差异等特点，能综合反映沉积物中重金属的影响潜力。

其计算公式为

$$C_f^i = C_D^i / C_R^i \tag{13-1}$$

$$E_r^i = T_r^i \times C_f^i \tag{13-2}$$

$$RI = \sum_{i=1}^{m} E_r^i = \sum_{i=1}^{m} T_r^i \times C_f^i \tag{13-3}$$

式中，C_D^i 为沉积物中重金属 i 的实测含量，mg/kg；C_R^i 为重金属 i 的背景参考值，本研究选用山东省土壤背景值作为计算依据，Cu、Pb、Cd、As 土壤背景值分别为 24.0、25.8、0.084、9.3 mg/kg。T_r^i 为重金属 i 的毒性系数，反映了重金属的毒性水平及生物体对污染物的敏感程度，Cu、Pb、Cd、As 四种重金属的毒性响应系数分别为 5、5、30、10。E_r^i 为某一重金属 i 的潜在生态危害指数。RI 为某一区域沉积物中重金属综合潜在生态风险指数；RI 、E_r^i 及 C_f^i 值相对应的污染程度或潜在生态风险程度如表 13-2 所示。

表 13-2　重金属元素潜在生态风险评价分级标准

指标	污染程度或潜在生态风险程度				
C_f^i	$C_f^i < 1$	$1 \leq C_f^i < 3$	$3 \leq C_f^i < 6$	$C_f^i \geq 6$	—
	低污染	中污染	较高污染	很高污染	—
E_r^i	$E_r^i < 40$	$40 \leq E_r^i < 80$	$80 \leq E_r^i < 160$	$160 \leq E_r^i < 320$	$E_r^i \geq 320$
	低潜在生态风险	中潜在生态风险	较高潜在生态风险	高潜在生态风险	很高潜在生态风险
RI	$RI < 150$	$150 \leq RI < 300$	$300 \leq RI < 600$	$RI \geq 600$	—
	低潜在生态风险	中潜在生态风险	较高潜在生态风险	很高潜在生态风险	—

(五)数据处理

用 SPSS 19.0 和 Microsoft Excel 2007 进行数据处理和分析。采用 Spearman 进行土壤重金属相关性分析。

三、结论与讨论

(一)湿地表层沉积物重金属含量

表 13-3 中列出了黄河三角洲湿地表层沉积物中重金属的含量。湿地表层沉积物重金属含量由高到低依次为 Cu、Pb、As、Cd。与山东省土壤背景值相比，除 Pb 外，湿地表层沉积物中 Cu、Cd、As 的含量均高于土壤底质背景值，尤其是 Cd 元素，其最高含量为土壤底质背景值的 43.57 倍。

表 13-3 黄河三角洲湿地表层沉积物中重金属的含量

研究区域	项目	Cu	Pb	Cd	As
黄河三角洲湿地	平均值(mg/kg)	47.1	21.3	1.44	12.0
	最大值(mg/kg)	171	48.2	3.66	14.7
	最小值(mg/kg)	6.21	10.8	0.173	8.57
	背景值(mg/kg)	24.0	25.8	0.084	9.3

(二)湿地表层沉积物重金属相关性分析

湿地表层沉积物中Cu、Pb、Cd和As四种重金属间的相关性分析见表13-4。由表13-4可知,Cu、Pb、Cd和As四种重金属之间相关性相对不显著。重金属之间不存在相关性说明它们可能来自不同的污染源,其来源具有多元性和复杂性。

表 13-4 黄河三角洲湿地表层沉积物中重金属的相关性

重金属元素	Cu	Pb	Cd	As
Cu	1.000			
Pb	0.127	1.000		
Cd	-0.106	0.015	1.000	
As	0.128	0.114	-0.244	1.000

(三)湿地表层沉积物重金属生态风险评价

表13-5列出了黄河三角洲湿地表层沉积物单个污染物的污染参数及潜在生态风险评价结果。从单个污染物的污染参数 C_f^i 来看,Pb为低污染状态,Cu和As为中污染状态,Cd为很高污染。4种污染因子污染程度由高到低为Cd>Cu>As>Pb。Cd为黄河三角洲湿地最主要的重金属污染因子,变化范围为2.06~43.57,均值为17.11。单个污染物潜在生态危害指数由高到低为Cd>As>Cu>Pb,Cd为黄河三角洲湿地最主要的潜在生态风险因子,最大值为1 307.14,均值为513.42;其次为As,变化范围为9.22~15.81,均值为12.88。从综合潜在生态风险指数 *RI* 来看,全区变化范围为87.63~1 332.7,均值为540.24,全区具有较高潜在生态风险。

表 13-5 黄河三角洲湿地表层沉积物单个污染物的污染参数及潜在生态风险评价结果

研究区域	项目	单个污染物的污染参数 C_f^i				单个污染物潜在生态危害指数 E_r^i				综合潜在生态风险指数 *RI*
		Cu	Pb	Cd	As	Cu	Pb	Cd	As	
黄河三角洲湿地	平均值	1.97	0.83	17.11	1.29	9.82	4.13	513.42	12.88	540.24
	最大值	7.13	1.87	43.57	1.58	35.63	9.34	1 307.14	15.81	1 332.7
	最小值	0.26	0.42	2.06	0.92	1.29	2.09	61.79	9.22	87.63

此外,从表13-5中可以明显看出,单个污染物的污染程度与其潜在生态危害程度不

一致,这是因为 Cu 元素虽然污染程度较高,但是其毒性相应系数为 5,远小于 As(T_r^i = 30)。因此,重金属的潜在生态危害程度要同时考虑其浓度以及毒性响应系数。

四、结论

(1)黄河三角洲湿地表层沉积物中的重金属除 Pb 外,Cu、Cd、As 的含量均高于土壤底质背景值,超出背景值最多的为 Cd 元素。

(2)潜在生态风险评价结果表明,黄河三角洲湿地的重金属污染为较高潜在生态风险,其主要生态风险因子为 Cd,其次为 As。因此,在湿地重金属污染治理过程中要加倍重视 Cd 元素引起的污染,另外,As 元素引起的污染也不容忽视。

第二节　黄河河口三角洲地区地下水环境质量评价

一、采样与测试

(一)监测项目的选择

依据《地下水质量标准》(GB/T 14848—93),结合黄河流域多年水质监测的实际情况,确定水质监测项目。监测项目为:pH、电导率、氨氮、硝酸盐、亚硝酸盐、挥发性酚、氰化物、砷、汞、铬(六价)、总硬度、铅、氟化物、镉、铁、锰、溶解性总固体(TDS)、高锰酸盐指数、硫酸盐、氯化物、细菌总数等共 21 项。

(二)样品采集与处理

在黄河河口三角洲设置 15 个地下水采样点,采用 GPS 定位并记录坐标信息。2015 年 6 月至 2015 年 11 月,黄委山东水文水资源局分 2 次进行地下水采样,共采集地下水水样 29 组。

采用电动泵采样,采集水面下约 0.5 m 处的水样,水样采集后,将所采水样移入盛样容器,在装入水样前,应先用该采样点水样冲洗三次。装入水样后,按要求加入相应的保护剂后摇匀,并及时填写水样标签,运回实验室待测。测定细菌总数的水样需单独取样,采样瓶不能用采集的水样冲洗。测量 Cu、Pb、Cd、Zn、Hg 元素和总硬度的水样,加入的保存剂为 1 L 水样中加入 4 mL HNO_3;测量 As 元素、氨氮、高锰酸盐指数的水样,加入的保存剂为 1 L 水样中加入 4 mL H_2SO_4;测量挥发性酚和氰化物的水样,加入的保存剂为 1 L 水样加入 0.5 g 固体氢氧化钠;测量 pH、电导率、氟化物、硝酸盐、亚硝酸盐、氯化物、硫酸盐、TDS 和六价铬的水样不加保存剂。

(三)样品分析

所有监测项目均采用国标或行标方法进行分析测定。

二、地下水环境质量状况评价

(一)评价标准与方法

1. 单因子评价法

通过计算各污染物的平均浓度,与评价标准值对照,看其是否符合评价标准,确定其水质类别,各污染物的最高类别即为该断面的综合水质类别。

评价标准采用《地下水质量标准》(GB/T 14848—93)。

2. 单因子指数法

单因子指数法是将每个评价因子的实测浓度与该评价因子的评价标准限值进行比较,确定各评价因子的水质类别。当评价因子的标准指数≤1 时,表明该因子浓度符合水域功能及水环境标准要求,指数值越大,水环境质量越差。计算公式如下。

对于一般因子:

$$S_{ij} = C_{ij}/S_{si} \tag{13-4}$$

式中,S_{ij} 为标准指数;C_{ij} 为评价因子 i 在 j 站点的实测统计值,mg/L;S_{si} 为评价因子 i 的评价标准限值,mg/L。

对于特殊因子 pH:

$$S_{pH,j} = \left.\begin{matrix}(7 - pH_j)/(7 - pH_{sd})\quad pH \leqslant 7.0 \\ (pH_j - 7)/(pH_{su} - 7)\quad pH > 7.0\end{matrix}\right\} \tag{13-5}$$

式中,$S_{pH,j}$ 为 pH 的标准指数;pH_j 为 pH 实测统计代表值;pH_{su}、pH_{sd} 分别为评价标准中 pH 的上、下限值。

评价标准采用《地下水质量标准》(GB/T 14848—93)。

3. 内梅罗指数法

内梅罗指数法是当前最常用的综合污染指数评价方法,该方法是一种兼顾极值和平均值的计权型多因子评价指数,可以综合反映河流水环境状况,值越大,水环境质量越差。计算公式如下:

$$P = \sqrt{\frac{(F_{\max}^2 + F_{\text{ave}}^2)}{2}} \tag{13-6}$$

式中,P 为内梅罗指数;$F_{\max}$ 为所有单项污染指数的最大值;F_{ave} 为所有单相污染指数的平均值。

(二)地下水质量综合评价

根据地下水水质分析资料,计算各水样点单因子指数(电导率项目除外)及内梅罗指数,根据单因子评价法确定地下水水质类别。各采样点水质指标监测数据取 2 次监测平均值。依据我国地下水质量状况和人体健康基准值,参照生活、工业、农业等用水水质要求,遵从“从优不从劣”原则,将地下水质量划分为 5 类:Ⅰ类水,地下水化学组分含量低,适用于各种用途;Ⅱ类水,地下水化学组分含量较低,适用于各种用途:Ⅲ类水,以生活饮用水卫生标准为依据,主要适用于集中式生活饮用水水源及工农业用水;Ⅳ类水,以农业和工业用水质量要求以及一定水平的人体健康风险为依据,适用于农业和部分工业用水,适当处理后可用作生活饮用水;Ⅴ类水,不宜做生活饮用水,其他用水可根据使用目的选用。本研究采用Ⅲ类水标准,计算各单因子指数(电导率项目除外)及内梅罗指数,评价结果见表 13-6。

表 13-6　各监测点单因子指数和内梅罗指数评价结果

断面	pH	氨氮	硝酸盐	亚硝酸盐	挥发酚	氰化物	砷	汞	六价铬	总硬度	铅	氟化物	镉	铁	锰	溶解性总固体	高锰酸盐指数	硫酸盐	氯化物	细菌总数	内梅罗指数	水质类别
黄河北	0.07	19.70	0.22	0.40	104.00	0.02	0.18	0.12	1.04	7.33	2.73	0.41	2.46	4.63	26.70	13.62	9.37	1.42	33.53	24.00	74.08	V
新域林业	0	10.00	0.16	0.20	1.50	0.02	0.04	0.06	0.10	5.18	2.42	0.12	1.11	0.70	34.60	9.16	1.77	2.95	19.97	7.65	24.73	V
孤岛	0.20	3.30	0.30	0.50	1.00	0.02	0.03	0.04	0.10	10.48	4.60	0.14	3.11	1.57	57.50	23.46	2.13	10.85	45.55	5.10	41.21	V
刁口	0.40	17.60	0.27	11.20	0.50	0.02	0.08	0.06	0.42	0.96	1.17	0.61	0.03	1.10	0.70	1.35	2.20	1.50	4.54	5.10	5.11	V
故道二	1.00	28.70	0.27	0.55	0.50	0.02	0.03	0.06	0.08	16.07	5.23	0.39	3.46	1.90	120.20	23.59	3.73	7.56	37.68	5.10	85.50	V
渤海农场	0.27	15.90	0.09	3.25	0.50	0.04	0.06	0.08	0.18	1.50	1.17	0.47	0.03	0.60	1.30	1.48	2.33	0.94	5.87	24.00	17.07	V
肖圣庙	1.00	37.85	0.42	0.60	2.00	0.02	0.11	0.13	0.66	19.92	7.42	0.13	4.46	4.80	157.70	50.44	6.30	12.29	42.49	2.30	112.24	V
渔洼	0.07	15.55	0.10	2.15	2.00	0.02	0.06	0.03	0.08	3.16	1.79	0.45	0.03	0.53	24.70	4.60	1.93	4.68	17.30	3.10	17.68	V
红光老十五村	0.33	3.30	0.66	16.75	1.50	0.02	0.05	0.09	0.50	1.93	0.85	0.28	0.03	0.77	1.30	6.00	2.07	5.69	17.92	2.30	12.78	V
四合村	0.07	24.40	0.74	6.65	0.50	0.02	0.04	0.05	0.18	4.61	1.17	0.13	0.03	0.67	17.30	2.31	2.20	2.39	15.88	13.15	12.53	V
灌溉所	0.33	2.40	0.08	0.85	2.50	0.02	0.05	0.07	0.12	1.74	1.17	0.57	0.03	0.40	2.30	4.48	1.13	2.60	2.60	7.65	5.54	V
横店草业	0	4.20	0.23	3.45	1.00	0.02	0.03	0.06	0.48	10.01	2.10	0.23	1.46	0.67	47.40	12.57	2.30	5.06	15.65	12.05	33.80	V
黄河 1	0.07	7.00	0.27	2.25	0.50	0.02	0.06	0.08	0.04	6.53	2.42	0.49	1.81	1.23	58.30	22.04	3.20	11.09	40.86	6.55	41.66	V
黄河 2	0.47	4.95	0.13	0.60	0.50	0.02	0.09	0.14	0.04	0.92	0.03	0.86	0.03	0.27	5.80	1.54	0.67	1.40	7.33	2.30	5.26	V
黄河 3	0.40	9.30	0.30	0.65	0.50	0.02	0.05	0.08	0.16	12.03	3.04	0.13	2.91	1.57	44.20	21.28	3.33	8.60	42.81	0.10	31.77	V

从表13-6可以看出,黄河河口三角洲湿地设置的15个地下水测点水质状况较差,内梅罗指数范围为5.11~112.24,水质类别均为Ⅴ类;主要超标项目为氨氮、TDS、氯化物、铅、锰、高锰酸盐指数、硫酸盐、细菌总数和总硬度;氨氮单因子指数范围为2.40~37.85,均超Ⅲ类水标准;TDS单因子指数范围为1.35~50.44,均超Ⅲ类水标准;氯化物单因子指数范围为2.60~45.55,均超Ⅲ类水标准;铅单因子指数范围为0.03~7.42,除黄河2监测点位外均超Ⅲ类水标准;锰单因子指数范围为0.70~157.70,除孤岛监测点位外均超Ⅲ类水标准;高锰酸盐指数单因子指数范围为0.67~9.37,除黄河2监测点位外均超Ⅲ类水标准;硫酸盐单因子指数范围为0.94~12.29,除渤海农场监测点位外均超Ⅲ类水标准;细菌总数单因子指数范围为0.10~24.00,除黄河3监测点位外均超Ⅲ类水标准;总硬度单因子指数范围为0.92~19.92,除刁口和黄河2共2个监测点外均超Ⅲ类水标准。个别测点亚硝酸盐、挥发酚、六价铬、镉和铁超标;亚硝酸盐单因子指数范围为0.20~16.75,刁口、渤海农场、渔洼、红光老十五村、四合村、横店草业和黄河1共7个监测点超Ⅲ类水标准;挥发酚单因子指数范围为0.50~140.00,黄河北、新域林业、肖圣庙、渔洼、红光老十五村和灌溉所共6个监测点超Ⅲ类水标准;六价铬单因子指数范围为0.04~1.04,黄河北监测点超Ⅲ类水标准;镉单因子指数范围为0.03~4.46,黄河北、新域林业、孤岛、故道二、肖圣庙、横店草业、黄河1和黄河3共8个监测点超Ⅲ类水标准;铁单因子指数范围为0.27~4.80,黄河北、孤岛、刁口、故道二、肖圣庙、黄河1和黄河3共7个监测点超Ⅲ类水标准。pH、硝酸盐、氰化物、砷、汞和氟化物所有监测点均未超Ⅲ类水标准。

(三)地下水污染评价

黄河河口三角洲湿地设置的15个地下水测点水质状况不容乐观,所有监测点水质类别均为Ⅴ类,超过Ⅲ类水标准,其主要原因是由于人类活动的影响。硝酸盐是地下水的主要污染物质,造成地下水硝酸盐超标的原因有:工业废污水、生活污水通过渗坑、渗井和缝隙的排放,城市化粪池、污水管的泄露,工业、生活垃圾的雨水淋溶,农业生产中化肥和粪肥的施用等。氨氮和亚硝酸盐超标的原因是地下水中的硝酸盐在厌氧微生物的作用下还原成亚硝酸盐和氨,同时也使氨氮浓度升高。高锰酸盐指数超标说明水体受有机物污染较为严重,石油开采过程中废污水的排放、开采及运输过程中石油的泄露、石油化工业废污水的排放、生活污水的排放及渗漏是造成地下水中有机物污染物超标的重要原因。生活污水的排放、生活垃圾的雨水淋溶以及利用污水进行农田灌溉是造成地下水细菌总数超标的主要原因。地下水中挥发酚含量超标主要是由于含酚废水的排放及渗漏造成的,石油化工、炼油、煤气及焦化等工业排出的废水中含有较多的酚类有害物质,城市中排出的大量粪便污水也是造成地下水挥发性酚超标的原因之一,因为粪便和含氮有机物的分解过程会产生少量酚类化合物。铅和镉超标与石油化工业、电厂及钢铁厂等的工业"三废"及农业生产中化肥的施用密切相关,这些工业废水或直接排入地下或通过渗漏进入地下,化肥中的重金属会通过农田灌溉或雨水淋溶进入地下水中。六价铬的污染与染料、制药、皮革等企业排放的"三废"密切相关。铁和锰超标主要有两方面的原因:一是原生地质环境的影响,二是由于地下水保护不力,工业生产和生产生活中排放的污水通过地表水渗漏污染地下水,同时农业生产中施用的化肥农药由于雨水冲刷以及农田灌溉渗入地下水中。总硬度超标与工农业生产及居民生活垃圾、污水的随意排放密切相关,污水中含有很多酸、碱、盐类等物质被带进土壤层，经化学分解、离子交换与离子效应等化学作用，把土壤中的钙、镁物质溶解或置换出来，造成地下水总硬度升高；另外，废水中的大量有机质在生物降解过程中会产生较多的 CO_2，打破原来地下水中 CO_2 的平衡，促使 $CaCO_3$ 的溶解，也会使地下水总硬度升高。地下水中硫酸盐的超标主要源于岩石土壤中矿物组分的风化和溶淋，另外，化肥的施用、工矿企业排污可通过松散孔隙及溶蚀裂隙下渗进而污染地下水。黄河三角洲湿地地区地下水中氯化物超标主要与地下水超采导致海水侵蚀及倒灌有关。由于地下水中各种离子含量较高，从而导致地下水溶解性总固体超标。

三、建议

黄河三角洲地区正处于跨越式发展关键期，水资源是其关键因素，保障水资源处于安全状态是顺利实现绿色健康发展的必要前提。地下水是水资源的重要组成部分，但随着人类活动的加剧，地下水污染状况有日益加重的趋势。因此，为了能够更合理地开发利用地下水，需要进一步做好地下水水质保护工作。一是建立动态环境质量监控机制，防止突发性污染事件对地下水环境造成危害；二是加大治污力度，严肃整治随意排污企业，对污水处理设备未达标的企业限期整改；三是加强宣传教育，倡导居民生活污水集中排放，生活垃圾定点存放，生活污水及生活垃圾由有关部门集中处理，减少生产生活污染；倡导农民合理施肥，合理灌溉，减少农业污染；四是全面推进水污染防治工作，全面消除黑臭水体，加快污水处理厂污水处理设备改造，严厉打击利用渗井、渗坑排放污水的违法行为。

第十四章　黄河山东水环境监测中心发展规划

第一节　全国水文基础设施建设规划（2013～2020年）

一、概况

水资源监测工作是水资源管理与保护的一项重要基础性工作，通过监视、监控和测定各种代表水环境质量和污染的水环境要素，为水资源管理与保护提供具体而准确的重要基础支撑。

黄河流域水资源监测工作始于20世纪50年代，经历了近60年的发展，目前形成了一个覆盖流域内重点河段，功能较为齐全的水资源监测站网体系，监测范围覆盖了黄河流域内青海、四川、甘肃、宁夏、内蒙古、山西、陕西、河南、山东等9省（区），面积达到75.28万 km^2，包括鄂尔多斯内流区面积则为79.50万 km^2。

近年来，随着最严格水资源管理制度的实施和水生态文明建设及社会对水环境质量关注度的不断提高，黄河流域水环境监测工作职责不断得到加强，任务量急剧增加，业务范围由原来最初的监测河流天然水化学成分，收集天然水质资料，逐步发展为水环境监测、水生态监测、评价、管理等多个方面，监测断面的数量、监测项目和频次也大幅度增加，然而，各监测中心现有设施设备与不断增加的职责任务不相匹配，长期以来超负荷运转。同时，随着流域内经济社会发展，大量能源资源不断开发，导致部分原水质良好的地区出现水环境污染问题，进一步加重了水环境监测中心的监测任务。考虑流域水环境监测与管理工作实际需求，为更好履行国家赋予的职责，提高水质监测数据的质量和时效性，需调整水环境监测中心布局，以进一步完善流域水环境监测站网的布局体系，并对现有设施设备进行更新完善，以更好地完成流域重点河段水质监测的各项任务。

二、项目建设的必要性及可行性

（一）现状及问题

1. 监测职责与任务

（1）职责。①贯彻执行国家和行业有关水质监测的法规、标准等。②承担水功能区、入河排污口、省界水体、饮用水源地和地下水等水质监测任务。③承担取水许可和水资源论证等委托检测或仲裁检测任务。④承担上级以及外单位有关水利水电工程建设项目水环境监测工作。⑤完成上级下达的水质月报、年报、简报任务。⑥根据水污染变化动态，参与水污染事故应急监测与调查工作。⑦负责本中心监测资料的整、汇编工作。⑧对授权范围内入河排污口、取水口、退水口依法实施监督。⑨对本辖区水环境质量及水资源特点开展科学研究。推广应用水环境监测的新技术、新方法，不断改进水质监测手段。⑩开展监测质量管理与质量保证工作,接受计量监督与检查,接受质量考核和业务培训。⑪积极开展水质监测服务,充分发挥技术优势和水质资料的作用。

(2)任务。黄委所属监测机构主要监测任务为:负责黄河干流及直管支流河道水体水资源质量监测、全流域省界断面水质监测、直管河段入河排污监督性监测以及取水许可、水量调度、水源地、水生态、引黄济津应急调水等水质监测任务,同时承担重大水污染事故的调查处理任务。与全国大多数流域机构不同的是,以上任务由黄委直属机构直接承担完成,因而在机构设置和监测能力建设任务上较其他流域机构任务更繁重。

2. 存在的问题

水环境监测、水质评价是水资源保护管理工作的核心,是影响社会经济发展的一项基础性工作,随着黄河流域内各省区经济的快速发展,工业化、城镇化的快速推进、全球气候变化影响加剧、人民对生态环境的强烈要求,流域内水资源的供需矛盾日益突出,水问题更趋复杂。新时期治水理念的不断完善,大水文发展观的提出,绿色发展理念及生态建设的推行,在为水资源管理提供契机和发展前景的同时也一定程度上暴露了现存水资源监测能力的短板。目前,黄河流域现有站网功能、水环境监测与水环境监测与饮用水安全保障能力、水资源监测业务管理与服务能力等方面已不满足于新形势新任务的要求,主要体现在以下几点。

(1)现有实验室基础条件不能满足新时期流域水资源管理需要。

新时期,随着最严格水资源管理制度和河长制的逐步实施,黄河流域水环境监测中心及各分中心在监督、监测方面的任务愈发繁重,流域水环境监测机构“指导、监督、监测”等作用将需要进一步加强。这就要求首先其自身条件过硬,技术水平高,实验室设施设备一流,能够真正起到指导和引领作用。然而,目前黄河流域水环境监测中心及基层分中心实验室基础设施条件较差,不能满足新时期流域水资源管理需要。

(2)实验室基础设施不足,自动化水平较低。

现有实验室基础配套设施不够完善。监测中心的实验室同时要承担山东测区水功能区监测、省界监测、水源地监测、库区富营养化监测、入河排污口监督监测、水量调度监测、跨流域调水监测、突发水污染事故应急监测、地下水监测及流域监测行业管理等多项任务,由于流域监测中心及各基层监测中心实验室面积不足,目前购置的用于检测有毒有机物的大型仪器设备及部分前处理设备,没有单独的实验室安放,只能与其他设备同挤一室,无法满足仪器设备运行所需的环境条件,难以保证正常生产任务监测的时效性。

在应急监测方面,黄河山东水环境监测中心已初步形成了黄河流域山东段水环境应急监测体系,但由于应急能力建设基础较差,起步较晚,目前应急监测体系还很不完善,能力建设滞后,还存在很多亟待解决的问题,如应急设施设备不足,应急监测项目较少,信息传输处理手段落后等,也严重制约着流域应急监测工作的顺利开展。因此,加强黄河水资源监测能力建设,需建设流域完善的应急监测体系,有效应对处理突发水污染事件的需要。

(3)基础装修陈旧老化,存在安全隐患。

设施建设时长,经过多年运行,基础装修陈旧老化,墙面泛黄,吊顶脱落,地板损坏,试验台柜腐蚀、水、电、暖、通风等附属设施管道老化等现象比较普遍,每年投入维修经费多,基础设施已到了更新的年限。水质分析实验室是用水、用电大户,可燃、易燃液体、气体较多,容易引起火灾,消防设施比较配套完善。然而,由于中心实验室用房建设时间较早,安全、消防等功能设计之初考虑不全面,存在安全隐患。

近来,随着监测中心水质监测任务成倍增加,国家水资源监控能力建设等项目给各实验室新配置了一大批仪器设备,这些新型仪器设备对房间的温湿度、水、电等配套条件要求严格,原有的实验室配套条件不能满足要求,制约了水质监测工作正常开展。目前一些设备"十二五"期间到了报废期限,需要实施更新换代,增加新型仪器设备。以供水水源地水质监测为例,《地表水环境质量标准》(GB 3838—2002)中规定的集中式生活饮用水地表水源地特定项目标准中有机污染物项目已达68种类,对有机监测的力度明显加大,对监测的要求也更加严格。而现有机监测设备配置较少,有些已配置有机监测设备由于缺乏相应的有机前处理设备,只能采用传统人工萃取方法,工作时间长,劳动强度大,而且往往伴有严重的污染问题,亟待解决。

(4)水生态监测工作基础极为薄弱。

由于黄河流域的水生态监测工作起步较晚,监测能力相对较为薄弱,仅配置了显微镜、叶绿素、综合生物毒性测试仪等较为基础的仪器设备,依据目前的监测能力只能对水体中的叶绿素、藻类以及综合生物毒性等进行监测,远远不能满足水生态监测的需求;同时缺乏一套适应于黄河多泥沙特性的水生态监测、分析与评价方法,制约了流域水生态监测工作的顺利拓展;水生态监测人才匮乏,远远满足不了流域水生态监测工作的需求。

(二)项目建设的必要性

(1)项目建设是全面履行国家赋予职责的重要举措。

水功能区、入河排污口监督管理是《中华人民共和国水法》《中华人民共和国水污染防治法》赋予水行政主管部门的重要职责,是《国务院关于实行最严格水资源管理制度的意见》《中共中央 国务院关于加快推进生态文明建设的意见》《国家突发事件应急体系建设"十三五"规划》明确的重要任务,是控制入河湖污染物总量、改善河湖水质、保障水安全的关键环节。近年来,我国治水理念不断完善,全面推行河长制,是中央做出的重大改革举措,习近平总书记主持召开中央全面深化改革领导小组第二十八次会议,审议通过《中共中央办公厅 国务院办公厅关于全面推行河长制的意见》。意见以问题为导向,明确了保护水资源、防治水污染、改善水环境的管理要求。强调突出预防和保护措施,强化水功能区管理,维护河湖生态功能。2015年国务院印发《水污染防治行动计划》,明确以改善水环境质量为核心,按照"节水优先、空间均衡、系统治理、两手发力"原则,贯彻"安全、清洁、健康"方针,系统推进水污染防治、水生态保护和水资源管理。2017年《水功能区监督管理办法》的修订,进一步明确了流域机构的管理权限。面对新形势新要求,对流域内水环境监测中心实验室进行改建,加强水质监测分析仪器设备配置,进一步提高水环境监测工作服务流域水资源保护及经济社会发展的综合能力,是全面履行国家赋予流域机构职责保障和要求的重要举措。

(2)项目建设是满足日益增加监测任务的切实保障。

随着黄河流域经济的快速发展,流域废污水排放量居高不下,水质污染依然严峻,突发水污染事件时有发生,流域监测机构的主要任务已由最初的监测河流天然水化学成分、收集天然水质资料,逐步发展为水环境监测、评价、管理等多个方面。水质监测任务由早期的重点河段和省界断面水质监测两种任务发展为省界、水功能区、水源地、地下水、入河排污口、水生态、湖库富营养化、水量调度、跨流域调水、突发水污染事故应急监测等多种任务。按照《水利部关于进一步加强入河排污口监督管理工作的通知》要求，流域机构要依法履职，强化基础，严格监管，加大投入，用两年左右时间建立权责明确、监控到位的入河排污口监管体系和流域管理与区域管理相结合的入河排污口管理协作机制，实现改善河湖水质、推进绿色发展的总体目标。按照通知要求，2018 年年底前，要基本实现规模以上入河排污口监测的全覆盖，到 2020 年，要实现重要水功能区监测全覆盖。

任务量的急剧增加、职责的不断强化、业务范围的进一步扩大、社会关注度的持续提高，为水质监测工作提出了更高、更严格的要求。加强黄河水资源质量监测能力建设，必须尽快完善流域水环境与水生态监测站网体系，实现监测手段多样化、监测能力综合化，提高水质监测成果的科学性、准确性、时效性，以满足急剧增加的监测任务需要，切实履行好新时期流域水环境监测机构的新职责，为保障黄河水环境与水生态健康提供基础支撑。

(3)项目建设是践行国家安全生产管理要求的必然选择。

党的十八大以来，党中央、国务院把安全生产作为"四个全面"战略布局的重要内容持续推进，不断抓细抓实抓好。习近平总书记、李克强总理作出一系列重要指示批示，从增强红线意识、建立健全责任体系、强化企业主体责任、加快改革创新、构建长效机制、领导干部要敢于担当等方面为安全发展谋篇布局，明确了安全生产工作的努力方向、重点任务和主要措施。党的十八届五中全会强调要以水定产、以水定城，建设节水型社会，把防控水资源安全风险作为九大风险防控内容之一。水环境监测分析实验室计量认证工作对实验室面积、给排水、送排风系统、气路及专用实验室都有较为严格的要求，基础设施老化、功能布局不合理等问题已成为影响安全生产的重大隐患。加强水资源监测能力建设，加强水质监测分析仪器设备配置，改善实验室硬件环境，确保有毒有机物的安全存放与使用，是践行国家安全生产管理要求的必然选择。

(4)项目建设是全面落实最严格水资源管理制度的有效途径。

党中央、国务院历来高度重视水资源工作。2011 年"中央一号文件"系统地界定了最严格水资源管理制度的体系构成及其基本内容，即确定水资源开发利用控制红线、用水效率控制红线、水功能区限制纳污"三条红线"，实施"四项制度"。针对当前我国水资源面临的严峻形势，国务院 3 号文件对实行最严格水资源管理制度做出了全面部署和具体安排。2016 年底，水利部、国家发改委、工信部等 9 部委联合印发《"十三五"实行最严格水资源管理制度考核工作实施方案》，将重要江河湖泊水功能区水质达标率和重要水功能区污染物总量减排量指标纳入全国最严格水资源管理制度考核。为实现 2020 年重要水功能区全覆盖监测目标，加强水功能区动态监测和科学管理至关重要。通过加强水资源监测能力建设，尤其是承担考核主要技术支撑的流域监测机构水资源监测能力建设，基本建成满足重要水功能区和省界水体监督管理需要的水质监测体系，初步形成与实行最严格水资源管理制度相适应的水资源监控能力，逐步增强支撑水资源定量管理和"三条红线"监督考核的能力，可以为实行最严格水资源管理制度提供必要的基础技术保障。

(5)项目建设是推动生态文明建设和绿色发展的重要抓手。

近年来我国生态文明建设提升到了前所未有的高度。党中央、国务院先后出台了加快推进生态文明建设、生态文明体制改革、资源环境保护等一系列政策文件，对加强水资源开发利用控制、用水效率控制、水功能区限制纳污“三条红线”管理、系统推进水资源管理与保护等提出明确要求。党的十八届五中全会提出绿色发展理念，强调推进生态文明建设，促进人与自然和谐发展。为适应水资源管理与生态保护工作需要，满足浮游植物、浮游动物、底栖生物和微生物等水生态要素监测要求以及流域特征指示性水生生物筛选、生物指标水质评价、生物技术预警水体污染、生态毒理学等方面研究需要，通过建设流域机构水生态实验室、强化相应配制，提供硬件支持，提高水资源监测能力，有利于推进中央决策部署及时落地，强化水资源总量和强度约束性指标应用，提高黄河流域生态文明建设和绿色发展水平。

(6)项目建设是增强流域监测科技支撑能力与信息化水平的有利契机。

加强流域监测质量管理、发挥水质业务技术指导作用，首当其冲是加强自身质量管理，加大新技术、新方法的使用，提高监测人员的技术水平和监测质量，切实提高水资源管理综合能力和管理水平，实现向动态管理、精细管理、定量管理和科学管理转变。随着仪器设备的更新换代、监测要求的不断提高、精度控制的持续加强，新技术、新方法的掌握和人才培养显得至关重要，水资源监测能力直接影响到流域监测管理水平，黄河的特殊性意味着不能一味照抄照搬其他河流、其他流域现有经验，努力提高创新性、加大技术支撑能力、增强信息化水平等急需攻关。新“三定”方案赋予流域监测机构承担水环境、水生态监测、评价及应用技术研究的职责，为切实加强流域监测质量控制与监督，保证流域监测数据的可靠性和真实性，提高监测与管理信息化水平，推广流域监测新技术，利用有利契机增强流域监测科技支撑能力与信息化水平十分必要。

(三)项目建设的可行性

(1)项目建设具有较好的政策、投资和社会环境。

首先，本项目是《全国水文基础设施建设规划(2013~2020)》批复项目之一，规划指出，当前水环境工作还存在着站网不够完善、基础设施薄弱、监测能力不足、信息服务手段落后等问题，需要进一步充实完善站网，提升基础设施和技术装备水平，增强水质信息采集、传输、处理和服务能力，以更加全面优质的水文信息为水利工作和经济社会发展提供可靠支撑。因此，项目建设符合《全国水文基础设施建设规划(2013~2020)》，具有规划依据。

其次，《国务院关于实行最严格水资源管理制度的意见》《中共中央 国务院关于加快推进生态文明建设的意见》《中共中央办公厅 国务院办公厅关于全面推行河长制的意见》《国家突发事件应急体系建设“十三五”规划》等文件对加强流域水环境监测与管理都提出了更高的要求，因此项目建设与《中华人民共和国水法》法律法规和其他上位规定要求相符合。

最后，随着国家最严格水资源管理制度的实施，流域水环境监测工作的任务大幅度增加，对监测质量要求越来越高，在监测手段、监测模式和监督管理方式上都要求有新的转变，国家对水环境监测工作的投资力度也有所加大，随着流域经济社会的快速发展，流域社会公众对水环境质量的要求与关注度进一步提高。因此，项目建设具有良好的投资与社会环境。

(2)项目建设方案可行。

项目建设前期,相关单位曾多次组织有关人员对建设方案进行了比选论证,并对供电、通风等附属配套设施条件进行了调研,确定装修方案,水电线路可按实验室要求进行布设改建,方案满足实验室基础设施要求,技术上是可行的。对水质监测实验室装修改造能为完成日常试验提供更好的试验环境,保证实验准确性与试验效率,同时兼顾了职工生产生活环境,具有较强的可行性及操作性。

(3)管理能力满足项目建设的要求。

为了规范建筑市场经济秩序,保证资金使用效率,国家相继制定和出台《中华人民共和国招标投标法》《中华人民共和国政府采购法》《中华人民共和国合同法》等;水利部针对水利工程建设决策科学化、管理规范化,进一步明确了基本建设程序和基本建设管理"三项制度"并制定了《水利部水利基本建设计划管理办法》;黄委在基本建设体制上做出了较大改革,黄河流域水资源保护局作为项目法人组建了管理机构,黄河流域水环境监测中心具有较为丰富的实践经验,为本项目的实施,提供了人才和技术支撑。项目管理能力能满足项目建设要求。

三、建设目标、原则、依据

(一)建设目标

据《全国水文基础设施建设规划(2013~2020年)》,结合黄委水质监测工作实际需要,参照《水文基础设施建设及技术装备标准》(SL 276—2002)、《水环境监测实验室分类定级标准》(SL 684—2014)和《水环境监测规范》(SL 219—2013)要求,改造(改建)黄河山东中心实验室,加强水质监测分析仪器设备配置,基本建成满足重要水功能区和省界水体监督管理需要的水质监测体系,初步形成与实行最严格水资源管理制度相适应的水资源监控能力,逐步增强支撑水资源定量管理和"三条红线"监督考核的能力,进一步提高水环境监测工作服务流域水资源保护及经济社会发展的综合能力。

(二)建设原则

1. 符合规划,统筹兼顾

黄委水资源监测能力项目建设应服从《全国水文基础设施建设规划(2013~2020年)》《黄河流域(片)水质监测规划》《全国水质监测规划》等总体要求,同时与流域水质监测站网的整体建设布局相协调。

2. 合理布局,适度超前

结合黄河流域特点以及新形势下对水环境监测工作的需求,对水环境监测中心布局进行合理补充完善,提前谋划,适度超前发展,满足经济社会发展的需要。

3. 注重协调,避免重复

做好与其他各类建设项目的衔接关系,避免重复建设。注重与其他部门协调,整合资源,充分发挥建设项目的整体功能。

4. 突出重点,急用先建

按照轻重缓急原则,优先安排生产中急需的建设项目,充分发挥投资效益。

5. 先进实用,安全可靠,便于管理

流域各级水环境监测中心建设以需求为导向,以应用为目的,力求高起点,既满足近期需求，又适应长远发展；采用成熟的先进技术，保证技术先进、高效可靠、经济实用，具有较好的开放性和扩展性。

6. 因地制宜，经济合理

根据水环境监测工作的实际情况，确定合理有效的建设方案，以达到较好的建设效果和技术提升的目的。建设力求经济合理，尽可能缩短水质监测工作过渡方案运行时间，依据《水文基础设施建设及技术装备标准》（SL 276—2002）规定和有利生产、方便生活原则，严格控制生产业务用房规模，严禁超标准建设。

（三）建设依据

（1）《全国水文事业发展规划》；

（2）《全国水文基础设施建设规划（2013—2020年）》；

（3）《黄河流域（片）水质监测规划》；

（4）《水文设施工程可行性研究报告编制规程》（SL 505—2011）；

（5）《水文基础设施建设及技术装备标准》（SL 276—2002）；

（6）《水环境监测实验室分类定级标准》（SL 684—2014）；

（7）《科学实验室建筑设计规范》（JGJ 91—93）；

（8）《地表水环境质量标准》（GB 3838—2002）；

（9）《水环境监测规范》（SL 219—2013）；

（10）《生活饮用水卫生标准》（GB 5749—2006）；

（11）《污水综合排放标准》（GB 8978—1996）；

（12）《地表水资源质量评价技术规程》（SL 395—2007）；

（13）《水质采样技术指导》（GB/T 12998—1991）；

（14）《水质采样样品的保存和管理技术规定》（GB/T 12999—1991）；

（15）《地表水和污水监测技术规范》（HJ/T 91—2002）；

（16）《水质河流采样技术指导》（HJ/T 52—1999）等。

四、建设方案

黄河山东水环境监测中心位于济南市济泺路北首，实验室共二层，框架结构，面积1 500 m^2，本次建设拟对该实验室进行改造，增加实验室气路工程、纯水系统、废水处理系统和新风废气处理系统。

（一）总体布置

根据黄河山东水环境监测中心实验室现状和工作需要，增加实验室气路系统，设立专用气瓶室，并在色谱室、流动分析室、原子吸收室、原子荧光室、总有机碳分析室和仪器室等房间设立相应气体出口；增加实验室纯水系统，设立专用纯水室，在实验室1和实验室2每个水池处设立纯水取水口；增加实验室综合废水处理系统，收集实验室产生的所有废液，经系统处理后可以达到国家相关排放标准；增加新风废气处理系统，收集实验室废气处理后排放，保证实验室的正压或者负压要求，同时满足实验室新鲜空气的要求。

图14-1为黄河山东水环境监测中心一层平面布置图。

图14-2为黄河山东水环境监测中心二层平面布置图。

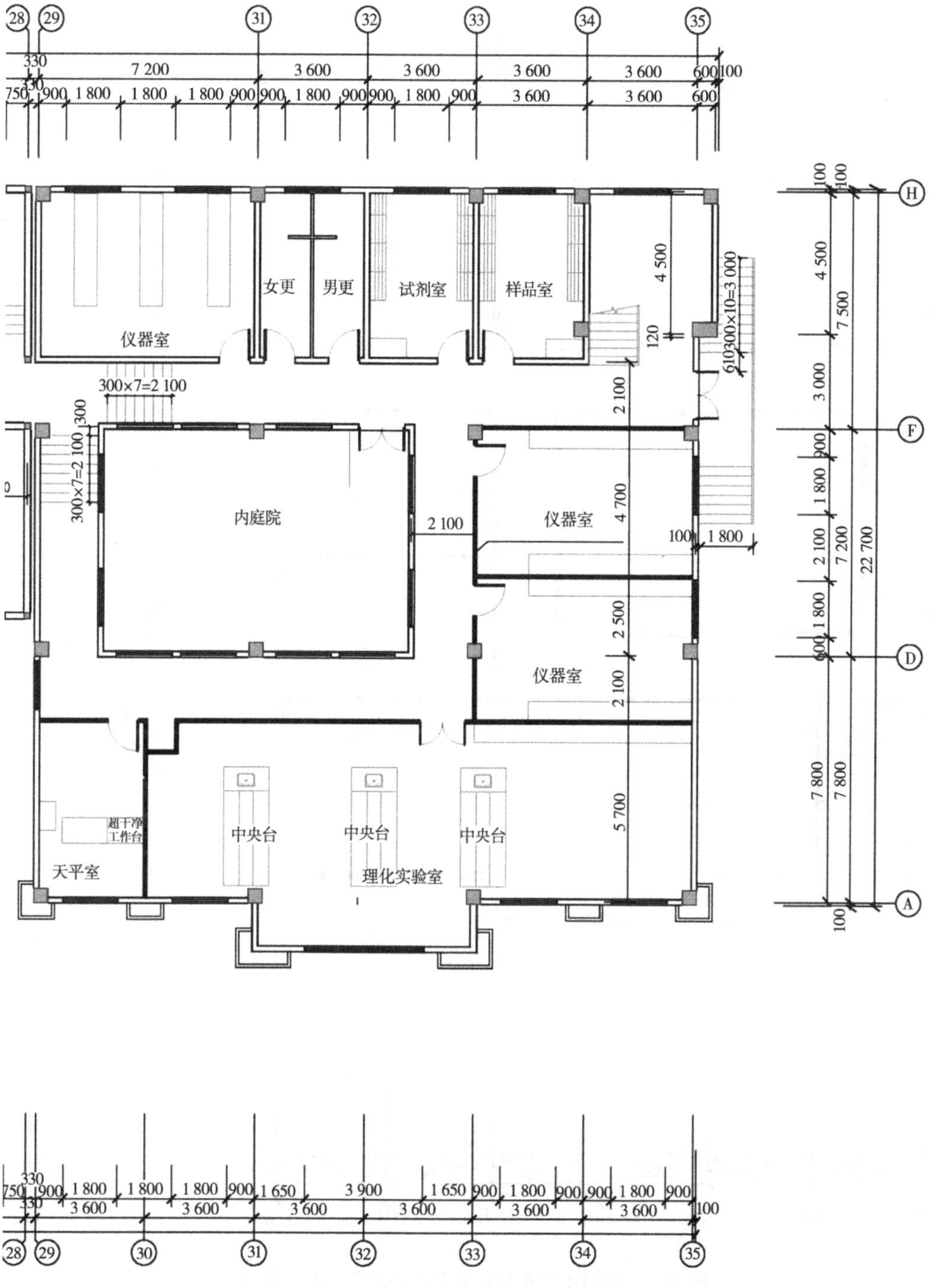

图 14-1 黄河山东水环境监测中心一层平面布置图

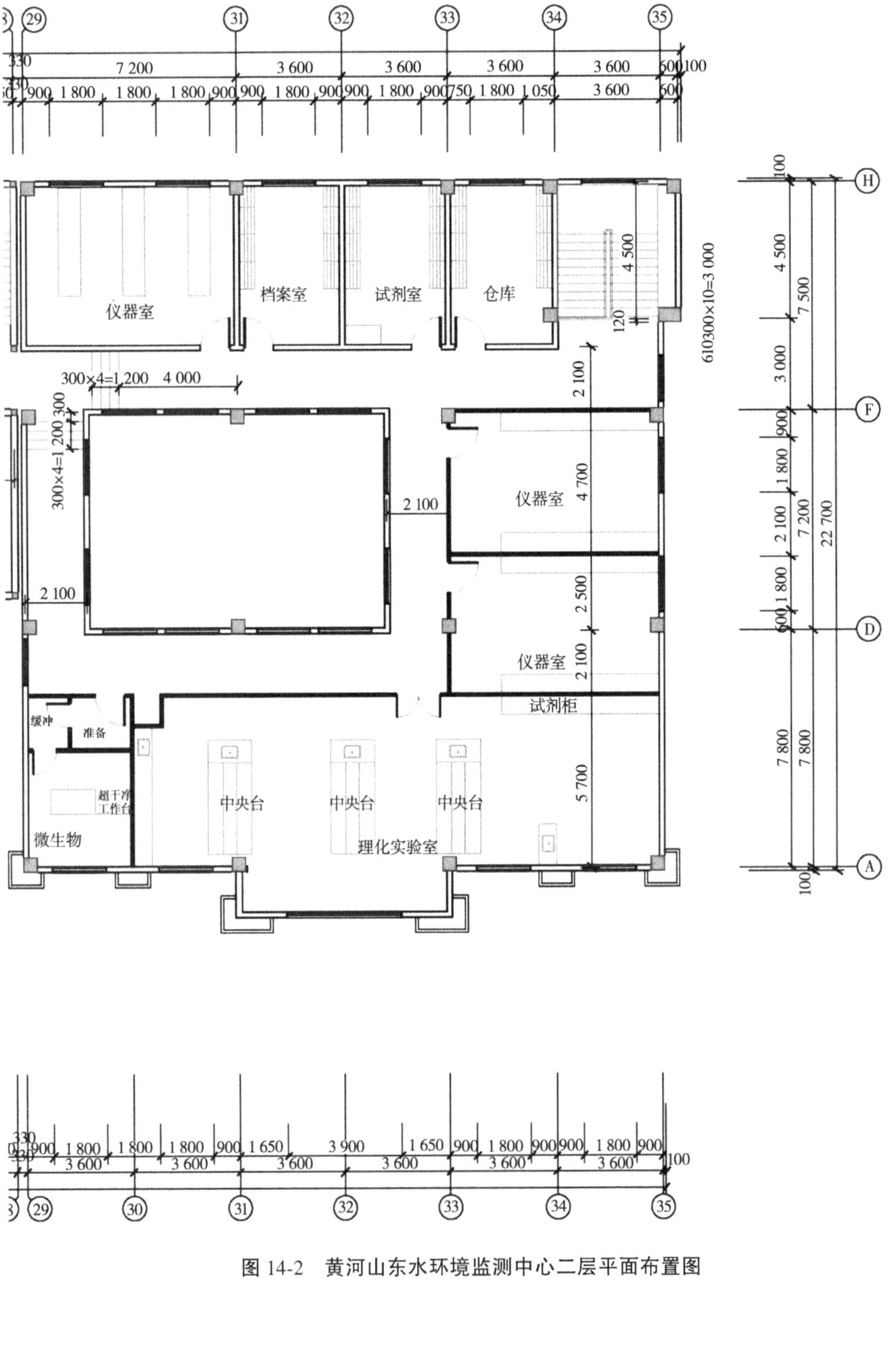

图 14-2　黄河山东水环境监测中心二层平面布置图

(二)实验室改造

1. 气路系统

1)设计规范

(1)《工业金属管道工程施工及验收规范》(GB 50235—2010);

(2)《建筑设计防火规范》(GB 50016—2014);

(3)《现场设备、工业管道焊接工程施工及验收规范》(GB 50236—2011)。

2)供气要求

氦气、氩气、氮气、乙炔和氧气使用钢瓶集中供气系统,将气瓶间的高纯气体输送至各个实验室使用。

3)气路系统

实验室采用一楼气瓶室集中供气系统,为实验室水质分析设备提供量值和压力稳定的标准气体,保证其储存和使用的安全性,保障分析测试人员在实验中免受有毒有害气体的侵害。

根据国家相关规范及实验室现场的实际条件,改造的实验室共需5种标准气体(钢瓶气/气体介质):氦气(He)、乙炔(C_2H_2),氩气(Ar)、氮气(N_2)和氧气(O_2)。全部通过一楼气瓶室气路系统为一楼和二楼实验室供气。为保证分析项目的不断进行、气源的充分利用、气体输送的平稳行进,钢瓶减压采用1×1半自动切换系统。半自动切换系统包含半自动调节阀、清洗阀、安全阀、汇流排、气瓶、阀门固定装置、电极点压力表以及系统内部的连接接头。采用半自动切换系统可在主供应气瓶气体用尽时切换至备用气瓶,同时与低压报警系统配套使用;当气体压力低于设定值后会通过电信号反应至低压报警系统(可放置于值班室及人员长期逗留房间)发出报警提示,提醒使用方更换气瓶。切换系统设置有清洗阀,以防止更换气瓶时外界空气或杂质进入管路系统,也方便在更换气瓶时先将管道中高压气体排空。

由于气瓶内部的气体压力为150 Bar左右,而气体进入设备时的使用压力通常为10 Bar以下,气压数值差距较大,加上管路有共用、运行距离较长等情况,所以应采用两级调压方式,即在气瓶出口处设置一级压力调节阀(切换系统),在使用点设置二级压力调节阀,以保证实验的准确性。两级调压方式有利于在实验调整和添加设备,可充分利用气源。

根据规范,在C_2H_2系统中,为了防止回火现象的发生,需加装防爆逆止阀。同时,为避免房间内C_2H_2浓度过高,需在其使用区域设置气体泄漏报警探头,监测气体浓度,以防止事故发生。

考虑到维修以及在紧急情况下快速切断供气的要求,每种气体的系统中应设有开关阀。为了开关方便和快捷,本项目中采用球阀。每种气体管路进入每个实验室后安装一个总球阀和总压力表,便于控制和检修室内气体管路及观察室内管道压力(可安装于实验室内,便于使用者观察和操作的地方),再经过二级调压之后分配到实验台使用点。

为了保持气体的纯度及管道系统的气密性,所有管道采用内表面BA级316L ASTM A269标准不锈钢管道,以保证气体的洁净度。管道之间的连接采用TIG轨道自动焊接(数码焊接),最大可能减少泄露点和保证洁净度。焊接前、焊接中、焊接后均严格按程序用高纯氩气(99.999%)不间断吹扫管道。管道和阀件的连接方式采用双卡套连接以便维修。在管道的行进路线中,每隔 1.5 m 设置一组管夹,管道固定件(管夹)采用耐高温的金属材料。所有管件在安装于系统前,用高纯氮气(99.999%)进行三遍以上的吹扫。管道穿墙及穿地板时,设置套管。所有螺纹连接处采用密封带密封,保证更好的密封性。所有调节阀固定面板、出口点控制面板及管道上,应贴设标有对应气体成分的标识。各类阀门在安装之后,应进行压力和气密性试验,保证阀门的完好性,合格后方可使用。

图 14-3 为实验室气路系统布局图(一层)。

图 14-4 为实验室气路系统布局图(二层)。

图 14-5 为实验室气路系统布局图。

图 14-6 为实验室气路系统布局图气瓶间示意图。

2. 实验室纯水系统

1)设计依据

现代实验室整体建设的一致性和协调性需求正日益成为主流趋势,这要求纯水系统必须具备一体化设计理念和能力,单台供水的概念已不能完全适应多实验室或实验大楼对多出水点用水的使用简易性、运行的长期稳定性、操作安全性和成本低廉的综合要求。根据《分析实验室用水国家标准》(GBT 6682—2008)中的规定以及黄河山东水环境监测中心实验室远期发展需要,本次改造对实验室的纯水供应进行升级,通过加装纯水输送管路,将纯水机制备的纯水输送至各用水点。

2)系统组成

Ⅰ. 纯水制备系统

纯水制备系统以自来水作为进水,制备足量符合实验室所需特定水质的纯水,是实验室整体纯水系统的起点。实验室每天纯水的用量有可能从几升到几千升不等。在设计之初首先应该考虑的是:确定每个用户和每台仪器每天的用水量和所需纯水的水质,以及用水规律。而后实验室超纯水机厂家便可以据此计算出整个实验室每天总的用水量以及高峰用水量。

实验室所需的纯水水质也可能各不相同。有可能是常用的二级水(分析级),也有可能是三级水(实验级)或者是满足特殊应用需求的一级水(超纯水)。纯水的制备也可以采用多种纯化技术,例如反渗透、离子交换、连续电去离子技术、蒸馏。

本次改造升级的纯水系统,原纯水机能够正常使用,制备的水质和水量能够满足目前实验室的用水需求,本次改造纯水系统,纯水制备部分仍采用原来纯水机,不再新增纯水制备设备。

Ⅱ. 纯水储存系统

整体实验室纯水系统设计的第二个任务是精确评估纯水储存系统的储存量,纯水储存系统应该能够平衡纯水制备系统和实验室每天用水总量、高峰用水量之间的关系。每个实验室都有其用水规律,因此纯水储存系统不仅仅应该满足客户每天的用水量,还应满足实验室高峰用水的需求。

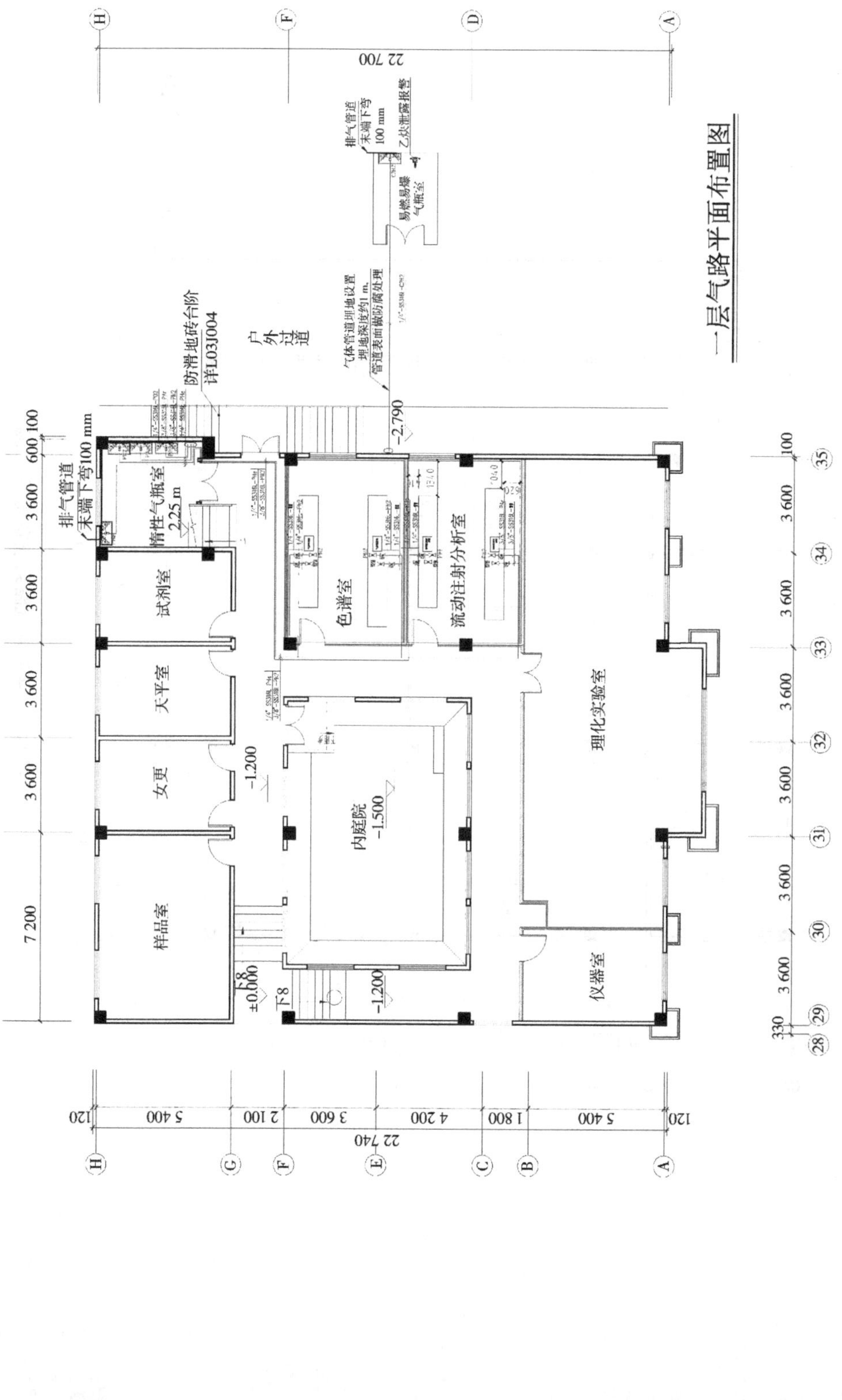

图 14-3　实验室气路系统布局图（一层）

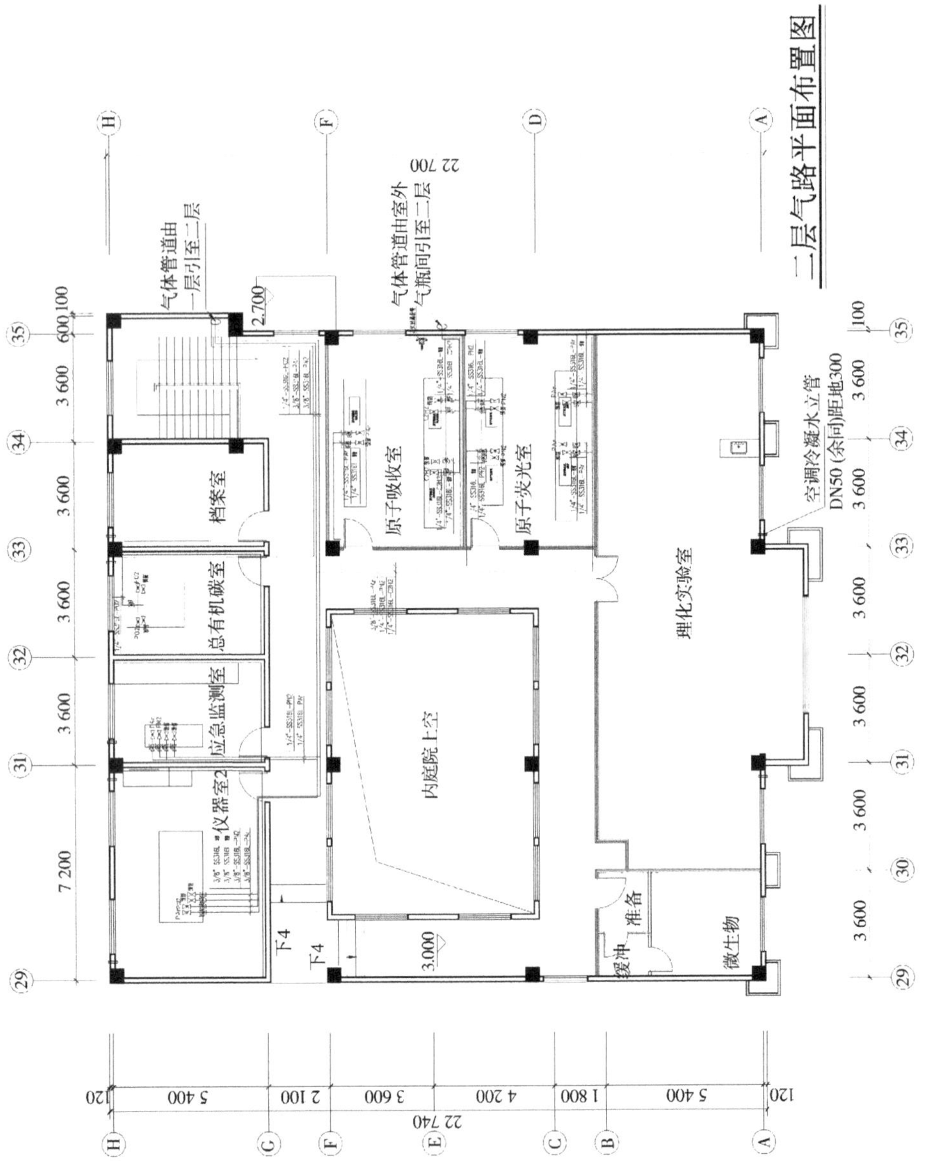

图 14-4 实验室气路系统布局图(二层)

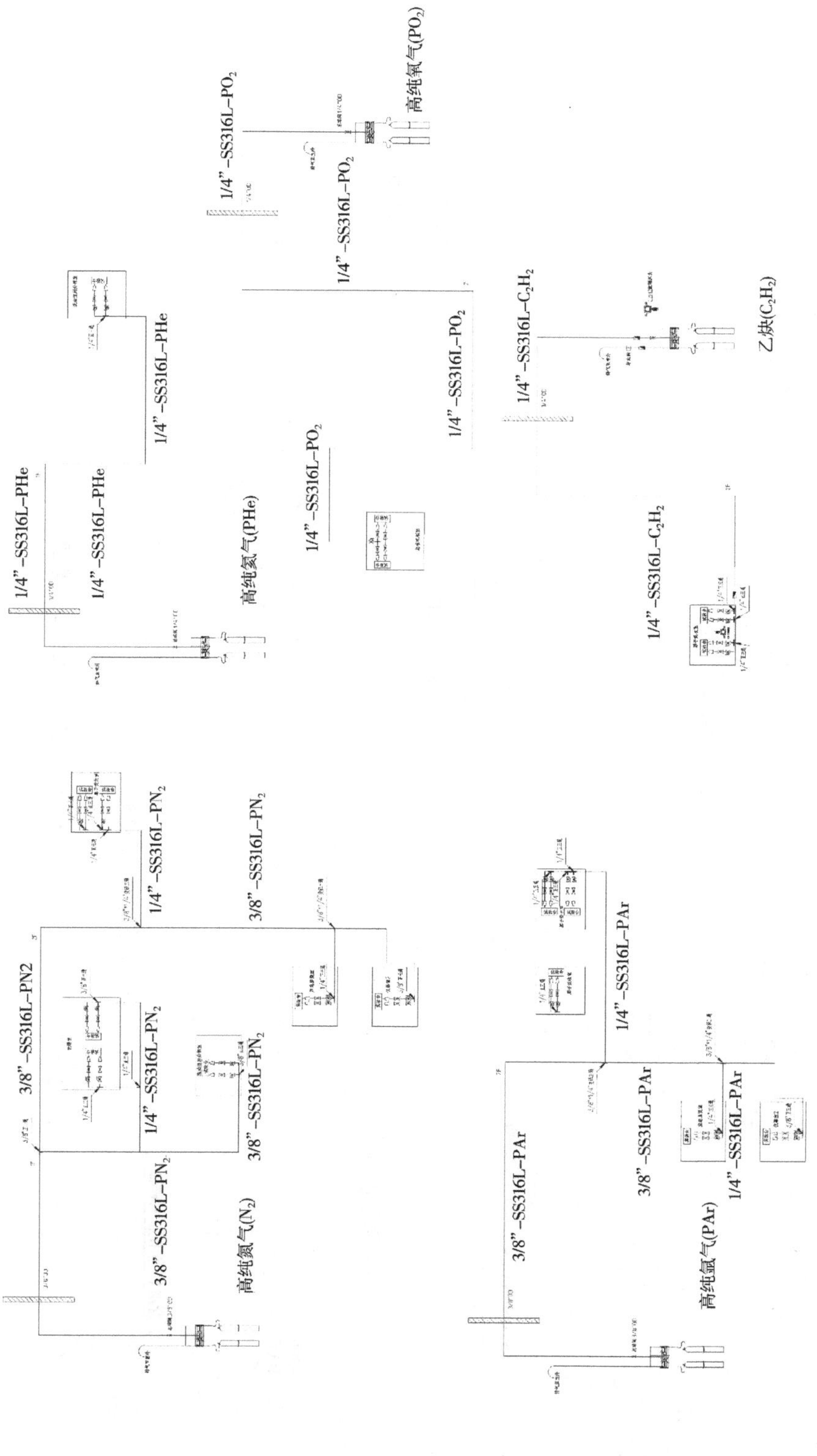

图 14-5　实验室气路系统图

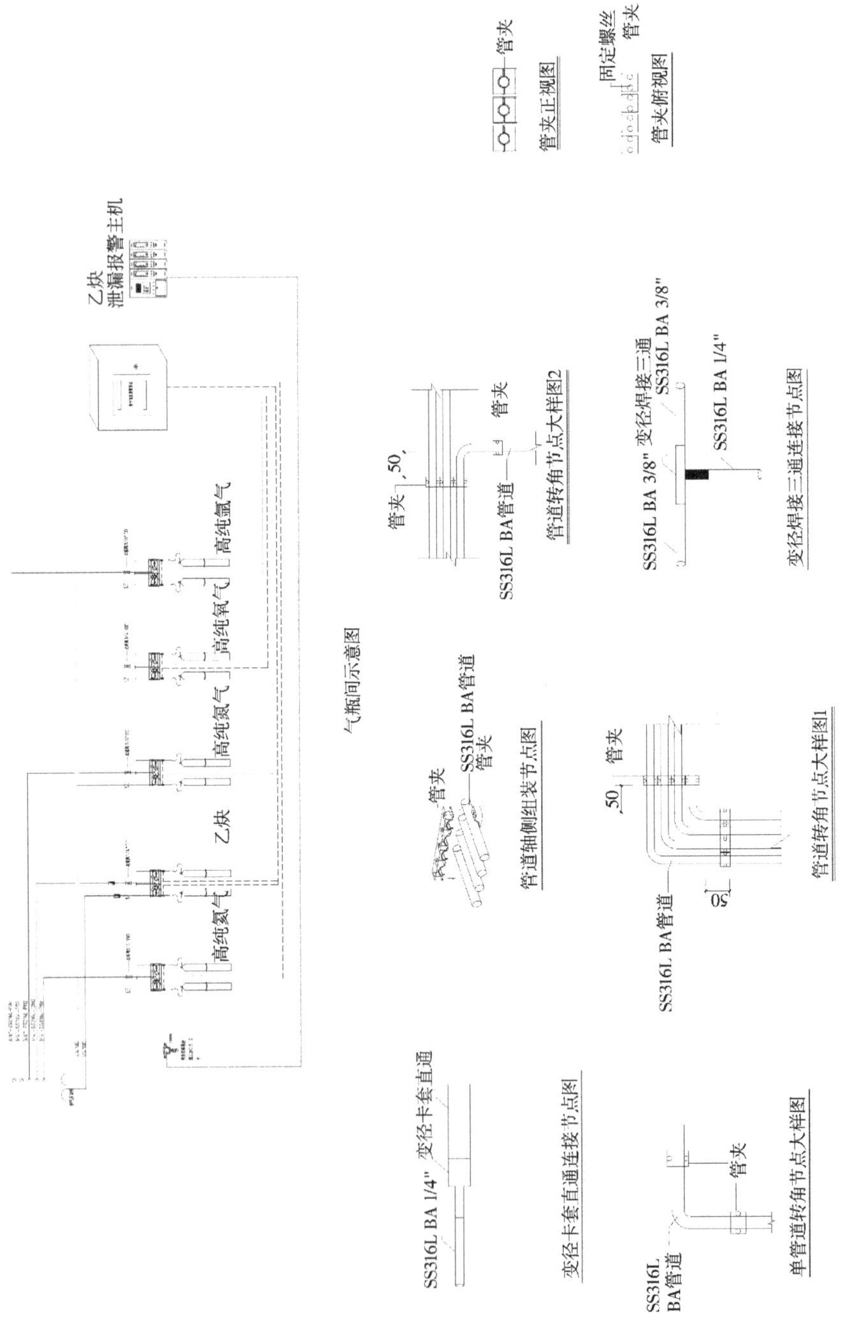

图 14-6　实验室气瓶间示意图

Ⅲ.纯水分配系统

纯水分配系统的主要目的在于通过分配泵和纯水分配管路将纯水输送到每个用水点。为保证管路中纯水的流速和压力,实验室纯水设计人员应精确计算管路系统和管路中设备所带来的压力损失,从而选择合适的分配泵。

为保证管路中纯水的水质,应该选择合适的管道材料和管道连接方法。同时还应采用循环管路设计,并使用适当的阀门,从而使得管路中纯水能够以适当的流速循环,抑制微生物的滋生并避免发热。

纯水分配系统阶段的水质监控是非常重要的。因为管路中的水质才是我们从各个用水点得到的、最后用于实验的真实水质。因此,有必要采用电导率测试仪和总有机碳测试仪对管路中的水质进行实时监控。

图 14-7 为纯水供应系统示意图。

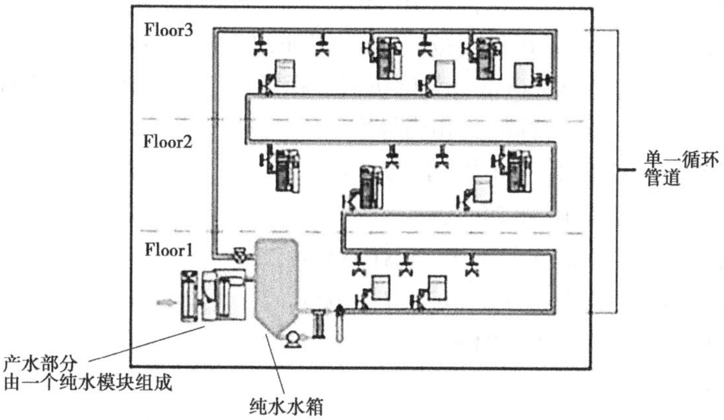

图 14-7　纯水供应系统示意图

3. 实验室综合废水处理系统

在我国,实验室产生的废水一般不经处理或简单处理后直接排入地下污水管网,送到大型生活污水处理厂集中处理。由于实验室污水成分复杂,特别是含有的铅、汞、镉、六价铬、铜、锑、二价铁、铝、锰等重金属等,还有化学药剂和放射性同位素等,生活污水处理厂的设施对其“无能为力”,最后只能排入江河,对水资源和环境的危害很大。

实验室综合废水处理项目的废水主要来源于实验过程所产生的综合废水,该废水的成分很复杂,处理难度很大,危害性比较大,需要采用很复杂的专门针对实验室综合废水的特性来进行处理的技术才能够彻底处理,一般的工业污水处理工程公司采用工业污水处理的方法来处理实验室综合污水是根本达不到处理要求和效果的。

1)设计依据

(1)《国家污水综合排放标准》(GB 8978—1996);

(2)《污水排入城市下水道水质标准》(CJ 343—2010);

(3)《污水排入城市下水道水质标准》(CJ 3082—1999);

(4)环保部及质检总局《城镇污水处理厂污染物排放标准》(GB 18918—2002);

(5)建设部《城市污水处理站污水污泥排放标准》(CJ 3025—93);

(6)《室外排水设计规范》(GB 50101—2005);

(7)《给排水管道工程施工及验收规范》(GB 50268—2008);

(8)《通用用电设备配电规范》(GBJ 50055—2011);

(9)《低压配电装置及线路设计规范》(GBJ 54—95);

(10)《电气装置安装工程配线工程施工及验收规范》(GB 50150—2006);

(11)《中华人民共和国环境保护法》(2014 年修订);

(12)《中华人民共和国环境影响评估法》(2002 年);

(13)《中华人民共和国水污染防治法》(2008 年修订);

(14)《工业自动化仪表工程施工验收规范》(GB 50093—2002);

(15)《化工企业化学水处理系统监测与控制设计条件规定》(HG/T 20654—1998);

(16)《钢制压力容器》(GB 150—2011);

(17)《水处理设备制造技术条件》(JB 2932);

(18)《橡胶衬里化工设备设计规范》(HG/T 20677—2013);

进口设备的制造工艺和材料符合美国机械工程师协会(ASME)和美国材料试验学会(ASTM)的工业法规中涉及的标准或相当标准。

(1)《管路法兰技术条件》(JB/T 74—94);

(2)《管路法兰类型》(JB/T 74—94);

(3)《凸面板式平焊钢制法兰》(JB/T 81—94);

(4)《管法兰用石棉橡胶垫片》(JB/T 74—94);

(5)《衬胶钢管和管件》(HG 21501)。

2)设计基础

(1)实验室废水来源:实验室药品、试剂、试液、废液、残留试剂、容器洗涤、仪器清洗及跑冒滴漏等过程中产生的综合废水。

(2)设备日处理废水量:500L/D。

(3)实验室综合废水成分:无机物类、有机物类、生物类废水等。

①无机物类:重金属离子、酸碱 pH 值、卤素离子及其他非金属离子等。

a. 重金属离子类:汞、镉、总铬、六价铬、铅、锰、银 、镍、锌、铁、钴、锡、镁、锌、铜、铝、砷等金属阳离子以及处于络合状态的重金属离子团$(Cr_2O_7)^{2-}$、$(CuCN)^-$、$(AuCN)^-$、$(PtCl_6)^{2-}$等;

b. 非金属离子类:氟酸或氟化物、游离氰或氰化合物、络离子化合物、AsO_3^{2-}、AsO_4^{3-}、Hg^+、Hg^{2+}等;

c. 酸碱 pH 值:硝酸、盐酸、磷酸、硫酸、双氧水、氯化钾、氯化钙等。

②有机物类:有机溶剂、洗涤剂、表面活性剂、苯、甲苯、二甲苯、苯胺、苯酚、多氯联苯、苯并芘、酚类、甲醛、乙醛、丙烯腈、丙烯醛、烷烃、烯烃、氟化氢、石油类、油脂类物质、甲醇、苯胺类、多环芳烃、硝基化合物、亚硝胺、氯苯类、硝基苯类、醚类、混合烃类、炳酮、糖类、卤代烃、蛋白质、有机磷农药等。

③生物类:病原体等。

病原体:细菌、病毒、衣原体、支原体、螺旋体、真菌、布鲁氏杆菌,炭疽杆菌等。

(4)实验室废水处理后的排放标准如下：

①符合《国家污水综合排放标准》(GB 8978—1996)中的三级排放标准；

②符合全国各地对新建实验大楼的环评验收要求。

经过实验室综合废水处理系统处理后的废水可直接排入市政排污管网。

3)工艺及原理

实验室综合废水处理系统由废水收集单元、自动调节单元、预处理单元、自动加药单元、混凝气浮搅拌单元、絮凝助凝沉淀单元、沉降分离单元、固液分离单元、污泥干化单元、重金属捕捉单元、过滤吸附单元、新型催化活性微处理单元、电化学催化氧化还原专利技术处理单元、多程高级分解降解处理单元、两级有机生物活性处理单元、新型生物反应处理单元、复合式消毒处理等技术工艺组成，形成一个完整的实验室综合废水处理系统。系统运行采用 PLC 可编程控制系统和人机界面操作系统、远程监控及操作系统，按照 PLC 控制器设定好的程序和 pH 自控仪表设定的参数进行全自动运行，多级自动在线监测。针对不同实验室废水的成分和浓度，控制系统自动进行计算，然后按比例进行自动投放药品，更加科学化和合理化，确保处理效果，同时节省药品耗量，无须专人值守。

实验室综合废水处理设备针对不同实验室产生的有机、无机、生物类废水成分和浓度采用不同的处理技术和工艺进行综合处理，可有效去除实验室综合废水中的 COD、BOD、SS、色度、病毒、有机溶剂和重金属离子等，经过处理后实验室综合废水可达到《国家污水综合排放标准》(GB 8978—1996)。

4)工作流程图

图 14-8 为实验室综合废水处理系统工艺流程图。

4.新风废气处理系统

1)设计依据

(1)《实验室通风系统设计与施工规范》(DB42/T 341—2006)；

(2)《通风与空调工程施工质量验收规范》(GB 50243—2002)；

(3)《简明通风设计手册》(GB 50194—2002)；

(4)《压缩机、风机、泵安装工程施工及验收规范》(JBJ 29—2002)；

(5)《电气装置安装工程低压电器施工及验收规范》(GB 50254—2014)；

(6)《大气污染物综合排放标准》(GB 16297—1996)；

(7)《环境空气质量标准》(GB 3095—2012)；

(8)《声环境质量标准》(GB 3096—2008)；

(9)《建筑设计防火规范》(GB 50016—2014)；

(10)《公共建筑节能设计标准》(GB 50189—2015)。

2)通风系统参数设计

通风柜设计风量在多台共用情况下取 1 600 m^3/h，以 70%的同时使用率来考虑。

(1)万向抽气罩排风量在多台共用时取 300 m^3/h；

(2)原子吸收罩在多台共用时取 500 m^3/h；

(3)生物安全柜排风量取 1 200 m^3/h；

(4)其他参数按照相关规范选取。

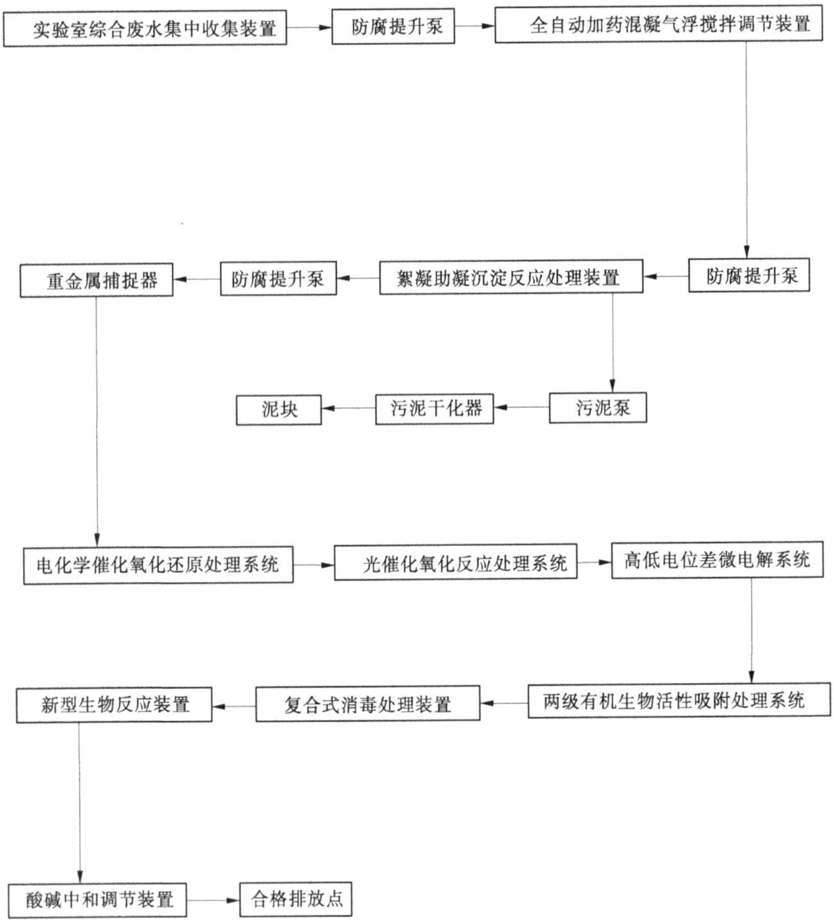

图 14-8　实验室综合废水处理系统工艺流程

主管路内风速控制在 8~12 m/s，支管路内风速控制在 6~9 m/s。

3）方案设计及风量计算

Ⅰ．排风系统

排风系统，根据各个房间内万向排气罩、原子吸收罩、通风试剂柜等排风设备的数量以及同时使用率，确定各个房间的排风量，计算并选择合适的排风管径，并根据所排气体的性质确定管路系统，有机气体和无机气体分开排放，混合后会发生化学反应导致沉积，或者会产生爆炸、凝结或产生烟雾的也应分开排放。对于不能直接排放的气体，经过相应处理达标（如酸雾吸收塔）排放。排风管道应耐酸碱气体腐蚀。

根据排风设计要求及各排风系统所需排风量进行具体的排风设计，四层排风系统设计效果如图 14-9 所示。

顶层风机风管酸雾吸收塔连接效果见图 14-10。

主要排风设备：

全钢型通风柜

通风量达到：1 300 m^3/h（1 500 mm×800 mm×2 350 mm 通风柜）以上；

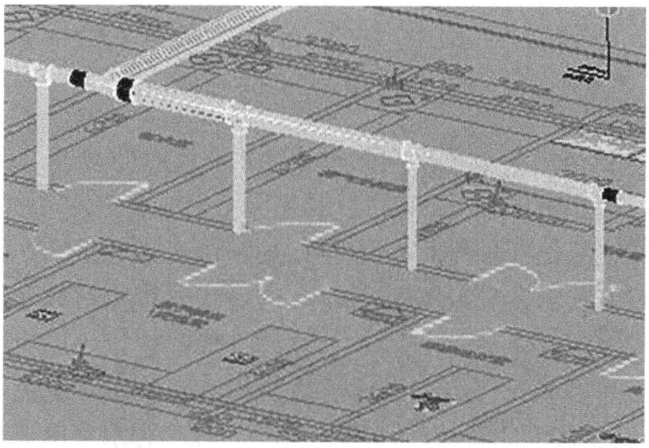

图 14-9　四层排风系统设计效果图

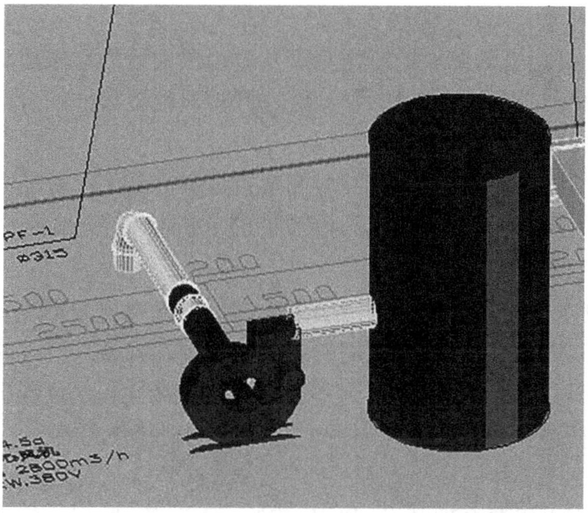

图 14-10　顶层风机风管酸雾吸收塔连接效果图

面风速：0.5 m/s ±20%，三段式排风；

噪声：低于 60 分贝。

Ⅱ.新风系统

新风系统，实验室补充新风主要是为实验人员提供安全的工作环境，尽量避免人员因长期在危险空气工作而影响身体健康。实验室要求新风必须全部来自室外，然后全部排至室外。新风系统补风量根据各个实验室不同的要求来确定，以保证实验室的正压或者负压要求，同时满足实验室新鲜空气的要求。鉴于该楼现状，系统建在实验楼楼顶。

（三）实验室配套仪器设备

黄河山东水环境监测中心购置便携式紫外可见分光光度计 1 台、气相色谱质谱联用仪 1 台、氮吹仪 1 台、平行蒸发仪 1 台、水中放射性总 α、β 蒸发浓缩仪 1 台、便携式快速毒性测定仪 1 台、玻璃器皿清洗消毒机 1 台、便携式快速水质检验系列 1 台、常规仪器系列 1 套、便携式自动采样器 5 台、叶绿素测定仪 1 台、等离子发射光谱仪 1 台、原子荧光光度计 1 台、氨氮自动分析仪 1 台、气相分子吸收光谱仪 1 台等仪器设备 19 台(套)。

五、效益评价

(一)社会效益

(1)项目实施后,黄河山东水环境监测中心的水质监测能力进一步提高,可基本满足《地表水环境质量标准》(GB 3838—2002)以及实验室资质认定评审工作对实验室建设的要求,先进、可靠仪器的配备将有利于客观、全面地评价流域水资源质量,有助于推进黄河山东水环境监测中心先进水化学实验室的接轨,有利于保障水行政主管部门依法管理水资源的科学性和权威性。

(2)项目实施后,可提高黄河山东水环境监测中心实验室对重点河段突发性污染事件的反应能力,提高应急监测的时效性、准确性和全面性,为水资源监督管理部门提供更准确、更翔实、更全面的水质监测数据,减少突发性水污染事件所造成的伤害。

(二)经济效益

本项目的实施,可为水资源保护监督管理及时提供大量的水质监测信息基础资料,减少因水污染灾害给社会带来的直接和间接经济损失,对社会经济的可持续发展,提高社会经济的运行效益发挥积极的作用。

先进仪器设备的配备在自动化水平、检测项目等方面都发挥着较大作用,单位时间内完成的工作量有较大提高,直接节省了分析人员的分析时间,测试成本也有所降低,由此可获得一定的直接经济效益。

此外,应急监测水平的提高使监测污染事故的应变能力更为迅速,以减轻污染造成的损失。饮用水水质的改善,可以提高人们的健康水平,减少医疗开支;改善水环境质量,降低对生态环境、自然与人文景观的破坏,可创造旅游生态价值,保证假日旅游、生态旅游的健康发展;生态环境质量的提高,还可创造生态价值、生物保护价值等。

(三)生态效益

项目的实施将为水资源合理开发、利用、节约、配置、管理、保护提供有力的技术支持,提高水资源的利用率,使有限的水资源能更好地发挥效益,有助于流域大环境的改善。由于对污染物排放总量的监督,可促使排污不达标工矿企业加快清洁生产步伐,改造落后工艺,兴建污水处理设施,并促进污染物总量控制的实施,从而促进流域生态环境改善。

第二节　水文现代化建设规划——黄河口湿地水生态监测体系建设

一、基本情况

(一)区域概况

黄河河口位于渤海湾与莱州湾之间,是由黄河挟带的泥沙冲淤而成,是我国暖温带地区最完整、最广阔、最年轻的新生湿地生态系统。

1855 年黄河在河南省兰考县铜瓦厢决口夺大清河由现在的垦利区注入渤海以来,形成了以宁海为顶点,北起套儿河口,南至支脉沟口,面积约 5 400 km^2 的近代黄河三角洲,是我国唯一一块保存最完整、最典型、最年轻的滨海湿地生态系统，是中国沿海最大的新生湿地自然植被区之一，是全球两条鸟类迁徙路线的重要中转站、越冬地和繁殖地；是天然柽柳、渐危植物野大豆广泛分布区域；是保护物种多样性的天然基因库和重要支点。黄河三角洲自然景观独特，科学内涵丰富，具有世界唯一性和不可复制性的“黄蓝交汇”等独特自然景观，黄河是流入渤海的第一大河，其近海的咸淡水交汇区十分有利于生物的衍生和繁育，其保护程度直接关系到渤海湾及其周边地区生态环境的改善。

黄河是黄河三角洲生态环境及典型生态界面的塑造者，黄河水沙资源是黄河三角洲生态系统形成和演替的根本动力，黄河水资源是黄河河口地区社会经济发展的基础，黄河变迁及水沙变化对黄河河口三角洲自然状况及社会经济影响深远。

（二）水文气象

1. 水文

黄河三角洲以黄河为界，黄河以南自南向北主要河流有小清河、支脉河、广利河、永丰河、张镇河、小岛河等，皆自西向东注入莱州湾；黄河以北自西向东主要河流有徒骇河、潮河、马新河、沾利河、草桥沟、挑河、二河、刁口河、神仙沟等，皆自南向北注入渤海。这些河流与黄河大堤构成了河口地区的防洪排涝体系。

据黄河入海水沙控制站——利津水文站1950~2010年实测系列资料统计，利津水文站多年平均径流量为315.99亿m^3，多年平均来沙量为7.55亿t。黄河河口流路1976年改道清水沟以来，至2009年底，黄河进入河口地区的平均年径流量为206.98亿m^3，占多年平均值的65.50%；平均年输沙量为4.72亿t，占多年平均值的62.52%。

黄河三角洲浅层地下水主要是微咸水、咸水和卤水。可利用的浅层地下水资源主要分布在小清河以南的广饶县境内。该区多年平均地下水资源量为4 627.28万m^3，多年平均深层地下水资源量为1 219.96万m^3。黄河三角洲地下水主要的补给项为降水入渗、河流渗漏。该区地下水普遍埋藏较浅，在5~10月，地下水出现快速波动，表现为明显的5~6月水位下降、6~8月的水位抬升与8~10月的水位回落的过程，其中，地下水埋深最大值和最小值分别出现在6月和8月，水位的季节波动态势分明且区域变化较为同步。地下水位多年月均值、月最高值与月最低值均表现出这一特征。地下水位月平均值变幅范围为0.84~1.81 m，平均水位埋深为0.96~2.61 m，大部分地区地下水埋深集中在1.5 m左右，孤东与5号桩地区变幅不大于1 m，总体变化稳定，而渤海农场附近变幅大于1.8 m，地下水波动较为距离剧烈。总体上，地下水位表现出高水位区域变幅大、低水位区域变幅较小的特点。

2. 气象

黄河河口三角洲属暖温带季风性气候区，主要气候特点是季风影响显著，四季分明，冷热、干湿界限明显，春季干旱多风回暖快，夏季炎热多雨，秋季凉爽多晴天，冬季寒冷少雪多干燥，虽地处沿海，但具有明显的大陆性气候特征。年平均气温为11.9 ℃，7、8月最热，1、2月最冷，日平均气温10 ℃以上的天数为206 d；无霜期210 d，10 ℃以上的积温约4 300 ℃；年平均太阳总辐射为5 364.0 MJ/m^2，年平均日照总时数为2 781.7 h；年平均降水量为592.2 mm，年降水分布不均，全年降水的60%~70%集中于夏季；年蒸发量1 962.1 mm，是降水量的3.6倍，春季是强烈的蒸发期，蒸发量占全年的51.7%；年平均相对湿度为68%,年干燥度为1.6,属半湿润地区。

黄河河口三角洲湿地滩涂广阔,坡度平缓,附近海域水深较浅,是受寒潮天气影响和夏秋台风影响较多的地区。全年平均风速为3.7 m/s,全年主导风向为东南风,中华人民共和国建立以来影响黄河三角洲地区的风暴潮主要为冷风配合高、低压天气系统引发的温带风暴潮和西转向路径的台风风暴潮。1949~1997年的48年间,三角洲地区共发生风暴潮灾6次,平均每8年一次,其中4次为特大风暴潮,平均每12年一次。

(三)水生态及水环境

1.水生态状况

独特的黄河水沙情况和河口较弱的海洋动力,使河口长期处于淤积—延伸—摆动—改道的频繁变化状态,从而形成了我国暖温带最广阔、最完整的原生湿地生态系统,成为野生动物尤其是东北亚内陆及环太平洋鸟类越冬迁徙、栖息和繁殖的重要生境,是我国江河三角洲中最具重大保护价值的生态区域。为保护黄河三角洲湿地生态和鸟类栖息环境,1992年国务院批准建立了黄河三角洲国家级自然保护区。主要保护对象为新生湿地生态系统和珍稀、濒危鸟类,目前也是全国最大的河口三角洲自然保护区。保护区分为北部和南部两块区域,即北部黄河刁口河故道区域和南部黄河现行流路清水沟两侧区域,保护区总面积15.3万hm^2。

黄河河口及其近海区域是渤海生态系统的重要组成之一。黄河三角洲附近海域共有浮游植物116种,浮游动物79种,底栖动物222种,鱼类112种,占中国海鱼类总种数的3.89%,占渤海鱼类总种数的64.7%。黄河每年挟带大量泥沙入海,为黄河口及渤海近海海域的海洋生物繁衍和生存,提供了大量的营养物质以及河口咸淡水生境条件。

2.水环境状况

黄河三角洲湿地水环境质量较差,湿地水体污染具有明显升高趋势。近些年来,随着河口三角洲经济发展的加速,原油污染、突发性事故污染以及过境河流带来的污染物进入三角洲,对河口水环境都造成不同程度的破坏,且污染往往在短期内难以消除,致使三角洲内河水水质严重下降。河流湿地水质污染严重,只有少数水库清洁;浅海湿地6项指标超过海水水质Ⅱ类标准,无机氮、活性磷酸盐超标率较高,石油类超标率最高。

(四)地形地貌

黄河三角洲属华北平原,两面濒海,黄河穿境而过。总的地势为西南高、东北低,地形以黄河为轴线,近河高,远河低,总体呈扇状由西南向东北微倾,地势低平。黄河三角洲由黄河多次改道和决口泛滥形成的高地、坡地、洼地等微地貌形态相间排列而成,分布着粉沙壤土、黏壤土等各类土壤及盐化程度不一的盐渍土。微地貌形态控制着地表径流及地下水活动,常形成以洼地为中心的水、盐汇积区,形成"岗旱、洼涝、二坡碱"的生态地质环境特点。人为黄河改道、黄河大堤修建、垦殖、城建、高速公路建设、石油开采等在剧烈地改变着该区的微地貌形态,但其基本框架仍清晰可辨。

黄河具有水少沙多、善淤善徙等特点,其带来的大量泥沙是塑造黄河三角洲的物源。黄河自铜瓦厢决口改道北流以来,一直在渤海沿岸摆动,尾闾河段始终处于淤积—延伸—摆动—改道的周期性变化之中,且以惊人的速度向海推进,同时废弃入海口处的陆地又发生着快速的蚀退作用,并形成以海洋作用影响为主的海积平原。黄河和海洋共同塑造了黄河三角洲,但黄河是黄河三角洲的主要塑造者,海洋作用居次要地位。地貌的成因影响着生态地质环境,而地貌形态的不同又使得不同区段显示出不同的特点,区内基本可分为山前冲洪积平原、古黄河三角洲平原、现代黄河三角洲平原三种地貌景观。

(五)社会经济背景

黄河河口因其特殊的地理位置、优越的自然资源在我国经济安全具有战略地位,是国家重点开发区"环渤海地区"的重要组成部分。2009 年,国务院正式批复《黄河三角洲高效生态经济区发展规划》,黄河三角洲地区的发展上升为国家战略。

黄河三角洲地下深层埋藏着丰富的石油、天然气和卤水资源,地表还有贝壳矿资源,其中石油、天然气、卤水,已探明储量居全国海岸带之首。黄河三角洲分布有我国第二大油田——胜利油田。

随着黄河河口社会经济的快速发展,黄河河口水资源水生态保护面临越来越大压力。如何协调开发与保护关系,确保黄河河口社会经济可持续发展、水资源可持续利用和生态系统良性循环是黄河流域水资源保护工作面临的一项重大课题,其中水生态水环境监测是其最重要的基础工作。

二、规划建设的必要性与紧迫性

(一)现状与存在问题

1. 现状

系统、翔实、丰富的观测数据是制订黄河河口综合治理方案的重要基础,但目前黄河河口还未建立完善的水生态监测网络和体系,已有的监测项目普遍缺乏水生态水环境监测指标。尽快建立一套完善的黄河河口生态监测体系成为开展黄河河口生态保护工作的重要制约。

黄河三角洲地区属黄河冲积平原,地下水为微咸水,且埋深浅不能利用,百分之九十左右的淡水依赖黄河水。随着黄河流域经济社会发展,城镇体量、规模不断增加,黄河流域工农业生产、生活用水量快速增长,黄河自 1972 年出现首次断流至 1999 年的 28 年间,有 22 年出现断流,导致黄河三角洲地区生态功能严重退化。1999 年黄河实施全流域水资源统一调度以来,实现了黄河二十年不断流,保证了黄河三角洲基本的生态系统功能,使黄河真正起到了流域内各种生态系统斑块及海洋的生态廊道作用,且黄河水质稳定向好。但是由于黄河来水时空分布不均,自然保护区功能尚未得到全面发挥,保护区外区域生态用水得不到补充。

2. 存在的问题

(1)海水倒灌严重,湿地生态系统遭到破坏。

持续缺乏水沙补给不仅直接导致沿海滩涂的蚀退,而且打破了河流、沼泽、海滩的自然连通格局,破坏了该区域水盐平衡,海水与地下盐水沿河道及地层孔隙向内陆入侵,造成淡水的储备空间被海水取代,发生海水倒灌,加速了土壤盐碱化。加之,黄河三角洲地下水埋深较浅且为苦咸水,次生盐渍化严重。由此造成植被面积萎缩,而且植被演替中间地带的獐茅、芦苇等植被已不断退化、消失,甚至已经形成灌木植被的柽柳等植被面积也开始萎缩、消失,在广袤的高潮滩地带形成了大片裸地,湿地生态质量降低,生物多样性和生物量明显减少，生态承载力减弱。

(2)水生态监测设施建设基础薄弱。

黄河河口水生态监测是黄河水生态监测的重点，但目前黄河河口水生态监测站网尚未建立完善，水生态监测基础设施等建设基础薄弱，制约了黄河河口水生态监测工作及在此基础上的规划科研工作的深入开展。为此，迫切需要加强黄河河口水生态监测基础设施及监测体系建设，谋求黄河河口水生态保护工作的长远发展。

(3)水生态监测长效机制有待完善。

虽然以往依托相关科研规划项目也进行过部分生态调查，但涉及监测因子较少、区域范围有限，调查工作不系统、不全面、不连续。黄河河口水生态监测基础薄弱，水生态监测站网尚未完全建设，水生态监测体系尚未完全建立，水生态监测长效机制有待完善，水生态监测数据缺乏是黄河及河口治理开发实践和科研规划工作中存在的重大瓶颈，黄河调水调沙及生态调度等许多工作的深入开展因河口水生态系统现状不明、历史不清、数据支持不够而受限。为此迫切需要建设黄河河口水生态监测体系、建立河口水生态监测长效机制，为黄河河口重大决策制定等提供重要的数据支持和强大的技术保障。

2. 必要性与紧迫性

黄河河口是黄河水沙的承泄区，河口治理是黄河长治久安的重要组成部分，"黄河三角洲生态系统的良性维持"是"黄河健康生命"维持的重要途径之一。自20世纪90年代以来，进入河口地区水沙资源量急剧减少，黄河河口出现了淡水湿地萎缩、生物多样性减少等生态环境问题，直接影响到河口地区乃至整个流域的生态系统稳定和经济社会的可持续发展。为改善黄河河口生态环境，1999年黄委对黄河流域实施水资源统一管理和水量统一调度，实现了黄河15年不断流。在实现黄河不断流的基础上，2008年黄委提出"把水资源管理与调度的重点转向实现黄河功能性不断流"，首次实施了黄河生态调度（河口生态调度），截至目前，黄河生态调度已连续实施了7年；2010年，为改善刁口河流路生态环境、保护黄河入海备用流路，黄委做出了"启用刁口河流路，实施生态调水"的重要决策，开始实施"黄河三角洲生态调水及刁口河流路恢复过水试验"，对刁口河及尾闾湿地进行生态补水。

黄河河口三角洲因其特殊的地理位置、优越的自然资源、独特的历史变迁使其在我国生态安全、经济安全及黄河治理开发事业中具有特殊的地位与作用。建立长期的固定的黄河河口水生态监测站网体系，实现对黄河河口水生态环境状况长期跟踪监测、调查、分析，全面、及时、客观地掌握黄河河口三角洲生态动态变化，将为黄河河口治理开发与保护实践活动的深入开展提供全面、系统的技术支撑和决策支持，具有重要的现实意义。

三、规划编制的指导思想、目标与依据

（一）指导思想

以党的十九大精神和中央水利工作方针为指导，坚持以习近平新时代中国特色社会主义思想为指引，学习贯彻习近平总书记重要讲话精神，牢记总书记"治理黄河，重在保护，要在治理"的殷殷嘱托，坚持"绿水青山就是金山银山"的理念，坚持生态优先、绿色发展，坚持山水林田湖草综合治理、系统治理、源头治理，按照"共同抓好大保护，协同推进大治理"的要求，加快把治水思路转变到"节水优先、空间均衡、系统治理、两手发力"上

来，加快把工作重心转移到“水利工程补短板、水利行业强监管”上来，大力推进黄河流域治理保护，确保大堤不决口、河道不断流、水质不超标、河床不抬高，推动黄河流域生态保护和高质量发展行稳致远，让黄河成为造福人民的幸福河。

2016 年 2 月，习近平总书记在重庆调研时指出“长江、黄河都是中华民族的发源地，我们需要走生态优先绿色发展之路，让中华民族母亲河永葆生机活力”。2019 年 9 月 18 日，习近平总书记在河南主持召开黄河流域生态保护和高质量发展座谈会时提出：“治理黄河，重在保护，要在治理”“黄河流域生态保护和高质量发展，同京津冀协同发展、长江经济带发展、粤港澳大湾区建设、长三角一体化发展一样，是重大国家战略”“下游的黄河三角洲要做好保护工作，促进河流生态系统健康，提高生物多样性”“要加强对黄河流域生态保护和高质量发展的领导”“抓紧开展顶层设计，加强重大问题研究，着力创新体制机制，推动黄河流域生态保护和高质量发展迈出新的更大步伐”。

十九届四中全会《中共中央关于坚持和完善中国特色社会主义制度，推进国家治理体系和治理能力现代化若干重大问题的决定》指出：“加强长江、黄河等大江大河生态保护和系统治理。开展大规模国土绿化行动，加快水土流失和荒漠化、石漠化综合治理，保护生物多样性，筑牢生态安全屏障。”

（二）规划目标

本项目根据黄河治理开发实践需求，立足于黄河水资源保护事业发展，以黄河三角洲为建设范围（具体包括黄河现行流路（自然保护区）生态区域、刁口河流路（自然保护区）生态区域和黄河以北（除刁口河流路区域）生态区域等 3 部分，见图 14-11），逐步建设生态监测体系，将生态监测逐步纳入水文监测基本要素，建立长期的日常性的黄河河口水生态监测及评估机制提供基础支持，为提升黄河水资源保护提供决策支持，进一步提高水文对社会发展的支撑作用。

1. 黄河现行流路（自然保护区）生态区域

黄河现行流路生态区域主要包括黄河干流两岸自然保护区，总面积约 1 045 km^2，位于黄河大堤内入海口两侧，生态补水主要是依托黄河河道内补水，利用河道左右岸导流堤的 6 个自流取水口取水，黄河水量实行统一调度以来，黄河干流再未出现断流，黄河三角洲的生态系统、湿地状况得到明显改善，2008~2019 年的 12 年间，生态补水 11 年，为现行清水沟流路自然保护区累计补水 2.26 亿 m^3，年均补水 2 200 万 m^3，恢复退化湿地面积 25 万亩。

2. 刁口河流路（自然保护区）生态区域

该区域包括黄河刁口河流路及下游一千二自然保护区。刁口河流路长度 55 km，一千二自然保护区总面积 485 km^2。刁口河流路是国家确定的黄河备用流路，已停止行河 40 多年，失去黄河水保障的黄河[illegible]道地区，持续缺乏水沙补给不仅直接导致沿海滩涂的蚀退，而且打破了河流、沼泽、海[illegible]的自然连通格局，破坏了该区域水盐平衡，海水与地下盐水沿河道及地层孔隙向内陆[illegible]，造成淡水的储备空间被海水取代，发生海水倒灌，加速了土壤盐碱化。

3. 黄河以北（除刁口河流路区域）生态区域

该区域包括黄河以北（除[illegible]河流路区域）的神仙沟流域、挑河流域、草桥沟流域、沾利河流域等，总面积 1 537 km^2[illegible]区域范围内含有面条沟人工湿地、草桥沟人工湿地、利津城北湿地、鸣翠湖等湿地，有草[illegible]沟东干流、羊栏河、王集干沟、一支沟、二支沟等支流。该

N
E
S
W
渤
海
黄河现行流路（自然保护区）生态区域
黄河以北（除刁口河流路区域）生态区域
刁口河流路（自然保护区）生态区域
黄河以北（除刁口河流路区域）生态区域

图 14-11 区域示意图

区域得不到客水水源补充,仅靠降水补给,不能满足植物生长需求,造成土地盐碱化加剧、生物多样性和生物量减小等问题,如当地柽柳林面积较2000年以前减少90%,人工刺槐林死亡面积达60%左右。

(三)规划编制的依据

1. 法律法规

(1)《中华人民共和国水法》(2016年7月修订);

(2)《中华人民共和国水污染防治法》(2008年2月修订);

(3)《中华人民共和国水文条例》(2016年2月修正版);

(4)《中华人民共和国自然保护区管理条例》(2011年修订);

(5)《中华人民共和国河道管理条例》(2012年1月修正版);

(6)《水功能区管理办法》(水资源〔2003〕233号);

(7)《黄河河口管理办法》(2005年1月)。

2. 标准及规范

(1)《地表水质量标准》(GB 3838—2002);

(2)《地下水质量标准》(GB 14848—2017);

(3)《水文基础设施建设及技术装备标准》(SL 276—2002);

(4)《水环境监测规范》(SL 219—2013);

(5)《滨海湿地生态监测技术规程》(HY/T 080—2005);

(6)《地下水监测规范》(SL 183—2005);

(7)《湿地生态动态监测技术规程》(2013年);

(8)《生态环境状况评价技术规范》(试行)(HJ/T 192—2006);

(9)《河口生态监测技术规程》(HY/T 085—2005);

(10)《淡水生物资源调查技术规范》(DB43/T 432—2009);

(11)《近岸海域环境监测规范》(HJ 442—2008);

(12)《海洋监测规范第七部分:近海污染生态调查和生物监测》(GB 17378.7—2007);

(13)《渔业生态环境监测规范第三部分:淡水》(SC/T 9102.3—2007);

(14)《湿地生态风险评估技术规范》(GB/T 27647—2011);

(15)《地下水动态长期观测技术规范》(MT/T 633—1996);

(16)《土壤环境监测技术规范》(HJ/T 166—2004)。

(17)《湿地生态系统定位研究站建设技术要求》(LY/T 1780—2007)。

四、建设任务与规模

(一)建设任务

逐步建设黄河三角洲典型区域水生态监测站点位及基础设施,站点布设按照“点、面”结合,监测手段按照“空、天、地”结合的思路,综合积累的长系列黄河水流沙资料和生态监测基本数据,逐步建立黄河三角洲综合生态监测体系,为及时掌握区域生态环境和黄河水沙响应关系、建立区域生态跟踪监测与评估机制提供基础支撑。

(1)在黄河现行流路(自然保护区)生态区域、刁口河流路(自然保护区)生态区域和黄河以北(除刁口河流路区域)生态区域等布设多要素水生态监测自动站,用于采集长时间段基本数据,以点代面分析区域宏观变化趋势。

多要素水生态监测自动站包括以下内容:

①水环境观测站(浮标式):包括浮标、水质多参数分析仪,监测参数包含水位、pH、水温、溶解氧、电导率、氨氮、硝氮、浊度、叶绿素 a 和蓝绿藻等指标。能实现数据传输、远程监控功能和预值报警功能。

②地下水在线监测站:满足湿地河流湖地下水的水位、盐度等指标的在线监测。

③气象环境生态观测站:主要监测风速风向、空气温湿度、大气压力、降水、天气现象、总辐射(辐射类)、光合有效辐射、固态降水、露点温度等。

④植被生态状况监测仪:将气象站与光谱仪的功能集于一身,监测生态环境气象参数和作物光谱参数(植被指数)的同时,能够监测植被指数、叶绿素、降雨、温湿度、光强、气压、蒸散等数十种参数。

(2)以每个水生态监测点位为中心,在周边建设地下水监测井,既用于监测地下水与土壤基本数据,也作为人工监测动植物状况的区域中心点。满足湿地河流湖地下水的水位、pH、电导率、盐度以及土壤等相关指标的监测。

(二)建设规模

黄河现行流路(自然保护区)生态区域、刁口河流路(自然保护区)生态区域和黄河以北(除刁口河流路区域)生态区域等 3 部分区域面积分别约 1 045 km^2、485 km^2、1 537 km^2,总面积约 3 000 km^2。

依据《滨海湿地生态监测技术规程》(HY/T 080—2005),第“4.1.2 布设方法”条款,监测站位布设原则如下:“……一般的,每 50~100 km^2 设立 1~2 个监测站位,必要时不同的监测区可根据实际情况适当增减监测站位……”。结合黄河三角洲区域现状,按照每 100 km^2 设立 1 个监测站位的布设密度,该区域 3 000 km^2 需建设 30 多个要素水生态监测自动站。

依据《地下水监测规范》(SL 183—2005),第“3.1.1”条款:“……地下水类型区分基本类型区和特殊类型区两种……”,黄河三角洲区域属于冲洪积平原区和次生盐渍化区。第“3.1.4”条款:“根据监测目的,将监测站分为以下三类,基本监测站(……分为水位基本监测站、水质自动监测站等……)、统测站(由水位统测站和水质统测站组成)、试验站,……”。第“3.4 统测站布设”条款:“……水位统测站应在水位基本监测站基础上加密布设,布设密度宜控制在同一区域内水位基本监测站总数的 3~5 倍……水质统测站应在水质基本监测站基础上加密布设,布设密度宜控制在同一区域内水质基本监测站总数的 1-3 倍……”。可将该区域 30 多个要素水生态监测自动站同时作为水位基本监测站和水质基本监测站,并以此为基础加密,按照 3 倍数量设立 90 个统测站对地下水水位水质进行监测。

根据区域生态实际状况,在区域内适当调整布设密度,对 30 多个要素水生态监测自动站和 90 个统测站进行分配,并计划分 3 个阶段逐步完成黄河三角洲湿地水生态监测体系建设。

五、效益评估

系统、翔实、丰富的观测数据是制定黄河河口综合治理方案的重要基础,但目前黄河河口还未建立完善的水生态监测网络和体系,已有的监测项目普遍缺乏水生态水环境监测指标。因此,立足于流域水生态文明建设,着立于黄河生态保护事业的发展,建立黄河河口典型区域水生态监测基础设施及基本仪器设备,建设黄河河口水生态监测站网及基础设施和机构、人才队伍,逐步建立长期的、日常性的黄河河口三角洲水生态监测及评估机制意义重大,对维持黄河健康生命及河口生态安全、经济安全具有重要作用,是流域管理部门的重要职责。

本项目实施后,将在黄河治理开发的典型区域建设水生态监测站点,可以实现黄河河口三角洲遥感监测与地面调查、固定观测和实验模拟相结合的动态监测,填补流域水生态监测体系空白现实,有利于流域水生态监测人才队伍的锻炼和建设,为逐步建立长期的、日常性的黄河河口三角洲水生态监测及评估体系提供基础支持,具有重要意义。

同时,本项目的实施,将为实现黄河河口三角洲调水及调水调沙实施效果进行长期跟踪监测、调查、评估工作提供了支持,为黄河水量统一调度和调水调沙及生态调度的深入开展、黄河河口水资源合理开发利用与节约保护、黄河三角洲高效生态经济区可持续发展、黄河河口三角洲生态系统良性循环提供有力的技术支持,具有重要社会经济效益和生态环境效益。

参考文献

[1] 何姜毅,张东,赵志琦.黄河流域河水水化学组成的时间和空间变化特征[J].生态学杂志,2017,36(5),1390-1401.

[2] 唐玺雯,吴锦奎,薛丽洋,等.锡林河流域地表水水化学主离子特征及控制因素[J].环境科学,2014,35(1),131-142.

[3] Piper M A. A graphic procedure in the geochemiacal interpretation of water analysis [M]. Washingtone DC: American Geophysical Union Transactions, 1953.

[4] Gibbs R J. Mechanisms controlling world water chemistry [J]. Science, 1970, 3962(170):1088-1090.

[5] 乐嘉祥,王德春.中国河流水化学特征[J].地理学报,1963,29(1),1-13.

[6] Hu M H, Stallard R F, Edmond J M. Major ion chemistry of some large Chinese rivers [J]. Nature, 1982, 298(5874):550-553.

[7] 陈静生,王飞越,何大伟.黄河水质地球化学[J].地学前缘,2006,13(1),58-73.

[8] 陈静生,王飞越,夏星辉.长江水质地球化学[J].地学前缘,2006,13(1),74-85.

[9] 高全洲,沈承德,孙彦敏,等.珠江流域的化学侵蚀[J].地学化学,2001,30(3),223-230.

[10] 张龙军,温志超.黄河流域硅酸盐风化的讨论[J].中国海洋大学学报(自然科学版),2009,39(5),988-994.

[11] Fan B L, Zhao Z Q, Tao F X, et al. Characteristics of carbonate, evaporate and silicate weathering in Huanghe river basin: A comparison among the upstream, midstream and downstream [J]. Journal of Asian Earth Sciences, 2014, 96:17-26.

[12] 庞绪贵,王君亭,战金成,等.山东黄河下游区域生态地球化学评价方法技术探讨[J].山东国土资源,2005,21(9),35-39.

[13] 王世进,庞绪贵,战金成.山东省黄河下游流域生态地球化学调查主要成果[J].山东国土资源,2008,24(11),21-25.

[14] 陈静生,何大伟.珠江水系河水主要离子化学特征及成因[J].北京大学学报(自然科学版),1999,35(6),786-793.

[15] 张清华,孙平安,何师意,等.西藏拉萨河流域河水主要离子化学特征及来源[J].环境科学,2018,39(3),1065-1075.

[16] Xing L N, Guo H M, Zhan Y H. Groundwater hydrochemical characteristics and processes along flow paths in the North China Plain [J]. Journal of Asian Earth Sciences, 2013, 70-71:250-264.